Time and Calendars in the Inca Empire

edited by

Mariusz S. Ziółkowski and Robert M. Sadowski

BAR International Series 479

1989

B.A.R.

122 Banbury Rd, Oxford, OX2 7BP, UK

BAR -S479, 1989: 'Time and Calendars in the Inca Empire'

ISBN 9780860546160 paperback
ISBN 9781407347660 e-book
DOI https://doi.org/10.30861/9780860546160
A catalogue record for this book is available from the British Library

This book is available at www.barpublishing.com

CONTENTS

INTRODUCTION

The story of the origins of this volume is rather complicated. First it was meant to contain the proceedings of R.T. Zuidema's and M. Ziółkowski's symposium held in July 1985 in Bogotá at the 45th International congress of Americanists but then the Organizing Committee decided that all the received papers should be published elsewhere, together with the proceedings of another symposium. In this situation B.A.R. kindly maintained their previous offer to publish a separate volume on archaeoastronomy in the Andean area, and we have eagerly taken this opportunity, preparing this volume on "Time and Calendars in the Inca Empire". Its scope is not so wide as that of the original Bogota symposium, which seems to us only to be an improvement.

Among the invited papers are those previously presented at Bogotá (with some inevitable emendations, of course), viz. Ascher & Ascher, Aliaga, Sadowski, and Mróz, as well as new and original works by Duviols, Dearborn & Schreiber, Ziółkowski, and Ziółkowski & Sadowski.

The editors did not make any further selection or changes in the texts, although they do not by any means share all the opinions expressed.

This volume has been divided into two parts:

Part I - Time, its measurement and perception in the Andes

Part II - The Andean calendar systems.

Part I begins with P. Duviols' paper, discussing the question of the origins of the concept of four epochs, known for example from the Guaman Poma de Ayala's chronicle. Duviols argues that such a concept was well known in medieval European historiography and therefore it might have been borrowed by Poma as well as the idea of 500 and 1000 year periods in Montesinos' chronicle. But this is not certain, for in Mesoamerica the concept of 5 (4 + 1) epochs has proved to be indigenous. Duviols further discusses Poma's list of 12 Inca rulers, seeing in its disregard of the rule of diarchy (one ruler from Hanan, and the other from Hurin Cuzco) further evidence of European influence. Although in the end Duviols reaches no decisive answers, his sympathy is always with the theory of the foreign provenance of such a concept.

Poma's biographies of 12 Inca rulers are also discussed in the paper by M. Mróz, but his argument is quite different. Mróz sets forth a theory that the Poma based his relation on two types of data: iconic and numerical, and that the second one was recorded on the quipu. Perhaps the numerical information reflected not the real length of life of the ruler, but the number of ceremonies in honour of his "living" mummy, and that was closely connected with the social position of his panaka (royal house) and his personal wealth. It provides a quite reasonable explanation of otherwise inexplicably long life-spans and regnal periods of the first Incas.

Though apparently inconsistent, both papers are in fact complementary, leading to the conclusion that the Guaman Poma's chronicle is a syncretic work, being an attempt to synthesize the indigenous and European ways of thinking.

In the following paper M. & R. Aschers discuss some quipus, trying to find out if some astronomically important numbers had been recorded on them. As their work is based mostly on Zuidemal's model of the ceque system and a rival (unpublished) model of the same structure, both being still insufficiently proven, we look upon it rather critically.

Then comes the paper of D. Dearborn and K. Schreiber which is a commentary both on the original author's fieldwork in Pisac and Machu Picchu and R.T. Zuidema and A.F. Aveni's research on the Incaic observatories in Cuzco. The authors summarize the ethnohistorical and archaeological evidence on the nature of the astronomical observations made by the Incas in the Cuzco area. They find that the Incas made both true astronomical observations in which the motion of the sun was precisely monitored, and less precise observations which either defined ranges of time, or were designed so that groups could participate in the observation. The authors remark that some previously proposed antizenithal passage observations are poorly documented and suggest further look for evidence. Sharing their point of view in general, we nevertheless dare to point out that in fact there are some ethnohistorical data for the zenith passage ceremonies (see Ziółkowski, in this volume).

Part I ends with a paper by R.M. Sadowski, which is quite different from the others. It is a kind of abridged and simplified astronomical calendar, meant to be "first aid" for students of the 16th century in the Andes. Its usefulness, aside of the other existing tables and guidebooks, can be tested only in practice.

Part II begins with F. Aliaga's paper on the reconstruction of the Incaic "almanac" (i.e. a kind of calendar) on the base of numerous historical, ethnographical, ecological, and archaeological data. Most of the work consists of very general, unquestionable statements on the origins and conditioning of the calendric systems; we also support the author's thesis about the luni-solar character of the main Incaic calendar with the synodic month and its close correlation to the agricultural activity. On the other hand, though, we are strongly critical of Aliaga's methods of scientific argument, and especially of his rather careless analysis of the alleged calendric meaning of a certain clay figurine. Aliaga quite arbitrary explains its supposed symbolic and numerical code; moreover, it is rather doubtful whether on the basis of a single piece of evidence of unknown origin and cultural affiliation, such decisive conclusions may be drawn. Undoubtfully, the author seems to be far better acquainted with ethnology than archaeoastronomy. Yet this work, although somewhat chaotic, seems to us rather interesting, primarily because it postulates the survival of some pre-Spanish elements (in particular rituals and calendars) in contemporary Andean folk culture.

In the next paper M. Ziółkowski attempts to reconstruct the official Inca calender, which was used for administrative purposes probably at least in the last decade before the conquest and even for some time after it, and in Vilcabamba perhaps down to its fall in 1572. Of course, such a calender was not alone in Tawantinsuyu for it was accompanied by numerous non-Incaic, local calendric systems. The official calendar regulated only the most important of the State activities, such as the ceremonies of the official cult, paying tribute for the capital city, visitations and registrations, some duties of the Imperial army and the cultivation of corn in conditions similar to those of the Cuzco valley. Ziółkowski claims that this calendar is luni-solar with a fixed sequence of the 12 synodic months, in which four "New Year's Days" were possible, each beginning a separate cycle for different social groups. In such a calendar the correlation with the true solar year was achieved by intercalation the 13th month every two or three years. Observations of the eight critical moments in the yearly movement of the sun, described by Zuidema and Aveni, created the frame of reference for that synodic cycle. Also, as Ziółkowski suggests, that frame might constitute a basis for the exclusive ritual cycle of the Incaic social elite.

Complementary to the above work is the paper of M. Ziółkowski & R.M. Sadowski, bringing an example of the aforesaid Incaic reconstructed calendar into comparison with the Julian calendar for the period 1500-1572. The choice of the starting date was somewhat arbitrary, but its purpose was to include the reign of the last independent Inca ruler, Wayna Qhapaq, as well as to fall after the last reform of the official calendar, ascribed to Inka Pachakuti and/or Topa Inka Yupanki. The authors encourage all to participate in the discussion and offer their own method of verification of the proffered model.

It is almost impossible to imagine a collection of papers on Andean calendars without a contribution by R.T. Zuidema, yet in spite of all their efforts the editors were not able to acquire his paper. In such state of affairs the editors have decided to add an appendix, this being their critical analysis of Zuidema's famous work "The Sidereal Lunar Calendar of the Incas". This, perhaps controversial, decision was by no means 'art for art's sake', for we are convinced that it is essential to explain our own opinion better. At the same time we wish to emphasize our permanent appreciation of Zuidema's achievements in the study of Andean cultures.

The editors do not pretend to be infallible and they therefore encourage all interested scholars to a critical discussion of the contents of this volume, seeing such discussion as the most important condition for progress in this research.

ACKNOWLEDGEMENTS

Our special thanks are due to B.A.R. publishers for their helpful assistance and above all for their patience. Also we thank the Organizing Committee of the 45th International Congress of Americanists in Bogotá, and personally thank Prof. Elizabeth Reichel de Hildebrandt and Prof. Jorge Arias de Greiff, for their work on publishing the proceedings of the Congress.

The other persons to whom we are grateful are too numerous to be mentioned here but they are all kept in our memories.

Part I

Time, its measurement and perception in the Andes

LAS CINCO EDADES PRIMITIVAS DEL PERU SEGUN

GUAMAN POMA DE AYALA: ¿UN METODO DE COMPUTO ORIGINAL?

Pierre Duviols

El análisis de elementos dispersos e incompletos de la historiografía y lexicografía de los siglos XVI y XVII bastan para convencernos de que debieron existir en los Andes prehispánicos, como en otras tantas culturas tradicionales, unos conceptos cíclicos del pasado cósmico y humano. Los progresos recientes de los estudios etnoastronómicos y calendáricos apoyan esta convicción. Eso no significa que todos los historiadores o cronistas primitivos de los Andes que tratan de "edades", "generaciones", "eras", "pacha, "soles", etc. reproducen forzosamente una información o un modelo andinos. Tampoco el hecho de encontrar hoy día en tal o cual comunidad andina ciertas maneras de distribuir el tiempo histórico (en 2, 3, 4, 5, etc.) y que pueden reproducir más o menos exactamente ciertos modelos de periodización que ofrece tal o cual historiografo antiguo no constituye la prueba de una continuidad cultural desde la época prehispánica, ni postula un molde mental del tiempo histórico. Todos los antropólogos saben que tradiciones, modelos, de origen libresco pueden difundirse rápidamente y nutrir la tradición oral indígena. Se ha podido constatar este fenómeno, entre otros casos, con la difusión y reinterpretación modernas, en la zona de Huarochiri de las tradiciones contenidas en el manuscrito quechua recogido por Avila a fines del siglo XVI o principios del XVII. Tampoco la tradición indígena actual es automáticamente, en ciertos casos, de origen autóctono. En nuestros días, se ha recogido entre varios medios indígenas del Ecuador, del Perú y de Bolivia la creencia en un modelo terrario de la historia humana (tiempo de Dios Padre, de Dios Hijo, del Espíritu Santo) que evidentemente no revela una herencia prehispánica sino la huella de una evangelización de inspiración joachimita.

En cuanto a las periodizaciones y cómputos practicados por los cronistas de la historia andina, no podemos dejar de examinar una categoría de fuentes que ellos pudieron utilizar. En el caso de Guaman Poma, si bien el estudio comparativo con la cultura andina de su tiempo (hasta donde la conocemos) es imprescindible - tratándose de un autor impregnado de aquella cultura, tan rico y original desde este punto de vista - tampoco podemos dejar a un lado el estudio comparativo con la otra gran corriente cultural que utilizay reivindica, es decir con la tradición escrita hispánica europea, la que, ella misma - no hay que olvidarlo - puede entrañar también elementos tomados a otras culturas americanas.

En este trabajo, planteo solamente una cuestión; quiero hacer, hacerme a mi mismo, una pregunta acerca de la eventualidad del orígen andino de una técnica de cómputo que utiliza Guaman Poma. Esta técnica, que voy a analizar luego, creo que no ha sido advertida. Esta pregunta, como otras, surge lógicamente en el transcurso de mi investigación sobre la forma, la estructura, el sentido, las fuentes, etc. de la historia andina tal como la escribe Guaman Poma. Recordaré previamente algunos planteamientos o resultados:

1) La periodización de la historia andina prehispánica en 4 edades con los nombres respectivos de Huariuiracocharuna, Huariruna, Purunruna, Aucaruna, se encuentra en las fuentes históricas siguiente: El nuevo corónica de Guaman Poma de Ayala, el Memorial de las historias del Nuevo Mundo Pirú, de Fray Buenaventura de Salinas y Córdoba, en la Lima fundada de Pedro de Peralta Barnuevo (1), en algunos grabados y pinturas de los retratos de los soberanos incas que se han conservado: la "tabla" de Alonso de la Cueva, los lienzos del Beaterio de Lima y de San Francisco, en Ayacucho (2). Estas fuentes tienen algo en común. Ofrecen una secuencia de 4 edades, generaciones, imperios ... seguida inmediatamente por la secuencia de los reyes o de los virreyes de España, y todas concurren esencialmente a afirmación, gráfica o plástica, de los "justos títulos" de los reyes de España sobre el Perú, en calidad de légitimos sucesores de los Incas, por derecho de conquista y por otros argumentos jurídicos y teológicos más o menos desarrollados según la obra. La obra más explícita sobre esto es El nuevo corónica. Leemos bajo la pluma de Guaman Poma: "y ansi como dicho e que en este dicho Uascar se acabo los rreys y capacapo ynga por ley del Piru deste rreyno y dexo la borla y mascaypacha y corona a nuestro señor y rrey S.C.M. que manda todo el mundo" (f. 107). Una lectura atenta muestra que todo el sistema de periodización de Poma tiende a esta conclusión, la que corresponde a los planteamientos políticos inspirados por el virrey Toledo.

2) Las diferencias de detalle en la exposición del contenido de las cuatro edades primigenias y de la de los Incas en la obra de Poma y de Salinas respectivamente, con algunas lagunas en cada una de las dos obras, lagunas sin embargo imprescindibles a la coherencia de la tesis colonialista de los justos títulos sugiere que no debemos preguntarnos quién de los dos autores copió al otro sino más bien buscar una fuente común a los dos.

Un hecho importante es que Salinas declara haber encontrado la periodización de las cuatro edades o generaciones, con sus nombres, en un manuscrito, hoy perdido, del letrado criollo Francisco Fernández de Córdoba. Sabemos que la familia de éste tenía lazos estrechos con Huánuco, con el repartimiento de los yaros (cf. "imperio Yarovilca) y también con Huamanga (3). Francisco Fernández de Córdoba, que había sido catedrático de leyes en San Marcos, puede haber sido con toda verosimilitud, el constructor de una periodización histórica con fines políticos y jurídicos (4).

3) La periodización de la historia antigua del mundo en cuatro "edades" ("imperios", "monarquías" o "reinos") continuadas implícita o explicitamente por una quinta edad, y a veces una sexta, fue tradicional entre los cronistas europeos durante la Edad Media y nuevamente a partir de los años 1530 (5). Esta partición se fundadaba en las visiones (las cuatro fieras, la estatue humana hecha de metales y de arcilla) del profeta Daniel. Los cuatro imperios, monarquías, más

citados eran el de los asirios, el de los persos, el de los griegos, el de los romanos (a los que corresponden los cuatro imperios yarovilca sucesivos durante las cuatro primeras edades de Guaman Poma). Semejante interpretación de la historia del mundo seguía una línea a la vez escatológica y política. La duración de los imperios pasados, el presente - monárquico o imperial - del autor y el futuro debía inscribirse en una duración cifrada, medida del desarrollo del universo desde su principio (la creación) hasta su fin (el juicio final), siendo el eje, en general, el nacimiento o la pasión de Cristo. Y la periodización general de la historia del mundo dentro de la cual entraban los cuatro - o cinco - imperios, era la llamada agustiniana, dividía en seis o siete edades que correspondían simbólicamente a los siete días de la creación del mundo. A partir de 1530, con el incremento del peligro turco en Europa (6), la periodización 4 + 1 se puso de moda otra vez, sobre todo entre alemanes y españoles que sostenían la visión imperial mesiánica de Carlos Quinto, heredero del Santo Imperio Romano Critsiano de Occidente, a quien tocaba destruir el poder religioso - diabólico - y político de los infieles turcos ... y de los paganos indios. En <u>El nuevo corónica</u> de Guaman Poma, los Incas - cuya dinastía fundan la demoníaca Mama Huaco y el demoníaco Manco Capac - corresponden exactamente al papel que tienen los Turcos, en el <u>Cronicón</u> de Johannes Carion, por ejemplo (7). En <u>El nuevo corónica</u>, los Incas fomentadores de la idolatría, aunque "legítimos" (i.e. legales, cf. Toledo: "según sus leyes"), son destruidos por la conquista española de Carlos V, la que, a pesar de los crímenes y abusos que se denuncian (cf. Vitoria, Las Casas, etc.) trae a los indios la fe cristiana y aniquila la idolatría.

4) Las periodizaciones de la historia andina en las obras de Guaman Poma y de Salinas contienen una cronología basada en algunos acontecimientos o eras característicos de la historia sagrada cristiana, por ejemplo el Diluvio. En las crónicas e historias europeas de la Edad Media y del Renacimiento, el discurso del tiempo da lugar a indicaciones cifradas, a cómputos. Las cifras varían según los autores porque la exégesis cronológica de la historia con trasfondo bíblico era considerada como la expresión de la habilidad personal, de la originalidad del historiador o cronista (8). Esta originalidad podía estribar en la deducción de nuevas cifras o en la combinación de cronologías más corrientes aplicadas a la historia del mundo desde Adán hasta Cristo se puede citar la que había elaborado Isidoro de Sevilla : 5228 años. Parece ser esta cifra, globalmente, la que Guaman Poma atribuye a las cuatro edades primitivas : 5300 años. Se trata de un traslado de cronologías que, considerando las cosumbres cronísticas europeas en conjunto, no tiene nada de excepcional. Otra cifra pomiana, que con mucho acierto destacó Juan Ossio (9), cifre de 5000 años, se deduce de una de las maneras de contar del autor del <u>Nuevo Corónica</u> (v.g.: "contado de los dichos seis mil y seiscientos tres años", lo que equivale a 5000 + los 1613 años que es la fecha de la era cristiana en la que escribe el autor, v.f. 49). Estos 5000 años representan cinco milenios, o pueden descomponerse en diez periodos de 500 años. Tales secuencias de 500 años (como en las cuentas de F. de Montesinos) fueron utilizadas a menudo durante la Edad Media, y luego en el siglo XVI, dentro del marco global de las seis edades del mundo según San Agustín. La unidad de tiempo, o era, de 500 años tiene su origen en un antiguo simbolismo judío según el que cada una de las

edades del mundo tenía una duración de 1000 años y a cada una de las doce horas del día correspondía una duración de 500 años. Los primeros cristianos adaptaron esta creencia a la venida de Cristo, considerando que éste había aparecido a la oncena hora y que al mundo no debía quedarle ya más de 500 años de vida (10). Esta manera de contar por eras de 500 años (que debía practicar Fernando de Montesinos, llamando "sol" a cada milenios y "pachacuti" a cada era de 500 (fue utilizada todavía en el siglo XVI por historiadores europeos (cf. el famoso Sleidan).

En las historias y crónicas medievales, las variaciones de cifras aplicadas a una misma era histórica no era cosa excepcional, fuese porque el autor no recordaba exactamente lo que había apuntado en las páginas anteriores, fuese porque se equivocaba en los cálculos, fuese porque el copista había leído mal la cifra. En lo que toca a los cronistas del Perú, errores de estas categorías han sido señalados ya por J. Imbelloni a propósito de varios cronistas (entre ellos Guaman Poma) y por R. Pietschmann a propósito de Sarmiento de Gamboa. Por consiguiente, no debemos extrañarnos al encontrar errores, contradicciones de fechas, inexactitudes numéricas en El nuevo corónica. Y tal o cual cómputo, o fragmento de cómputo, irregular no significa forzosamente que detrás de él se esconde una ténica indígena para contar el tiempo histórico. A la inversa, si encontramos en varios cronistas del Perú, sobre todo en cronistas indígenas, una ténica claramente expresada y aplicada a una serie de cifras cronológicas que no nos parece repetir algún modelo europeo conocido, podemos preguntarnos si se trata o no de una técnica andina. Hago una pregunta de esta índole a propósito de los capítulos de El nuevo corónica que se refieren a las cuatro "generaciones", "edades" o pacha preincaicas y a la quinta edad, es decir la (segunda) dinastía de los Incas, que comienza con Mama Huaco y Manco Capac. Veamos lo que escribe Guaman Poma.

Cómputos referentes a las cuatro edades andinas primigenias

A) Guaman Poma da cifras absolutas de duración para la primera edad (Uariuiracocha): "esta generación primera duraron y multiplicaron ... ochocientos y trienta años" (f. 49); para la segunda edad (Uariruna): "duraron y multiplicaron estos dichos mil y trescientso y diez años (f. 54); para la tercera edad (Purunruna): "multiplicaron mil treinta y dos y cientos años (f. 58); para la cuarta edad (Aucaruna): "duraron y multiplicaron dos mil y cien años" (f.).

B) Paralelamente - o alternativamente, en el caso de la segunda edad Uari - Poma da cifras globales que suman la duración de la edad de que trata con la de la edad anterior obteniendo así la totalidad del tiempo transcurrido desde el principio de la primera edad. Aplica este método a propósito de la segunda edad: " la gente Uariuiracocha runa dos mil y ciento y cincuenta años duraron y multiplicaron" (f. 53), lo que corresponde - más o menos - a la suma de las dos primeras edades: 830 + 1310 = 2140 (casi 2150). Procede de esta misma manera al tratar de la cuarta edad (Auca runa), al indicar la totalidad del tiempo que ha transcurrido desde el principio de la primera edad: "esta gente de Aucaruna, Purunruna, Uariruna, Uariuiracocha runa duraron y multiplicaron cinco mil y trescientos años" (f. 65). O, más exactamente, suma las duraciones de las cuatro edades enumerándolas regresivamente, lo que constituve en realidad una tercera manera de contar.

A propósito de esta cifra de 6613 (= 5000 + 1613) que ya examiné arriba, mencionando la antigua tradición judía de las eras de 500 años, debo añadir - acudiendo una vez más al luminoso estudio de Bernard Guenée - que según el simbolismo judío "el mundo, que había sido creado en seis días, había de durar también seis días y terminar a la mañana del séptimo. Toda la historia del mundo tenía que caber, pues, en seis días, los cuales debían incluir el tiempo que va desde Adán hasta Cristo" (p. 149). Es decir 5000 mil años. Son estos cinco mil años los que Guaman Poma aplica a la duración - aproximada - desde Noé hasta Cristo. En este caso, Guaman Poma toma la cifra que había atribuido a las cuatro primeras edades andinas (siguiendo a Isodoro de Sevilla) y suprime las centenas, de la misma manera que había tarjado las decenas, en su manuscrito, al mencionar la duración de algunas de las primeras edades. Podríamos suponer también que hubo equivocación al restar los 300 años de los 5300, que fueron quitados en vez de ser añadidos, si tenemos en cuenta que Guaman Poma había mencionado que el tiempo entre el Diluvio y el principio de la primera edad, o generación de indios Uariuiracocharuna, había durado 300 o 400 años, como lo declara en la foja 25 ... De todas maneras, los verbos contar, sacar, son utilizados por nuestro historiador de manera ambigua, confusa y contradictoria, justamente en los pasajes que mencionan la cifra global de 6613 años: "contado de los dichos años de seis mil y seiscientos treze nos sacados los dichos ochocientos [y treinta] años duraron y multiplicaron" (f. 49); "de los dichos seys mil y seycientos y treze años, sacando desde Uari Uira Cocha Runa y desde Uari Runa dos mil y ciento y cincuenta años duraron y multiplicaron" (f. 55); "y de los dichos seys mil y seycientos y treze años sacando desde la gente de Uari Uira Cocha Runa y Uari Runa hasta esta generación de yndios de Puronruna duraron y multiplicaron tres mil y dozientos años" (f. 58-59).

El Cómputo de los reinados de los Incas

En el cómputo de los reinados de los Incas, Guaman Poma sistematiza una de sus técnicas de que he señalado anteriormente. Indica una cifra absoluta de 160 años para el reinado del primer Inca Manco Capac: "que reinó ciento sesenta años" (f. 87). Pero, en cuanto al reinado del segundo Inca, entresacamos de una frase bastante confusa otro sistema de cuenta: "que los dichos dos años [reinaron] dozientos y quarenta años" (f. 91). Esta cifra de 240 corresponde en efecto a la suma del reinado de Manco Capac y del de Sinchi Roca. Ya que conocemos la cifra de 160 años para el reinado de Manco Capac, si queremos conocer la duración del reinado de Sinchi Roca, que no es indicada en el capítulo que le corresponde, no tenemos más remedio que restar estos 160 años de los 240 que representa la suma de los dos reinados y obtendremos así la cirfa que corresponde al reinado de Sinchi Roca, es decir 80 años. En otro lugar (f. 89) Guaman Poma había indicado que Sinchi Roca tenía ochenta años cuando nació Cristo, lo que significa que, según Poma, el nacimiento de Jesucristo coincidió con la muerte (criminal) de Sinchi Roca, lo que sugiere una señal providencial. También observamos que, según nuestro historiador, la duración del reinado de cada uno de los dos primeros Incas corresponde exactamente con la duración de sus vidas, lo que significa que habrían reinado desde el día de su nacimiento hasta el día de su muerte. Guaman Poma aplica esta equivalencia vida-reinado a la mayoría de los Incas.

La manera de contar que Guaman Poma había ensayado a propósito de las primeras generaciones de indios y repetido a propósito de Manco Capac y Sinchi Roca, la vuelve a utilizar a propósito del reinado del tercer Inca Lloque Yupanqui. En vez de proponer una duración absoluta para el reinado, escribiendo por ejemplo "Lloque Yupanqui reinó 250 años", Guaman Poma escribe: "Reynaron tres yngas [Lloque Yupanqui y su abuelo Manco Capac y su padre Sinchi Roca Ynga reynaron quatrocientos y quarenta y cinco años." (f. 97). Es decir que, en vez de indicar la duración del reinado del Inca al que se refiere, indica las sumas de las duraciones de los reinados desde el primer Inca - o sea desde el principio de la dinastía - y nada más, de tal modo que si el lector desea conocer la duración del reinado del Inca al que se refiere no tiene más remedio que acudir a la cifra indicada a propósito del reinado anterior (es decir la cifra global de duración de la dinastía hasta el final del reinado anterior) y restar esta cifra de la duración global de los reinados indicada a propósito del inca concernido. (En cuanto a Lloque Yupanqui, Guaman Poma comete un error; del cáculo mencionado se concluye que reinó 205 años, mientras que Guaman Poma declara que murió a los 130 años). A partir del tercer Inca hasta Guayna Capac, el penúltimo, Guaman Poma sistematiza la técnica de cómputo que acabo de analizar:

4º Mayta Capac: "reynaron quatro yngas quinientos y sesenta y cinco años" (f. 90). Es decir que su reinado debe calcularse restando 445 años (duración de los tres reinados anteriores) de 565 años = 120 años.

5º Capac Yupanqui: "reyno cinco yngas setecientos y cinco años" (f. 101): [705 - 565 = 140]. Escribe también: "murio de edad de ciento y cuarenta años".

6º Inga Roca: "reyno seis yngas ochocientos y cincuenta y nueue años" (f. 103): [859 - 705 = 154]. Sin embargo, Guaman Poma nota también: "murio de edad de ciento y cuatro años" (ibid.).

7º Yauar Uacac: "reynaron siete yngas nouecientos y nouenta y ocho años" (f. 105): [998 - 859 = 139]. Nota también: "murio de edad de ciento y treinta y nueue años".

8º Uiracocha: "reyno ocho yngas mil y cientos y ueinte dos años" (f. 107): [1122 - 998 = 124]; nota también: "murio de edad de ciento y veinte cuatro años".

9º Pachacuti Ynga Yupanqui: "reyno nueue yngas mil y dozientos y dies años" (f. 109): [1210 - 1122 = 88]; añade: "murio de edad de ochenta y ocho años".

10º Topa Ynga Yupanqui: "reino dies yngas mil y quatro cientos y diez años" (f. 111): [1410 - 1210 = 200] ; escribe también: "murio ... de edad de duzientos años".

11º Guayna Capac: "reynaron onze yngas mil quatrocientos nouenta y seis años" (f. 114): [1596 - 1410 = 86].

12º Guascar ynga: "murio de edad de ueynte y cinco años" (f. 116). Como en el caso del primer Inca, Guaman Poma indica a propósito de este último una cifra absoluta que no exige algún cálculo de parte del lector.

Podemos decir que en su conjunto, el sistema de periodización y cómputo - de contenido teológico-político - que Guaman Poma aplica a la protohistoria andina y a la historia de los Incas es típicamente europeo. Podemos decir esto porque nos es posible referirnos a modelos análogos o idénticos utilizados profusamente por historiadores o cronistas europeos de la Edad Media o del siglo XVI, cuando tratan de la historia "universal" judeocristiana al mismo tiempo que de la historia "particular" de una nación europea. A la inversa, ya que no hemos encontrado - por lo menos hasta la fecha - entre los historiadores europeos aludidos el uso de la técnica retroactiva y globalizante que aplica Guaman Poma al cómputo de los reinados de los Incas, sería legítimo preguntarse si esta téchnica, que consideramos provisionalmente como original, no puede ser de origen andino. Siguiendo esta hipótesis, ¿ qué función habría tenido, o podido tener, tal cómputo? el interes en enunciar, a propósito de un curaca, o Inca, en una sola expresión el número de sus antecesores en el gobierno (o de sus ancestros, reales o simbólicos) al mismo tiempo que la totalidad, real o simbólica, de las unidades de tiempo transcurrido desde el fundador del linaje o de la "dinastía"? En tal caso podría haber sido una manera de situar, clasificar al señor, al curaca o al inca dentro de un sistema de descendencia y de prestigio a la vez. Entre las objeciones que surgen inmediatamente, recordaremos que la información etnohistórica actual sugiere que los Incas, como los demás señores andinos, en lo que toca a linajes y "dinastías" se interesaban sobre todo por sistemas taxonómicos de parentesco, por clasificaciones simbólicas, religiosas, territoriales, sociales, y por lo menos hasta ahora, no se han encontrado - contrariamente a lo que nos enseñan las fuentes mesoamericanas - evidente preocupación por establecer cronologías precisas de gobiernos o reinados, a pesar de los recientes descubrimientos en los estudios astronómicos y calendáricos. Junto a este argumento externo, hay otro interno, aunque no es decisivo. Guaman Poma desarrolla su tipo de cómputo dentro de un conjunto historizante completamente españolizado, a pesar de los númerosos elementos y núcleos culturales andinos, quechua, que introduce en él, pero que no alternan su coherencia. Además del sistema teológico-político de la historia que tiende a justificar la soberanía española sobre el Perú, con su inseparable periodización en 4 + 1 y la consiguiente presentación de la (segunda) "generación" de los Incas como diabólica e ilegítima (aúnque con sucesiones legales "según sus leyes"), debemos observar que el Nuevo corónica ostenta la lista sucesiva de doce Incas, lista españolizada, que no tiene cuenta de la simultaneidad en el gobierno de dos soberanos, el uno Hanan y el otro Hurin, según costumbre andina general (11), y esto a pesar de que también, en otros lugares el mismo Guaman Poma aporta informes preciosos sobre el sistema de gobierno dual.

Para posibles argumentos comparatistas, tenemos poco material en el área andina. Desgraciadamente no conocemos modelos de cómputo comparables. Lo que sabemos de los conceptos indígenas antiguos de la historia concierne más bien temporalidades insertas en la trayectoria cosmológica, sometidas a rupturas, cataclismos, y que sugieren o definen eras cíclicas. Aún el hecho de hallar un sistema análogo en otras sociedades tradicionales antiguas o actuales podría ser por lo menos un indicio positivo. He preguntado a los profesores Georges Dumézil y Claude Lévi-Strauss si habían encontrado en sus tan vastas áreas de investigación sistemas comparables. Me contestaron que no. Lo que tampoco puede constituir una prueba.

La otra hipótesis es que se trataría buenamente de una variante de cómputo de orígen europeo, fuese que la fuente utilizada por Guaman Poma haya contenido el cómputo "retroactivo y globalizante", fuese que Guaman Poma haya combinado dos o más fuentes, una de las cuales pudo contener esta técnica; también Guaman Poma pudo haberla inventado. También pregunté a algunos especialistas de la Edad Media, a los profesores Noël Coulet, Georges Duby y Bernard Guenée si la habían encontrado en alguna crónica. Los tres me contestaron negativamente. Pero Bernard Guenée, en una carta peronsal, expresó muchas dudas en cuanto a la posibilidad del orígen andino de esta clase de cómputo. Advierte con justa razón que, en realidad, "si se puede decir tal vez que para el lector se trata de una manera retroactiva de marcar la duración de los reinados (ej.: 1122 - 998 = 124), para el autor que está escribiendo y siguiendo el hilo de los tiempos, no se trata más que de una adición (998 + 124 = 1122). Debemos recordar que tales sumas de duraciones son tan corrientes durante la Edad Media que este sistema de cuentas es original solamente en su presentación, y es difícil creer que este detalle de presentación puede ser considerado como un estilo andino original de cómputo". ¿ Encontraremos esta "presentación" original de cómputo en algún cronista ibérico? ¿La inventó Francisco Fernández de Córdoba, u otro cronista andino olvidado, o como ya nos lo preguntamos, el mismo Guaman Poma?

NOTAS

1. cf. A. Miro Quesada S., Veinte temas peruanos, Lima 1966, p. 70.

2. cf. Teresa Gisbert, Iconografía y mitos indígenas en el arte, La Paz 1980.

3. Ver el estudio de Aurelio Miro Ques ada S. sobre F. Fernández de Córdoba en Veinte temas peruanos, op. cit.

4. cf. P. Duviols, "Une source vraissemblable de Guaman Poma de Ayala..." en Hommage á Maryse Jeuland, Université de Provence, Aix-en-Provence 1983; P. Duviols, "Periodización y política. La historia prehispánica del Perú según Guaman Poma de Ayala", Bulletin de l'Institute Français d'Etudes Andines, IX, nº 3-4, Lima 1980.

5. Ver Bernard Guenée, Histoire et culture historique dans l'Occident médíeval, Aubier, Paris 1980; especialmente el capítulo "La máitrise du temps", pp. 147-166.

6. cf. B. Guenée, loc. cit.

7. La crónica del alemán J. Carion (la que debía luego explotar ampliamente Melanchton) fue traducida al español por Francisco Thámara y editada dos veces en 1553, en Medina del Campo y en Amberes. M. Bataillon (Erasmo y España, México, 1966, p. 638) define este libro como una de las tres obras que, en su tiempo, "tenían esa virtud de trazar avenidas en la inmensidad del saber", aunque Bataillon no alude a las periodizaciones y cómputos que practica Carion, quien combina en este libro la periodización de las cuatro monarquías según Daniel con otra, de seis mil años de duración para la vida del mundo - seis mil años divididos en tres eras de dos mil años - inspirada por el profeta Elías. El cronista Sleidan sigue también a Daniel y a Elías, a la vez. Es de recordar que en una oportunidad Guaman Poma ofrece también una cifra global de 6000 años. Es muy posible que el libro de Carion haya sido uno de los modelos de Francisco Fernández de Córdoba.

8. Ibid.

9. Ideología mesiánica del mundo andino, Lima 1973, p. 191.

10. B. Guenée, loc. cit.

11. cf. las investigaciones de M. Rostworowski en Estructuras andinas del poder ..., Lima 1983, las de R.T. Zuidema, y mi artículo "La dinastía de los Incas, monarquía o diarquía?", Journal de la Société des Américanastes, Paris.

12. Debemos recordar que J. Imbelloni ("La capaccuna de Montesinos", Pachacuti IX ...), ya en los años 1940, tuvo el mérito de invocar las cronologías bíblicas a propósito de los cómputos de F. de

Montesinos y también de Guaman Poma; pero, por ignorar la tradición medieval de las periodizaciones y cronologías europeas, se dejo llevar por la solución del origen andino de estos cómputos. Franklin Pease ha señalado la relación existente en la obra de Poma entre la estructura de la historia del mundo y la de la historia andina/prefacio a su edición de El nuevo corónica, Ayacucho, Caracas 1980/, y en un artículo publicado en Caravelle, Toulouse, cuyas referencias no tengo a la mano. También Juan Ossio había mostrado, desde 1968, el paralelismo entre la historia del mundo y la historia andina de Poma. Reproduzco a continuación el pasaje de su libro de 1973 al que aludo en la nota 9 y con el cual coincido totalmente: "En cuanto a la duración global hemos podido deducir que esta pensado bajo una cifra redonda y milenarista: 5000 años. Esta cifra se descubre fácilmente partiendo de aquellas explicitamente mencionadas como las duraciones totales de cada mundo. Así las edades del mundo aparecen con 6,612 años y la de los indios con 6,613 años pero si tenemos en cuenta que la Crónica se terminó de escribir entre los años 1612 y que Guaman Poma incluye su presente dentro de la quinta edad, entonces lo único que tenemos que hacer es sustraer estas fechas de los totales y obtenemos exactamente 5000 años (p. 191). En otro trabajo ("Guaman Poma y la historiografía indianista de los siglos XVI y XVII", Historia y cultura, 10, Lima 1978) Ossio advirtió ya algunos rasgos toledanos en las tesis de Guaman Poma.

PARACRONOLOGIA DINASTICA DE LOS INCAS SEGUN GUAMAN POMA DE AYALA*

Marcin Mróz

La tradición histórica concerniente al estado incaico en el período de post-conquista hacia los comienzos del siglo XVII se somete a dos procesos simultáneos y contradictorios. Por un lado, disminuye el caudal de la información existente en el momento de la llegada de los españoles y, por el otro, crece la accesibilidad de dicha información a la tradición escrita hispana. El primer proceso es obvio, el segundo se debe a la especialización de algunos españoles en el estudio de las cuestiones andinas y a las reivindicaciones sociales y culturales de algunos mestizos e indios ladinos. Lo último queda atestiguedo por ejemplo en las crónicas de Guaman Poma de Ayala y Santa Cruz Pachacuti Yamqui Salca Maygua. Ambas crónicas proceden de los comienzos del siglo XVII y se basan en gran medida en las tradiciones orales locales, recogidas y trasmitidas por autores para los cuales dichas tradiciones constituían el acervo cultural propio. Se plantea la pregunta por el grado de deformación de la tradición prehispánica trasmitida en este tipo de fuentes. Quisiera presentar en adelante algunas consideraciones concernientes a la existencia de ciertos medios técnicos de control de la tradición oral que funcionaban después de la conquista en la cultura andina y permitían probablemente preservar una clase específica de información en su forma original durante varios decenios, incluso más allá del límite temporal de la comprensión real del contexto de dicha información.

En varias fuentes colonialaes se encuentran datos exactos referentes a la duración de la dinastía inca y a la duración de la vida o del reinado de cada inca en particular. He tomado en consideración las siguientes fuentes: Quipucamayos (1542), Sarmiento de Gamboa (1572), Cabello Valboa (1586), Guaman Poma de Ayala (1615), Vazquez de Espinosa (1629), Velasco (1789)[1]. Otros cronistas o bien callan las cuestiones cronológicas o bien proporcionan solamente duraciones aproximades del gobierno de algunos incas. En el caso de la relación de los Quipucamayos es muy probable que las cifras hayan sido tomadas efectivamente de los quipus, por el mismo carácter de la fuente, aunque tampoco puede descartarse por completo la posibilidad de que hayan sido añadidos posteriormente a la pesquisa ordenada por Vaca de Castro. En los demás casos el origen de las cifras es desconocido, aunque uno que otro autor sugiere, siguiendo una retórica acostumbrada, que ha consultado quipus antuguos.

* First published in Memorias del 45° Congreso Internacional de Americanistas "Patrones cognitivos: Rituales y fiestas de las Americas", compiladora Elizabeth Reichel D., Ediciones Uniandes, Bogota 1988, pp. 65-78.

R.T. Zuidema ha advertido hace tiempo que Sarmiento de Gamboa atribuye a la dinastía la duración de alrededor de 1000 años, mientras que Cabello Valboa y Vazquez de Espinosa optan por el período de 500 años. Ambos números encajan bien con el esquema de Montesinos, el cual contempla períodos de qapaq wata (año real) de 1000 años comunes y de pachakuti de 500 años (Zuidema 1964: 220-228)[2]. Lo mismo podría decirse de la cronología de Juan de Velasco, la cual presenta semejanzas sorprendentes con la de Vazquez de Espinosa. Es imposible comprobar si la varsión de los Quipocamayos sigue el mismo esquema, dado que la distinción entre la duración del reinado y de la vida es confusa, falta el número concerniente a Manco Capac y la duración atribuída en el texto a la dinastía es considerablemente menor a la suma de todos los números.

El enfoque de Zuidema puede sugerir que toda cronología que atribuye 1000 o 500 años a la dinastía y, eventualmente, 100 años a un rey-modelo, es "correcta", y que dentro de este marco los cronistas podían incluso atribuir arbitrariamente duraciones concretas a determinados incas. Es indudable que los cronistas intervenían en la forma final de las cronologías, en particular al establecer cronologías absolutas. No obstante, todos ellos, directa o indirectamente, perecen basarse en fuentes que consignaban a los reyes determinadas duraciones relativas. Cabello Valboa también basa su cronología absoluta en las duraciones relativas, repitiendo varias veces que los años de la cuenta cristiana son aproximaciones establecidas, según se hace suponer, de acuerdo a los períodos de reinado de cada inca. Es significativo que la fuente más temprana, la relación de los Quipucamayos, no proporciona detación absoluta.

De todas formas, es desconocido el significado de las duraciones relativas. Lo único seguro es que en general los números no paracen referirse a las duraciones reales de la vida o del gobierno por ser demasiado altos. La importancia de las cronologías en cuestión puede corroborarse sólo por encontrar un sentido oculto de estos números, trabajo que ha sido iniciado por Zuidema, o por demostrar que han sido tomados de fuentes dignas de confianza. Pero también en el caso de los Quipocamayos se nota gran displicencia de los sabios indios hacia los datos concretos que supuestamente tenían en manos y, sin embargo, decían "más de ..." o "poco más de ..." ¿Quizdás respondían cualquier cosa a las insistencias de los investigadores sin atribuir mucha importancia a esos datos o simplemente desconociéndolos? También podía influir en ello un desentendimiento lingüístico. Nótese que la palabra quechua wata no solamente significa "año" sino también se refiere al acto de amarrar. ¿Quizás los datos se referían simplemente a los números amarrados a la cuerda principal, que no tenían necesariamente el valor de años?

Todas las cronologías plantean una gran cantidad de preguntas. Para responderlas habría que encontrar o bien una lógica interna en el conjunto de números, o bien demostrar que una fuente determinada correlaciona los números con otros datos. En adelante presentaré una fuente en la cual parece existir dicha correlación, la Nueva coronica y buen gobierno de Felipe Guaman Poma de Ayala.

Guaman Poma proporciona una lista de doce gobernantes incas (GP: 86-119) y de sus doce esposas, coyas (GP: 120-145), acompañada con dibujos de cada inca o coya y algunos datos concernientes a ellos, entre otros la edad alcanzada por sucesivos reyes y reinas[3]. En el caso de los incas calcula también la duración del gobierno desde el comienzo de la dinastía agregando la duración de las vidas reales desde Manco Capac hasta un gobernante determinado. Abajo presento los datos del cronista correlacionando a los incas con las respectivas coyas:

No.	Inca	Edad	Edad agregada	Coya	Edad
1	Mango Capac	160	-	Mama Uaco	200
2	Cinchi Roca	155	315	Chinbo Urma	80
3	Lloqui Yupanqui	130	445	Mama Cora Ocllo	120
4	Mayta Capac	120	565	Chinbo Mama Yachi Urma	45
5	Capac Yupanqui	140	705	Chinbo Mama Caua	pocos años
6	Inga Roca	154	859	Cusi Chinbo Mama Micay	120
7	Yauar Uacac	139	998	Ipa Uaco Mama Machi	84
8	Viracocha	124	1122	Mama Yunto Cayan	58
9	Pachacuti	88	1210	Mama Ana Uarque	80
10	Topa Inga Yupanqui	200	1410	Mama Ocllo	115
11	Guayna Capac	-	1496	Raua Ocllo	90
12	Guascar Inga	25	1522	Chuqui Llanto	59

Guaman Poma no distingue entre la duración de la vida y el período de gobernación de cada uno de los incas. Refiriéndose a Mango Capac dice que "rreynó ciento sesenta años" y después "y murió de edad de ciento y sesenta años" (GP: 87). Cinchi Roca "murió en el Cuzco de edad de ciento y cincuenta y cinco años" y "reynó dos ingas treziento y quinze años" (GP: 89). Las mismas fórmulas se repiten en los casos siguientes. Las edades de las coyas no se suman.

Los incas contraen matrimonios con sus hermanas de padres y madre, a excepción de Mango Capac quien se casa co su madre. Posiblemente Inga Roca también se casa con su madre ya que el nombre de su coya es igual que el mombre de la segunda esposa de Capac Yupanqui[4]. La primera esposa de Capac Yupanqui, Chinbo Mama Caua vivió "pocos años" y el gobernante se casó con la hermana menor de la primera esposa, Cusi Chinbo Mama Micay. Los incas gobernaron en total 1522 años, según informa el cronista en el capítulo dedicado a Guascar Inga, aunque parece equivocarse en un año si se acepta el patrón de sus cálculos anteriores (1496 + 25 = 1521). En otros lugares da números disparejos de 1515, 1548 y, dos veces, el de 1500 (GP: 87, 91, 453, 948). La duración agregada de las vidas de las coyas sería de 1051 años más unos "pocos años". La diferencia entre la edad agregada de los incas y de las coyas sería de alrededor de cuatrocientos o quinientos años. Dadas las reglas de matrimonio, la cronología de Guaman Poma es inaceptable desde el punto de vista puramente lógico.

Guaman Poma consideraba que la quinta edad del mundo (el mundo no indio, contado a partir de Jesucristo) correspondía cronológicamente a la época de los incas en las Indias. Como la invasión española tuvo lugar en el siglo XVI, la duración del imperio inca calculada en un poco más de 1500 años corroboraba su opinión. Existen dos posibilidades básicas:

1. Los números son ficticios en el sentido de que Guaman Poma los invetó para presentar su tesis conform con los patrones europeos de comprender la historia.

2. Los números son verdaderos, o sea proceden de alguna fuente real, aunque su interpretación por parte del cronista o por la de su informante es falsa o, por lo menos, incomprensible. Guaman Poma aprovechó una coincidencia casual para reforzar su tesis.

La primeria suposición es poco probable. Guaman Poma conocía bastante bien la cultura europea, había leido varios libros, estaba familiarizado con la administración española y con el trabajo de intérprete o escribano. Es imposible que no hubiese sabido cómo funcionaba el calendario español y cómo se contaban los años, al menos para los fines prácticos. Por lo tanto, si hubiera querido inventar una cronología para un lector español, habría sido capaz de inventar una mejor, sin tantas discrepancias internas. Se nota que mientras los números referentes a los incas parecen tener el objetivo de demostrar algo, los que se refieren a las coyas son completamente gratuitos y, aun más, niegan la validez de las primeras. Si fue Guaman Poma quien sumó las vidas de los incas es obvio que tuvo que abstenerse de hacer lo mismo con las coyas para no contradecirse a sí mismo. Pero si hubiese inventado los números referentres a los incas habría ajustado probablemente los que se referían a las coyas.

La longitud de la vida de un personaje determinado aparentemente no guarda ninguna relación con otros datos concernientes a este personaje. Sin embargo, la selección de los números parace guiarse por ciertas reglas. Tienen preferencia todos los múltiplos de 5, en especial los números 120, 200, 80, en el grupo de los incas aparecen dos parejas cuyas vidas difieren en un solo año (155-154, 140-139), etc. Para mi argumentación es importante la correlación entre la posición y el número. En las cinco primeras posiciones, tanto en el grupo de los incas como en el de las coyas (quizás a excepción de Chinbo Mama Caua) aparecen solamente los múltplos de 5. En las posiciones restantes la proporción entre los múltiplos y los no múltiplos de 5 es más o menos equilibrada. Parece que Guaman Poma dedicó más esmero al cálculo de las edades de los primeros diez incas. Es la posición 11 donde por primera vez no anota directamente la edad del inca y en la posición 12 comete el único error de cálculo. Además, algunos números correspondientes a los primeros cinco incas parecen guardar una estrechae relación con los que se refieren a los cinco siguientes: $I_2(155)$ - $I_6(154)$; $I_5(140)$ - $I_7(139)$. La misma situación se repite en la secuencia de las coyas: $C_2(80)$ - $C_9(80)$; $C_3(120)$ - $C_6(120)$. Dentro del mismo grupo de cinco incas o coyas no aparecen numeros idénticos o tan cercanos. Como he indicado antes, sólo el primer inca de cada grupo de cinco (I_1, I_6) parece casarse con su madre. Esta división en grupos de cinco esta confirmada por el hecho de que la suma de edades de los primeros cinco incas es igual a la de los cinco siguientes: $I_1 + I_2 + \ldots + I_5 = I_6 + I_7 + \ldots + I_{10} = 705$. Por último, estas observaciones están corroboradas por datos independientes de la crónica de Guaman Poma. Las panacas de los cinco primeros gobernantes pertenecían a Hurin Cuzco y las de los cinco siguientes a Hanan Cuzco (Zuidema 1964: cap. I).

Ahora bien, Guaman Poma presentó la lista de los monarcas en forma siguiente: I_1, I_2, ... I_{12}, C_1, C_2, ... C_{12}. Sin embargo, el hecho de que los incas están pareados con sus respectivas coyas, según lo dice el mismo cronista, y el que las edades de los primeros cinco incas tienen ciertas características comunes con las de las primeras cinco coyas, mientras que las edades de los incas siguientes comparten ciertos rasgos con las edades de las coyas siguientes, indican que en la fuente en que Guaman Poma se basó la secuencia más bien tenía la forma de: I_1, C_1, I_2, C_2, ... I_{12}, C_{12}. Si Guaman Poma hubiera invendado los números siguiendo la primera secuencia sería inexplicable por qué en las primeras cinco posiciones seguía el patrón de números múltiplos de 5, después lo abandonó para retornar a él al introducir a la primera coya y abandonarlo luego otra vez. Si hubiera inventado los números siguiendo la segunda secuencia, sería inexplicable por qué lo cambió al presentar la dinastía en otra forma, sacando ciertas conclusiones (respecto a la duración total de 1500 años) solamente de la secuencia I_1, I_2, ... I_{12} y negándolas tácitamente con la secuencia C_1, C_2, ... C_{12}. El inventar datos ficticios supone un mayor control del material conforme con los objetivos perseguidos que el sacar conclusiones parciales de un conjunto de datos ajenos. También me parece sicológicamente correcto considerar que un pensador utópico y pedante como Guaman Poma, al inventar datos ficticios hubiera evitado vacíos o fallos a las fórmulas adoptadas y no hubiera puesto en el caso discutido el término ambiguo de "pocos años" en vez de un número concreto. Por lo consiguiente considero que Guaman Poma se basó principalmente en una sola fuente, los números no han sido inventados por él y lo que falló era su interpretación de esos números. En adelante estudiaré el tipo de fuente aprovechada por el cronista.

Hasta el momento he presentado una lectura de las edades, según la cual las sumas parciales de la secuencia I_1, I_2, ... etc. constituyen números significativos en cuanto indican el tiempo transcurrido desde el comienzo del reinado del I_1 hasta el fin del reinado del I_n. Esta lectura fija el comienzo del cálculo de tiempo en el año 1521 (o 1522) antes de la muerte de Guascar Inga. Por analogía se debe esperar lo mismo de las edades de las coyas fijando el punto de partida un poco antes ya que Mama Uaco "murió en el Cuzco de edad de duzientos años en tienpo de su hijo, Cinchee Roca Ynga" (GP: 121), lo que lleva a una situación absurda. Sin embargo, ciertos comentarios de Guaman Poma indican que existe otra lectura de los mismos datos. Dice el cronista refiriéndose a la duodécima coya: "De puro buena y alegra le contentaua a su marido, aunque era enperrado y ací duró pocos años. Primero murió su marido Guascar Ynga. Se cubrió todo de luto. Y se murió en Yucay en tienpo de la conquista de los cristianos" (GP: 143). Los respectivos números confirman que Guascar Inga vivió poco y que su esposa vivió más que él. Hay solamente tres casos en los cuales el inca dura menos que su esposa (posición 1, 11, 12). De la undécima coya se dice: "Y se murió esta señora en Tumi, casi junto con su marido" (GP: 141). La diferencia de adades en esta pareja es de cuatro años solamente. Las diferencias en las once parejas restantes son siempre más grandes. Estas dos enunciaciones del cronista sugieren que el cálculo de edad se efectua para cada pareja independientemente, escogiendo un punto de partida común. Hay todavía un comentario más de este tipo, el más significativo de todos, el cual se refiere a la tercera coya, Mama Cora Ocllo: "Y murió en el Cuzco caci junto con su hijo de (e)dad de ciento y ueynte años" (GP: 125). El único hijo de esta coya cuyo nombre es mencionado es Mayta Capac, el cuarto inca, quien vivió exactamente ciento veinte años. Las tres observaciones concernientes a la datación relativa de las muertes de los monarcas se refieren a parejas I_nC_n o $C_{n-1}I_n$, es decir, a parejas hombre-mujer o mujer-hombre que colindan en la supuesta secuencia de I_1, C_1, I_2, C_2 ... etc. Dos de ellas se hacen en una situactión singular en la cual la diferencia de edad entre individuos así pareados es mínima o nula. Es de suponer entonces que Guaman Poma las hizo fijándose en la fuente de la cual había tomado los números. Sin embargo, el patrón de sus cálculos es diferente a la fórmula estudiada anteriormente: todos los monarcas parecen ser contemporáneos de sus vecinos inmediatos en la secuencia I_1, C_1, I_2, C_2, ... I_{12}, C_{12} y sus edades son calculadas de una fecha común ya queia relación de contemporaneidad es transitoria. Debe tratarse entonces de una fuente cuyo código sugiere ambas formas de luctura.

Por suerte, Guaman Poma confirma el uso de este tipo de fuentes: "Muchas ueses dudé, Sacra Católica Real Magestad, azeptar esta dicha ynpresa y muchas más después de auerla comensado me quise bolber atrás, jusgando por temeraria mi entención, no hallando supgeto en mi facultad para acauarla conforme a la que se deuía a unas historias cin escriptura nenguna, no más de por los quipos y memorias y rrelaciones de los yndios antigos de muy biejos y biejas sabios testigos de uista, para que dé fe de ellos y que ualga por ello qualquier sentencia jusgada" (GP: 8), "para sacar en linpio estas dichas historias ube tanto trauajo por ser cin escrito ni letra alguna, cino no más de quipos y rrelaciones de muchas lenguaxes..." (GP: 11). Aunque de otras partes de la crónica se debe entender que el quipu servía más bien para anotar cantidades o clasificar, lo que concuerda con la opinión de la mayoría de los investigadores contemporáneos, en estas citas se sugiere que por el quipu también se pueden contar "historias", aunque es un medio de comunicación inferior a la escritura. Ambas citas indican que el cronista no leía el quipu sino que lo "interpretaba" y que este trabajo no le era nada fácil. Es de suponer que Guaman Poma no era khipukamayuq, especialista en hacer nudos, aunque tampoco era un ignorante. Seguramente sabía leer números y hacer ciertas operaciones, aunque no necesariamente sabía interpretarlos correctamente. Lo mismo puede referirse a sus informantes, uno de los cuales "le deglara al autor y le muestra los quipos y lo declara y le da rrelaciones los yngas y los chinchay suyos, andesuyos, collasuyos, condesuyos" (GP: 367). En base a ciertas informaciones generales sobre el código del quipu (Ascher, Ascher: 1981) puede postularse la forma que debía tener el quipu "dinástico" de Guaman Poma. Véase el esquema.

Los hilos I se distinguían por el color de los hilos C, o bien los hilos C eran subsidiarios de los hilos I (el hilo I se bifurcaba en la rama principal y la rama C). Los hilos I_{sum} y C_{sum} se distinguían de los otros por estar dirigidos hacia arriba del hilo horizontal o por el color y eventualmente también se trataba de un hilo bifurcado en la rama principal I_{sum} y la subsidiaria C_{sum}. El esquema presentado abarca probablemente solamente una parte de la información incluida en el original ya que en el texto de la crónica se habla de los "capitanes", jefes guerreros correlacionados con la secuencia de los incas, aunque no se proporcionan datos numéricos que conciernan a ellos. El quipu sugiere dos formas de lectura: A) de la izquierda a la derecha que corresponde a la operación de sumar por separado los números relacionados con las dos categorías - establece dos secuencias de números: $I_1, I_2, \ldots I_{12}$ y $C_1, C_2, \ldots C_{12}$; B) de arriba hacia abajo que corresponde a la operación de comparar los datos de la secuencia $I_1, I_2, \ldots I_{12}$ con los de la secuencia $C_1, C_2, \ldots C_{12}$ y establece grupos $I_1C_1, I_2C_2, \ldots I_{12}C_{12}$ y, eventualmente, grupos de tipo $C_{n-1}I_n$. Según se ha visto, Guaman Poma empleaba ambas formas de lectura y solamente ellas. Si sus operaciones hubieran sido realmente desordenadas e incoherentes, igualmente habría podido hacer sumas de tipo $I_1 + C_1 + I_2 + C_2 + \ldots + I_n$, o formar grupos de tipo I_mC_n, $m - n \quad 1$.

En resumen, considero que:

1. Guaman Poma ha visto el quipu cuyo esquema básico he presentado arriba y lo reconoció como un quipu "dinástico".

2. Interpretó los números como períodos de vida o del reinado de los sucesivos gobernantes, conforme con los criterios europeos, según los cuales los años de nacimiento, de la ascensión al poder y de la muerte son los más importantes en la descripción de una dinastía real. Mientras tanto, los números se referían probablemente a la estructura interna de la dinastía , a una forma particular de relación entre las familias reales del Cuzco y la región donde se guardaba el quipu o describían otros aspectos de la organización del imperio o, quizas, de la organización local (luego sugeriré una hipótesis concerniente a ello).

3. Interpretó el quipu aplicando técnicas adecuadas de lectura y constató que ciertos datos merecían un interés particular:

a) el período de gobernación de los incas (la edad agregada) se aproximba a la duración de la época cristiana calculada desde el nacimiento de Cristo;

b) duraciones de algunas coyas (C_1, C_3, C_{11}, C_{12}) eran más largas o iguales que las de los hombres que las acompañaban en calidad de marido o hijo, lo que se contradecía con la regla general;

c) una coya (C_5) ostentaba un número tan bajo que difícilmente podía ser mujer del inca.

Solamente en estos casos hizo ciertas reflexiones en cuanto a la cronología relativa de los acontecimientos incluidos en el quipu.

4. No se interesó por las demás parejas y, por lo tanto, no advirtió la contradicción en su cálculo. Además, para darse cuenta de esta contradicción hay que hacer una operación de tipo: $I_1 + I_2 + \ldots + I_m = C_1 + C_2 + \ldots + c_n$, $m \neq n$, lo que supone comparar incas y coyas que no pertenecen a la misma pareja I_nC_n (o $C_{n-1}I_n$), es decir emplear una ténica ilegítima desde el punto de vista de la estructura del quipu.

Aceptada la tesis del imperfecto conocimiento del código del quipu por Guaman Poma, se puede explicar el único error de cálculo que este comete. Para la anotación de números en el quipu se usa tres tipos de nudos. El nudo largo se emplea en la posición de unidades y la cifra está determinada por la cantidad de vueltas del hilo, de 2 a 9. En las demás posiciones se emplean nudos simples, de 1 a 9. Como un nudo largo requiere como mínimo dos vueltas, la cifra 1 en la posición de unidades es marcada con un nudo en forma de la cifra árabe "8". Esta manera de anotar permite distinguir la posición de unidades de las demás posiciones independientemente de la cifra que en ella se encuentre (a excepción del caso de 0) (Ascher, Ascher 1981: 29). Sin embargo, para una persona no experta, un nudo largo de dos vueltas se asemeja bastante a un nudo en forma de "8". Considérese además que en el quipu discutido, según lo ha presentado el cronista, no se encuentra la cifra 1 en la posición de unidades en ningún hilo anterior a I_{sum}. Por lo tanto, supongo que Guaman Poma interpretó el nudo ambiguo en 1521 como un 2 y transcribió el número como 1522.

Guaman Poma no identificó en forma explícita a su fuente, igual que no lo hacía en otros casos semejantes, por ejemplo en el caso de los dibujos de los incas y coyas. Cada dibujo está acompañado por un breve texto, generalmente de una página. Es característico que el texto asigna colores a cada prenda del vestido de los personajes, describiendo la distribución detallada de dichos colores. En casi todos los casos la descripción del inca corresponde fielmente al dibujo. En general, los textos tienen más bien el carácter de una descripción que de un relato de acontecimientos, al menos en su parte esquemática que se ajusta a un patrón común para los doce incas y a otro partón común para las doce coyas. Considero que la atención puesta en presentar los colores se debe a que Guaman Poma no describía a su propio dibujo sino a un dibujo original que consideraba como una fuente de información. A título de ejemplo he aquí la descripción del cuarto inca:

> "mayta capac tenia sus armas y zelada - uma chuco de azul escuro y anas pacra y su mascapaycha y conga cuchuna ualcanca - y su manta de encarnado. Y de su camexeta de hazia arriua azul y del medio tres betas de tocapo y de auajo caxane con blanco y uerde y colorado y quatro ataderos de los pies y fue muy feo hombre de cara y pies y manos y cuerpo delgadito friolento - muy apretado con todo eso brabicimo melancolico - y conquisto demas que tenia su padre hasta potoci y charca y muchas prouincias y pueblos - y fue cazado con chinbo urma mama yachi y murio en el cuzco de edad de ciento y ueynte annos y dejo rriquiesas a su ydolo guanacauri y tubo hijos ynfantes chinbo ucllo mama caua, apo maytac ynga. uilcac ynga. uiza topa ynga. capac yupanqui ynga. curi ucllo y tubo otros hijos bastardos auquiconas y hijas bastardas nustaconas que fueron muy muchos. y tenia una hija que le queria muy mucho y aci le llamo - ynquillay coya - rreynaron quatro yngas quinientos y sesenta y cinco annos despues susedio su hijo lexitimo capac yupanqui ynga" (GP: 99).

La descripción de cada inca consta de tres partes fijas. La primera concierne a los atributos reales, armas y vestido del inca. Se sique generalmente el orden de descripción arriba - abajo (desde llaw t'u o uma čuku hasta los ataderos de los pies) y derecha - izquierda (primero lo que tiene el personaje en la mano derecha y luego lo que tiene en la izquierda). La segunda parte comienza con el aspecto fisico del personaje, confirmado por el dibujo, y con su carácter. Después trata de algunos hechos relacionados con su gobierno, como sus ordenanzas, conquistas, relaciones con algunos dioses o uacas. La estructura de la segunda parte es más relajada. La tercera parte incluye de nuevo una secuencia casi fija de informaciones. En forma arbitraria, con omisión de algunas informaciones irregulares, pueden distinguirse nueve puntos en la descripción:

1. Atributos reales, armas, vestido, etc.
2. Aspecto físico y carácter del inca
3. Relación con dioses, ídolos, uacas
4. Conquistas
5. Coya correspondiente
6. Muerte - lugar y edad
7. Hijos e hijas legítimos - infantes
8. Hijos bastardos
9. Edad agregada

La secuencia en los doce casos sufre sólo ligeros cambios:

I_1 : 1 - 3 - 4 - 3 - 5 - 6 - 7 - 8

I_2 : 1 - 2 - 4 - 3 - 5 - 6 - 7 - 8 - 9

I_3 : 1 - 4 - 2 - 5 - 6 - 7 - 8 - 9

I_4 : 1 - 2 - 4 - 5 - 6 - 7 - 8 - 9

I_5 : 1 - 2 - 3 - 4 - 5 - 6 - 7 - 8 - 9

I_6 : 1 - 2 - 3 - 4 - 5 - 6 - 7 - 8 - 9

I_7 : 1 - 2 - 3 - 5 - 6 - 4 - 7 - 8 - 9

I_8 : 1 - 2 - 3 - 4 - 5 - 6 - 7 - 9 - 9

I_9 : 1 - 2 - 3 - 4 - 5 - 6 - 7 - 8 - 9

I_{10} : 1 - 2 - 4 - 5 - 6 - 7 - 8 - 9

I_{11} : 1 - 2 - 3 - 4 - 5 - 6 - 7 - 8 - 9

I_{12} : 1 - 2 - 7 - 8 - 5 - 6 - 9

En forma parecida, en la descripción de las coyas pueden distinguirse siete puntos:

1. Aspecto físico
2. Vestido
3. Inca correspondiente
4. Infantes
5. Bastardos (del marido)
6. Muerte (lugar y edad)
7. Repartición de la hacienda a la muerte

C_1 : 1 - 3 - 2 - 6 - 4 - 5

C_2 : 1 - 2 - 3 - 6 - 4 - 5 - 7

C_3 : 1 - 2 - 1 - 3 - 4 - 6 - 5

C_4 : 1 - 2 - 3 - 4 - 5 - 6 - 7

C_5 : 3 - 1 - 6 - 7

C_6 : 1 - 2 - 3 - 4 - 5 - 6 - 7

C_7 : 2 - 1 - 3 - 4 - 5 - 6 - 7

C_8 : 1 - 2 - 3 - 4 - 6 - 7

C_9 : 1 - 2 - 3 - 4 - 5 - 6 - 7

C_{10} : 1 - 2 - 3 - 4 - 5 - 6 - 7

C_{11} : 1 - 2 - 4 - 5 - 6

C_{12} : 1 - 2 - 3 - 4 - 5 - 6

Gran parte de estas informaciones parece proceder de una fuente icónica, ante todo los dos primeros puntos en el caso de los incas y el de las coyas[5]. El orden de la descripción de las representaciones icónicas debía haber sido establecido por el propio autor de la crónica. Posiblemente lo mismo es cierto para las demás informaciones, o sea las secuencias no necesariamente reflejan la estructura formal de la fuente. Sin embargo, el patrón común que se sigue en la descripción y la brevedad de las informaciones anotadas por Guaman Poma indican que ellas han sido seleccionadas a propósito entre otros datos. Cabe suponer que los datos que responden al patrón de la descripción tenian un valor particular para Guaman Poma, su informante o el autor de la fuente original. El hecho de que el dicho patrón abarca varias informaciones descuidadas por otros cronistas hace pensar que todas ellas provienen de una sola fuente original. En adelante indicaré que la presencia de ciertas informaciones paracronológicas afecta el patrón seguido por Guaman Poma en lo tocante a otro tipo de informaciones, lo que confirma esta suposición.

Conforme con el patrón de descripción de las coyas, la última información regular (C:7) se refiere a la repartición de la hacienda a la muerte de la coya. Se dan los siguientes casos:

C_1 : ----(a C_1: 5 sigue la información: "y esta señora dejo la ley del demonio muy entablado a todos sus hijos y nietos y desendientes")

C_2 : "esta señora fue muy rrica dejo toda su hazienda al sol y la luna rrepartio a sus hijos rrepartido en el testamento que dejo cunacuspa alliciminguan uanorca coya (la coya murió dejando encargos con buenas palabras - M.M.)"

C_3 : -----

C_4 : "y dejo en su testamento todo por eredera a su madre mama cora ocllo

C_5 : "y no dejo testamento ni hizo cunacusca (encomienda - M.M.) de coza alguna"

C_6 : "y dejo mucha rrequiesa rrepartio en tres partes en el testamento - lo primero para el sol - lo segundo para la luna lo tersero para sus hijos que aci lo auia hecho y aci lo cuentan los dhos biejos que lo supieron"

C_7 : "y dejo toda su hazienda dos partes el uno para ella y mando que de ello le den de comer en cada año y la otra mitad dejo para su madre"

C_8 : "y dejo su hazienda a las dichas enanas y corcobadillas porque tenía boluntad y amor"

C_9 : "y dejo su hazienda a su marido"

C_{10} : "dexo su hazienda para pobres biejos y biejas se lo rrepartio"

C_{11} : -----

C_{12} : -----

En la secuencia de los incas solamente en tres casos se dan informaciones acerca de la repartición de la hacienda: I_2 "dejo mucha rrequiesa al tenplo del sol y a las dhas uacas", I_4 "dejo rriguiesas a su ydolo guanacauri", I_8 "dejo el tenplo del sol todo de oro maciso". Todas estas informaciones se encuentran entre I:6 y I:7, o sea siguen inmediatamente a la información concerniente a la muerte. Exactamente en el mismo lugar se dice que I_1 "era pobricimo" e I_9 "fue rrico". Esta ubicación, a mi modo de ver, se justifica por el hecho de que la posición social y el poder del inca se juzgan por el culto de su momia y los servicios que se prestan a la misma. En este sentido un inca sigue siendo "pobre" o "rico" después de su muerte. El inca muerto cuenta con su panaca, tiene asignadas tierras y gente de servicio. Uno de los objetivos de la repartición que hacen las coyas es aseguararse estos servicios. Joseph de Acosta dice que "ningum rey que entraba a reinar de nuevo heredaba cosa alguna de la vajilla y tesoros, y haciendas del antecesor, sino que había de poner casa de nuevo y juntar plata y oro, y todo lo demás de por sí, sin llegar a lo del defunto; lo cual todo se dedicaba para su adoratorio o guaca, y para gastos y renta de la familia que dejaba, la cual con su sucesión toda se ocupaba perpetuamente en los sacrificios, y ceremonias y culto del rey muerto, porque luego le tenían por dios, y había sus sacrificios y estatuas y lo demás. Por este orden era inmenso el tesoro que en el Pirú había, procurando cada uno de los Ingas, aventajar su casa y tesoro al de los antecesores" (Acosta 1979: Lib. VI cap. 12).

Ahora bien, se dan cuatro casos de falta de información concerniente al destino de la hacienda de una coya muerta: C_1, C_3, C_{11}, C_{12}. Son precisamente los mismos casos en los cuales Guaman Poma hace un comentario respecto al momento relativo de la muerte (recordémoslo: C_1 murió en tiempo de su hijo, C_3 murió casi junto con su hijo, C_{11} murió casi junto con su marido, C_{12} murió después de su marido). La correlación es absoluta: no se proporcionan datos acerca de la distribución de la hacienda en todos los casos y solamente en los casos cuando la duración atribuída a la coya iguala o excede la duración atribuída a su pareja o al inca siguiente (la probabilidad de coincidencia es de 1:495). Además, la única coya de la cual se dice que no ha hecho ninguna donación es a la vez la única cuya edad queda indeterminada - unos "pocos años" (C_5). De modo que la falta de número equivale a la falta de repartición de la hacienda mientras que la información acerca de la duración relativa de una coya parece sustituir la información sobre la repartición.

En el estado actual de mi comprensión del problema sería prematuro proponer una interpretación cabal del mismo. Sin embargo, se antojan ciertas consideraciones que permiten formular una hipótesis general. Primero, los números no se refieren a la longitud de la vida biológica de los incas y coyas sino describen algo relacionado con su vida social, la cual puede prolongarse más allá de su muerte física. Segundo, esta vida post mortem depende de la "repartición" de la bacienda del muerto. El culto requiere una dirección de parte de la familia del muerto (panaca) y de las instituciones religiosas y estatales especializadas, y una inversión de bienes y de fuerza laboral. En esta situación surge la necesidad de llevar una cuenta de lo que el muerto da y lo que recibe. Dicha cuenta, conforme con la costumbre andina, se llevará en un quipu. En el caso discutido puede tratarse simplemente del cómputo de algo relacionado con las celebraciones organizadas periodicamente u ocasionalmente para un inca o una coya determinados, lo cual explicaría por qué se asigna a los números el significado de "años" (o sea se los asocia con el cómputo de tiempo) y por qué tienen sentido las dos lecturas.

Para dar un fundamento sólido a esta hipótesis habría que demostrar que el culto a los incas muertos, o por lo menos ciertas obligaciones relacionadas con el mismo, no se restringían solamente a las panacas reales cuzqueñas y a los yanas adscritos a los bienes de los muertos, sino que también se extendían a las regiones conquistadas (ya que el quipu procedía probablemente de un centro local). También habría que demostrar que las celebraciones en cuestión no necesariamente se organizaban simultáneamente para todos los incas y coyas muertos. Por el momento quiero recordar solamente que Topa Inga Yupanqui, el que conquistó a los Yaruwillca (antepasados de Guaman Poma), "murio comiendo y dormiendo no sentio la muerte y en su uida governo cincuenta años el capac apo guaman chaua nieto de yarobilca allauca guanoco aguelo de capac apo don martin de ayala y de su hijo don felipe guaman poma de ayala (GP: 111). ?Quizás los vasallos de Topa Inga Yupanqui tampoco se dieron cuenta de la muerte física del rey? De algunos indios principales dice el cronista que "... duraron sus uidas mas de tienpo de ducientos años - como el principe y senor don martin de ayala padre del autor deste dho libro que uido y comio con topa ynga yupanqui - guayna capac ynga - tupa cuci gualpa guascar ynga y murio en tienpo de cristiano (...) y acabo su vida muy biejo de edad de ciento y cinquenta años" (GP: 1079). Obviamente, el comer con un inca no quiere decir que el inca esté vivo[6]. ?Quizás la vida de algunos personajes se mide por la cantidad de banquetes celebrados con los reyes vivos o muertos? De este modo, un solo año podría contarse varias veces y atribuirse a diferentes incas. El famoso retorno de Guayna Capac al Cuzco ("se metio dentro de una piedra y alli dentro se murio cin que lo supieran y mando antes que muriera que no se publicara la muerte y dixeron que astaua bibo y lo trageron al cuzco por bibo su cuerpo por que no se alsasen los yndios"; GP: 114) puede ser ejemplo de una costumbre generalizada. A consecuencia, en el mismo momento podrían reinar en el Tawantinsuyu varios incas muertos (que representaban a sus respectivas panacas), repartiendo el territorio entre sí de acuerdo a las conquistas que habían realizado.

En la interpretación de las secuencias "dinásticas" que he presentado arriba no está claro por qué la información sobre la duración relativa sustituye la información sobre la repartición de la hacienda. Posiblemente, el hecho de que la edad de la coya iguala o excede la edad del inca influye en la distribucín formal de datos en la fuente de Guaman Poma y el autor no podía encontrar el dato requerido. También es posible que las consideraciones acerca de la duración relativa remitan al personaje (marido o hijo) a quien se encomendó la hacienda. El hecho de que son las coyas quienas distribuyen la hacienda parece recalcar el aspecto matrilineal de las panacas.

CONCLUSIONES

El arte de interpretación de los quipus "históricos" hechos en el período incaico sobrevivió, en forma imperfecta, hasta los comienzos del siglo XVII o, al menos, hasta finales del siglo anterior. Guaman Poma, al establecer la cronología de la dinastía inca se basó en un quipu. Otra fuente que le sirvió para presentar la secuencia de los incas y las coyas tenía carácter icónico. Es muy probable que ambas fuentes fuesen complementarias y estuviesen correlacionadas. Los datos numéricos incluidos en el quipu se referían a algún aspecto de la organización económica y social, quizás a las ceremonias relacionadas con el culto de los incas y las coyas muertos. Es posible que las cronologias dinásticas presentadas por otros autores partan de fuentes de la misma índole y correspondan a la óptica de distintas etnias o grupos sociales.

NOTAS

1. Entre paréntisis indico el año aproximado de la redacción. En el caso de los Quipocamayos es la fecha de las entrevistas.

2. En el caso de Cabello Valboa los 500 años deben calcularse entre la fundación del Cuzco y la guerra con los Chancas, o sea entre la supuesta fecha de 938 A.D. y la ascensión de Pachacuti en 1438. Conforme con el análisis de Zuidema, la guerra con los Chancas marcó un hito importante en la historia inca. Hitos semejantes fueron constituidos por la conquista española, en el caso de Sarmiento de Gamboa relacionada con algún evento posterior a la muerte de Atawallpa. En cualquier caso, se fijabo la fundación del imperio contando 1000 o 500 años hacia atrás desde un momento considerado como la clausura de cierto periódo.

3. A consecuencia de haber escrito el presente texto en dos etapas utilizo dos ediciones de la crónica (GP: 1936 y GP: 1980), lo cual se refleja en dos formas de transcripción. Me refiero siempre a la paginación de la edición facsimile.

4. Fray Martín de Murúa, quien a diferencia de otros autores proporciona respecto a la dinastía inca informaciones parecidas a las de Guaman Poma, dice: "dicen algunos que (Coya Cussi Chimpo) fué hermana de Capac Yupanqui y que le mató con poncona que le dió en un mate de oro. Otros que fué su hija, pero en fin, fué cassada con Ynga Roca ..." (Murúa 1962: T. I. cap. 14), aunque según este cronista el patrón general también preve matrimonio dinástico entre hermanos carnales y sólo en algunos casos el inca casa con su prima hermana.

5. A título de ejemplo, sobre Capac Yupanqui se dice: "y medianito de cuerpo cara larga auariento poco sauer el que enuento a brindar a su padre el sol ..." (GP: 101). En el dibujo respectivo Capac Yupanqui está representado en actitud de brindar al sol, con un vaso en la mano (FP: 100). Sobre Lloqui Yupanqui se afirma: "y tenía las narices corcobados y los ojos grandes y labios y boca pequenas y prieto de cuerpo y feo y mal ynclinado y mizerable y aci no hizo nada y era para poco y sus bazallos huyan de uelle la cara" (GP: 97). Aunque el dibujo no confirma la actitud de los vasollos (el inca está solo), encontramos una confirmación de la existencia de la supuesta fuente icónica (o quizás de un canon iconográfico) en Fray Martín de Murúa: "Fué Lloqui Yupanqui temido y respetado de los suyos en tanto grado que le voluían las espaldas por no osarle mirar a la cara ..." (Murúa 1982: T. I, cap. 7). Lo que difiere es la interpretación de dicha fuente.

6. Debo esta importante observación al dr. Jan Szeminski (comunicación personal).

REFERENCIAS BIBLIOGRAFICAS

Acosta, P. Joseph de, (1979) Historia natural y moral de las Indias, Fondo de Cultura Económica, México.

Ascher, Marcia; Ascher, Robert (1981) Code of the Quipu, The University of Michigan Press, Ann Arbor.

Cabello Valboa, Miguel (1951) Miscelánea antartica, Ed. Instituto de Etnología, Facultad de Letras, Universidad Nacional Mayor de San Marcos, Lima.

Collapiña, Supno y otros Quipucamayos (1974) Relación de la descendencia, gobierno y conquista de los incas, Ediciones de Biblioteca Universitaria, Lima.

Guaman Poma de Ayala, Felipe (1936) Nueva corónica y buen gobierno, ed. facs., Institut d'Ethnologie, Paris.

Guaman Poma de Ayala, Felipe (1980) El primer nueva corónica y buen gobierno, ed. crit. J. Murra, R. Adorno, Siglo Vientiuno Editores.

Montesinos, Fernando de (1957) Memorias antiguas historiales y políticas del Perú, Revista del Museo e Instituto Arqueológico, año X, No. 16-17, Cuzco.

Murúa, Fray Martín de (1962) Historia general del Perú ..., Instituto Gonzalo Fernández de Oviedo, Madrid.

Sarmiento de Gamboa, Pedro (1906) Segunda parte de la historia general ..., Geschichte des Inkareiches, ed. R. Pietschmann, Berlin.

Vázquez de Espinosa, Antonio (1942) Compendium and Description of the West Indies, Smithsonian Institute, Washington.

Velasco, Juan de (1978) Historia del Reino de Quito en la América Meridional, T. II, Edit. Casa de la Cultura Ecuatoriana, Quito.

Zuidema, Reiner Tom (1964) The Ceque System of Cuzco; the Social Organization of the Capital of the Inca, Leiden.

CUADRO COMPARATIVO DE DIFERENTES CRONOLOGIAS

-----	- falta del dato
m.	- "más de ... años"
pm.	- "poco más de ... años"
*	- número implícito, sumado en base a la fuente
ca.	- alrededor o cerca de ...

1. El número se refiere más bien a la edad en el momento de la muerte, pero la distinción entre la duración del reinado y la duración de la vida en la fuente no es consecuente o es dudosa.
2. M.C. murió a edad de 91 años.
3. M.C. abandonó el Titicaca en 1025 y fundó el Cuzco en 1031.
4. Se dice también que Y.U. murió cuando su hijo V. había gobernado ya durante algunos años.
5. Se dice también que fue intronizado a 23 años de edad y murió a 84 años de edad.
6. Renunció en aquel año la corona a su hijo y murió 7 años más tarde, en 1296.
7. El autor incluye también en la lista a Atahualpa (1 año 4 meses hasta 1533) y en la segunda parte de la lista incluye a Manco Capac II, Sairi Tupac, Cusi Titu Yupanqui y Tupac Amaru, hasta el año 1571.

ARE THERE NUMBERS IN THE SKY?

Marcia Ascher*

and

Robert Ascher**

Introduction

The answer to the question posed in the title of our paper - are there numbers in the sky? - is, of course, immediately obvious: there are none. If the answer is obvious, why bother asking? First, because there should remain an element of wonder in the idea that different people from very early times used numbers for sky phenomena. Second, in posing the question, we stress that quantification, in particular, what we choose to quantify, is arbitrary. Third, numbers in western culture, in particular numbers associated with physical phenomena, are often taken to be intrinsic to the phenomena observed.

We are already well aware that images are not inherent in the sky. Using the stars as points, we imagine connecting lines and thus produce figures. In the western tradition, we are taught to see a fish, bears, and so on. The fact that we forget them after having them pointed out, or do not see them at all to begin with, accounts in part for the humour in a cartoon called Constellations that appeared in *The New Yorker*. We are willing to accept the notion that all such graphs are the product of our culture and our imagination, but are less willing to acknowledge the degree to which we impose numbers on sky phenomena.

In the west, the sky has been approached quantitatively. Numbers have been associated with what is up there until, over the years, millions of numbers about all sorts of sky phenomena have been produced. Other numerate people do not share our zeal. Their study of western ethnoastronomy would prove interesting. Knowing about this intoxication with numbers, they would surely warn us against ourselves. We bring this outlook - their warning - to what follows, maintaining throughout a careful distinction between numbers that have been created or imposed by outsiders and numbers actually recorded.

In Inca civilization, numbers were recorded on quipus by Incas themselves. To explore quipus and calendrics is the specific task we have set for ourselves and report on here.

---

* Professor of Mathematics, Ithaca College, Ithaca, NY 14850, USA

** Professor of Anthropology, Cornell University, Ithaca, NY 14853, USA

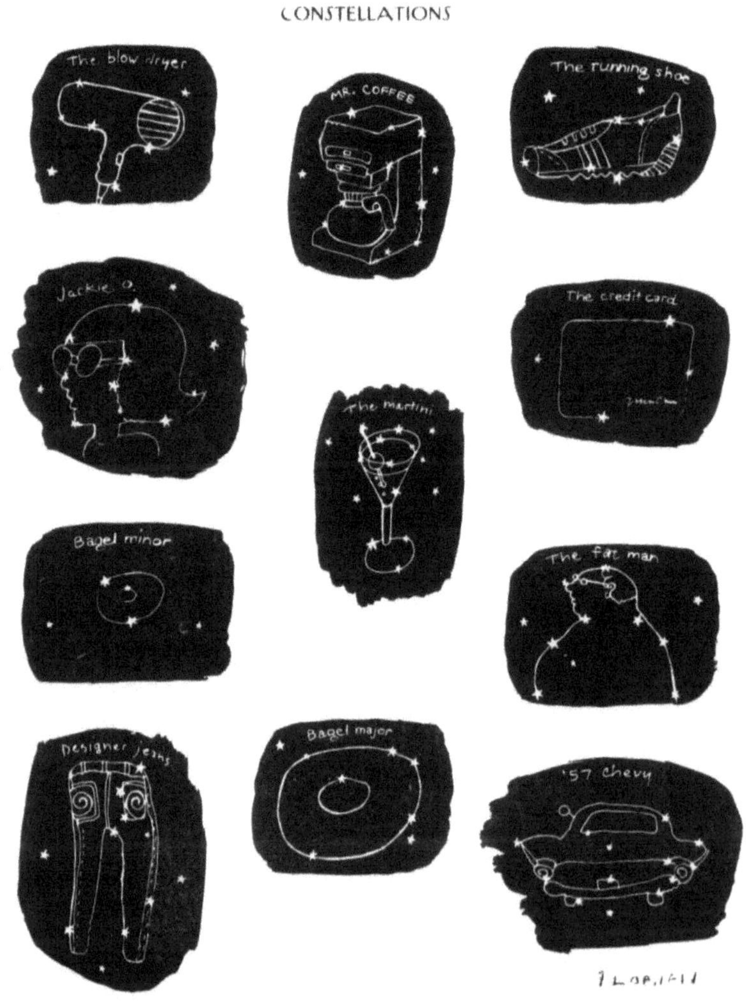

Fig. 1

Constellations (Douglas Florian, The New Yorker. May 28, 1984)

Quipu Interpretation

Quipus - those multicoloured, spatially arranged knotted cords - are the products of specialists who shared a logical - numerical system for encoding information (Ascher and Ascher 1981). It was a very general system and the thousands of quipus produced contained a wide range of information. It is reasonable to assume that calendric information was embedded in some. Since only 400 survive, very few can be expected to relate to calendrics.

The quipu logical - numerical system is expressed through colour and relative placement of cords, and type and relative placement of knots. The spatial and colour relationships of the cords create formats which reflect the way the data is categorized. The knot clusters are the data which can be non-numerical number labels, or quantitative. Depending on the format, there can be more than one type of data on a quipu and more than one data value on a cord. Arithmetic relationships, if they are present, are also consistent with the logic of any particular format. Any reading of quipus must conform to the underlying encoding system. Such reading is structural. To move toward the usage of any particular quipu or the meaning of the data on it, other cultural information is needed.

In the problem of quipus and calendrics, the work of Erland Nordenskiöld (1925) is a benchmark. Published some 60 years ago, his work inspired others to use his method (e.g. Day 1967) and has been considered a demonstration of Inca interest in the numbers he found (Müller 1972). Any attempt to grapple with the same problem cannot ignore Nordenskiöld's efforts. But we are hesitant because, for us, his work is a lesson in what should not be done. On the other hand, intellectual history is perhaps just as useful when it directs away from an approach as when it points towards one.

Nordenskiöld had available and cites the work of a dozen or so chroniclers who touch upon Inca astronomy and calendrics. He also had available the elementary elements of structure introduced by Locke (1923). His quipu corpus consisted of 17 specimens he describes in detail as well as many others he saw in museums and mentions in passing.

He believed that all the data on quipus were numerical quantities and that each number represented a count of days. He also believed that all quipus are "just clever combinations of astronomical numbers and of the number seven" (Nordenskiöld 1925: 2; 33). Believing the numbers to be hidden in the quipus, he set out to find them. His method was, first of all, to sum all values, or in some cases only selected values, from one or more cord groups. The groups he combined were not necessarily of the same size or colour or even adjacent to each other. For some, subsidiaries were included and for others excluded. He variously assorted the groups so that some were included in more than one sum and others not at all. The sums, frequently plus or minus some amount, were factored to show that they were multiples of an astronomical number or of seven or of a value ending in seven. The astronomical numbers he sought and found were 29.5, 30, 52, 365, 116, 397 and 584; the latter three are, respectively, the periods of the synodic revolutions of Mercury, Jupiter and Venus.

Many of the problems we find in his approach are explained by Nordenskiöld on the basis of the devious intent on the part of the Incas. To begin with, not all the data are numerical quantities. In one case where the knot types do not conform to Locke's base 10 interpretation, Nordenskiöld assigns that reading anyway. In another case, he assigns numbers in two different ways, applies his method to both sets of readings, and claims the Inca intended this as part of the puzzle.

Where data are quantitative, Nordenskiöld's association of different groups or parts of groups usually does not conform to the logical structure of the quipus he read. Furthermore, the operations of summing and factoring would only be appropriate when consistent with some feature of the quipu itself. We would, for example, find seven significant to a group if every value in the group were a multiple of seven. The fact that the sum of three diverse groups is a multiple of seven has no significance. Or, for example, we would agree that a group summing to 365 might have some calendric implication but the fact that all the values on some quipu sum to (563 x 365) +20 tells us nothing.

The combination of arithmetic operations, summing and factoring, also lacks association with meaning. If numbers sum to a value, the data on the quipu may refer to parts of a whole. The operation reflects a relationship among the things being counted. If, on the other hand, the numbers sum to the (563 x 365) +20, a 365 is exhibited but is not only not on the quipu but shows no relationship to the things being counted. The operation of factoring, if it demonstrated a common factor, could show some unit underlying a count. Forced factoring, that is 33, 34, 35, 36, 37 equals 5 x 7 $\pm$ 0, 1 or 2 again has no relationship to the items being counted.

As for the numbers themselves - just about any values can be shown to pervade the data using the operations described. Nordenskiöld's astronomical numbers were plucked from the sky and brought to the search. They did not arise from the quipus, they are not on them, they are not products of the logic of the structure, and when found they bear no logical relationship to the data or to each other. Note, too, that the inclusion of seven skews the search considerably. It is not just multiples of seven that are considered significant, but any value ending in seven. About one fourth of all numbers fall into this category. The sevens, acting as would all pictures wild in a card game, enable many more values to be considered astronomical. For example, a number such as 2997 was shown to contain a factor of 584 because the product is off by 77.

All our differences with Nordenskiöld can be easily summarized - we believe quipus to be products of a general logical-numerical encoding system rather than a collection of deviously hidden astronomical numbers.

Calendars

In many cultures sky phenomena form the basis for calendars. Through culture, one learns to perceive and react to some sky phenomena and not to others. A calendar exists when there is a system that organizes and relates selected outside periodic phenomena to culturally determined events.

One possible reaction to a perceived periodic phenomenon is to associate a number or numbers with the length of its period. Such numbers might become a part of a calendar. For example, we perceive the periodicity of the earth's revolution on its axis. Using one revolution as a unit, and perceiving periodicity in the synodic revolution of Venus, a number is assigned to the length of Venus' period. The number is a piece of astronomical knowledge but it is not a part of the calendar because it is not used for cultural scheduling. The number assigned to a solar year, on the other hand, is important in the western calendric system.

Most important is that the choice of outside phenomena is arbitrary. Of the vast possibilities few are chosen. Numbers can be associated with periods but they do not have to be. Organization into a conceptual scheduling system is what creates a calendar. And, as the system is used, numbers that may be within it may be modified until they are only vague reflections of the outside periods.

A conceptual scheduling system is one of the two meanings for the term calendar. The other usage of the word is the symbolic representation of that system. A symbolic representation is not the same thing as the conceptual system behind it and, thus, in any discussion it is essential to be clear as to which of these meanings is being used.

A conceptual system must be present for there to be a symbolic representation of it but the same conceptual system can have several different representations. For example, a familiar representation of the western calendar is boxed-off paper charts containing letters and number symbols. There are other ways too, such as electronic digital representation. Note that the paper and electronic calendars use number symbols but neither exhibits the conceptually significant numbers. For example, the number 365 appears nowhere on either of them.

Quipus and Inca Calendrics

In the Inca case, following years of work by Zuidema (1964; 1982) and his associates (Aveni 1982; Urton 1978), the ceque in Cuzco can be interpreted as a calendar. The ceque array - the collection of huacas organized along lines - is a calendar in the sense of being a symbolic representation of the Inca conceptual calendric system. The array does not contain any numbers and the Inca need not have thought of it in numerical terms. Associated numbers are generated by counting within different groupings of huacas and different groupings of lines.

On some familiar contemporary boxed-off paper calendars, one can count 12 pages, 28 to 31 boxes per page, seven boxes per line - the first marked in red and the last six in black, and 174 boxes between an anomalous red marked box on the seventh page and another on the 12th page. When these are counted, however, it is already known that they are meaningful groupings with the boxes corresponding to days, the lines to weeks, the pages to months, the collection to a year, and the red markings to Sundays and holidays. On these same charts, alphabetic writing and number symbols reinforce the groupings.

The people studying the ceque array do not have the advantages we do in reading our own calendar. They are faced with the problem of identifying the groupings that are meaningful as well as associating particular spots on the array with particular recurrent events. Different groupings are suggested by and checked against other information about Inca cultural and astronomical concerns that might be associated with scheduling. But, while moving toward the underlying conceptual calendar, the significant groupings and, hence, the counts associated with them, are still not certain.

When examining quipus we keep in mind the various ceque findings. Based as they are on much other information, yet constrained by the physical structure of the ceque array, they provide explicit working hypotheses. Quipu evidence can lend support to some hypotheses or suggest further avenues of thought, but cannot, of themselves yield conclusive statements.

Whether as metaphor or as model, the similarity of huacas on radiating lines and knots on suspended cords has led to the expectation that a quipu will contain a symbolic calendar. The image of that calendar is one pendant cord per ceque line and one knot per huaca or one knot associated with each day. This image reduces a quipu to the level of Robinson Crusoe's tally marks. The idea of knots and days in one-to-one correspondence is far less sophisticated than the logical-numerical system of quipus. Assuming the day as the basic unit, one more plausible image for a symbolic calendar is a quipu with one cord per day, each containing non-quantitative knot symbols, enabling grouping and highlighting through cord position, colour and spacing. So far, we have not seen any quipu that could justifiably be considered a symbolic calendar. The more fruitful way to search for quipus of calendric significance is to look for those that contain numerical information on which the numbers are juxtaposed in some way that can be connected to hypotheses of calendric concepts. Our search of the quipu corpus (Ascher and Ascher 1978) has shown that at least three can be so connected. Two of the three we describe in some detail; the size and complexity of the third requires separate treatment.

Eleven years ago Gary Vescelius (Vescelius 1974; Sullivan 1974) interpreted the ceque array in a somewhat different way than Zuidema. The difference lies mainly in the way the huacas in quadrant IV are aligned and in the way that 365 days are associated with 328 huacas. In Vescelius' interpretation there are 36 ceque lines. He associates the huacas in each with the days in a week; additionally, each week has another day not represented by a huaca; similarly there is another day for the entire year. When grouped into quadrants there are 78, 85, 81 and 84 huacas (Fig. 2) associated with (78 + 9) + (85 + 9) + (81 + 9) + (84 + 9) + 1 = 365 days.

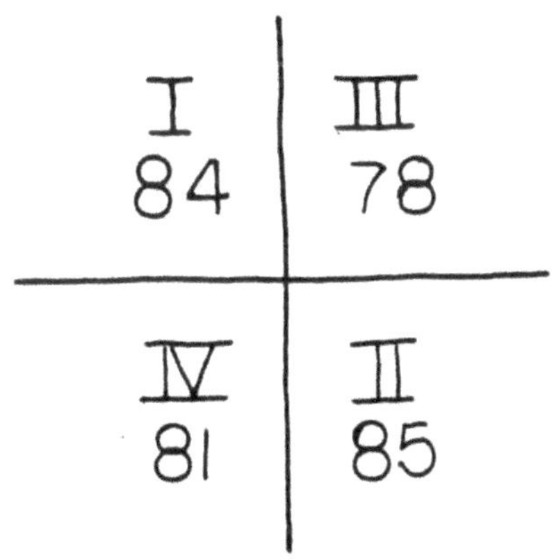

Fig. 2

Vescelius' arrangement

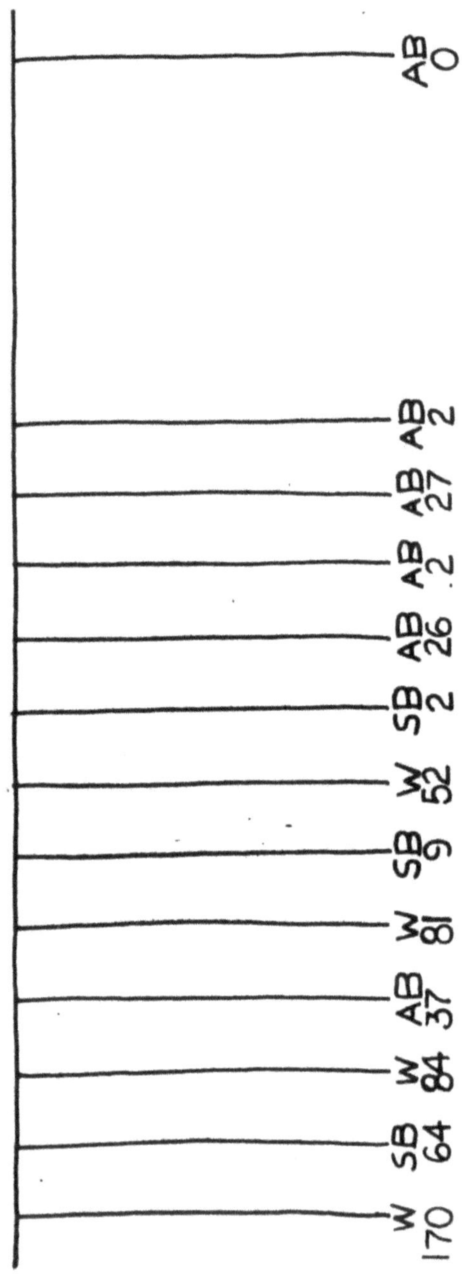

Fig. 3

AS116

One quipu (AS116) strongly supports this arrangement. It has 12 knotted pendant cords and another far removed with no knots. The pendants are of three colours but two are very similar and may have originally been the same. A schematic of the quipu is shown in Figure 3. The chart (Fig. 4) shows the numbers arranged beneath each other in columns corresponding to their colours. In the first column we find the huaca counts of the four quadrants with an additional count of quadrant II. We would expect, then, an additional 37 days for the full four quadrant count and an additional nine days for the recount of quadrant II. The 37 and nine are, indeed, found in the next column. The values compared are:

Vescelius: (84+81+85+78+37)=(84+9)+(81+9)+(85+9)+(78+9)+1
(85+84+81+78+37)+(85+9) with 64,27,2,2,2, unaccounted for.

Although the quipu values are a better match with Vescelius' lines, they also can be matched with Zuidema's (1977) count of 365 days involving 85 twice, 78 and 37.

The next quipu AS35 is actually four tied together. They are a unit (A,B,C,D) made of cords of the same colours and repeating some of the same values. The numbers only are shown arranged according to the pendant grouping and pendant or subsidiary position.

A: 17,11,14 / 0,0,0,0 / 0,0,0,0 / 0,0,0,0
B: 10,22,26,34
C: 314 / 81,183_{60}, 21_{43} / 130, $198_{41,55}$ / 12,7
D: 12_5,11,14,6 / 10,21,26,34 / 29 more cords in six groups including seven broken cords.

Comparing A,B and D:

Sums of A and group 1 of D:	42=17+11+14	A
	42=(12+5)+11+14	from D
	43=12+11+14+6	from D
Sums of B and group 2 of D:	92=10+22+26+34	B
	91=10+21+26+34	from D

To look more carefully at C, it is written in chart form (Fig. 5). The groups are under each other in columns corresponding to cord colour. The rows and columns are each summed. As sums and as recorded values we find 41, 42, 43 which have a variety of associations; as sums only, the solar quarters 91, 92; as recorded values 183, 55, 60, a solar year, double sidereal, and double lunar months respectively. Most striking are the row and column sums and their relationships to Zuidema's (1977) huaca groupings. His arrangement is shown grouped into quadrants (Fig. 6A). Within the quadrants are subdivisions 1, 2, 3 and within each of them there are further subdivisions a, b, c. Our sum of row two is seen to correspond to the number of huacas grouped as shown in Figure 6B and row three has the correspondence shown in Figure 6C. It is not just that the sums are the same but that their components conform to consecutive ceque groupings. Finally there is the column sum 407. That quantity has been associated by Zuidema (1977) with the number of squares on a textile of possible calendric interest and with the count of all of the huacas and then those in

<table>
<tr><th></th><th>Color W</th><th>Color AB or SB</th></tr>
<tr><td>2×85 =</td><td>170</td><td>64</td></tr>
<tr><td></td><td>84</td><td>37</td></tr>
<tr><td></td><td>81</td><td>9</td></tr>
<tr><td rowspan="2">78</td><td>52</td><td>2</td></tr>
<tr><td>26</td><td>27</td></tr>
<tr><td></td><td></td><td>2</td></tr>
</table>

Fig. 4

	Color 1	Color 1	Color 2	Group Sums
Group 1	314			314
Group 2	81	183_{60}	21_{43}	$285_{60,43}$
Group 3		130	$198_{41,55}$	$328_{41,55}$
Group 4	12	7		19
Color Sums	407	320_{60}	219_{139}	

Fig. 5

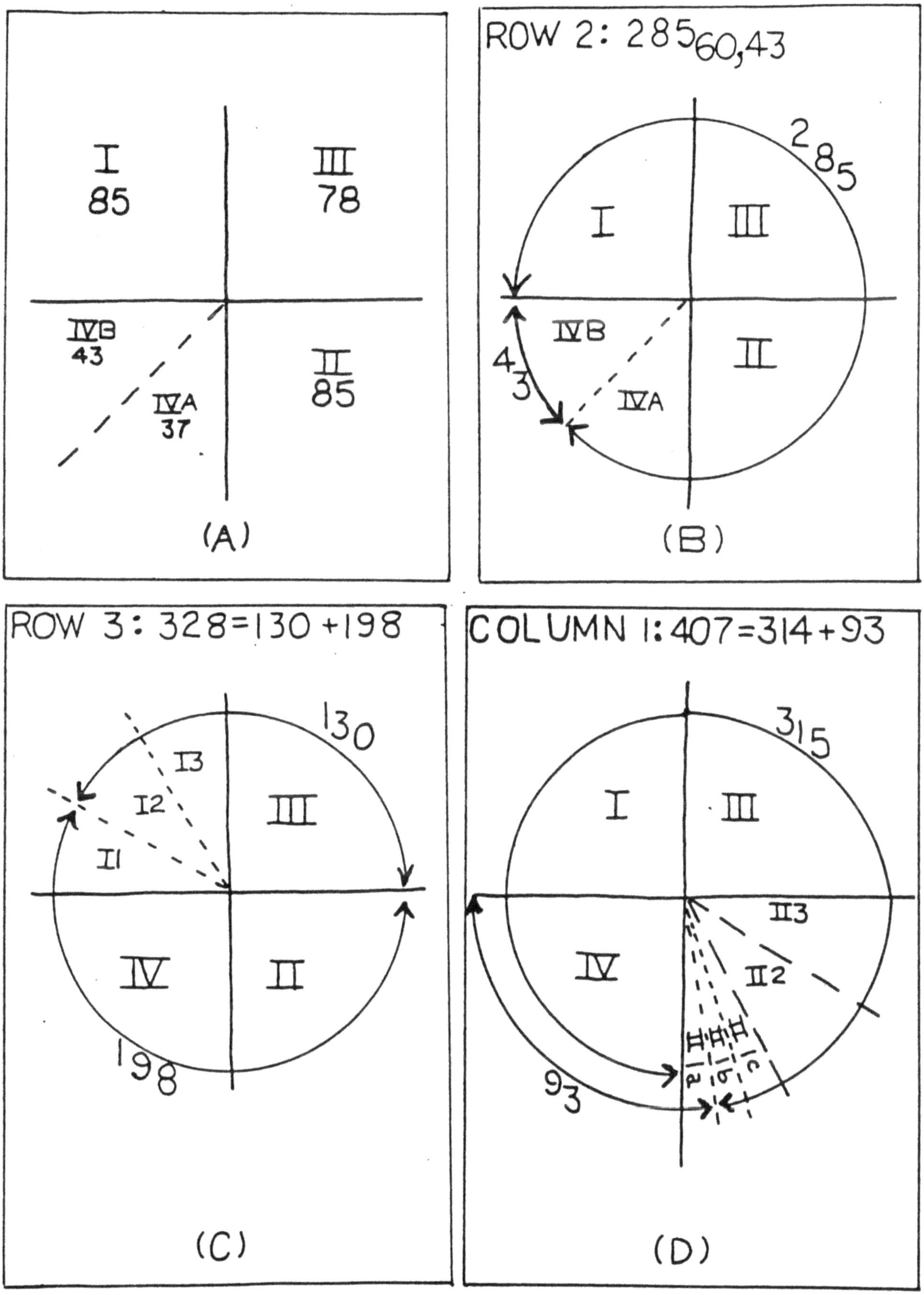
I
85
III
78
IVB
43
IVA
37
II
85
(A)
ROW 2: 285 60,43
285
I
III
IVB
43
IVA
II
(B)
ROW 3: 328=130+198
130
I3
I2
I1
III
IV
II
198
(C)
COLUMN 1: 407=314+93
315
I
III
II3
IV
II2
IIa
IIb
IIc
93
(D)

Fig. 6

quadrant IV a second time. Our column 1 is seen in Figure 6D to correspond to that count in conformance with the ceque subdivisions. (We, as Zuideman, are off by 1).

Conclusion

The route to understanding Inca calendrics has advanced with the combined approaches of the study of the chroniclers in particular with regard to the ceque (Zuidema 1977), Andean ethnoastronomy (Urton 1981), and the examination of the structural remains of Inca civilization (Zuidema 1977; Aveni 1982). All of these have been cautious with numbers, trying to find those that might have been used by the Incas. Still, it is only on quipus that one has numbers that the Incas recorded. It is therefore satisfying to find that the Incas themselves appear to support ideas about their calendrics put forth long after they were disappeared. How important is it to know about calendars? Very important indeed, for, as Hockett (1962) has pointed out, knowing a culture's scheduling provides a bridge between an outside and an inside view.

ACKNOWLEDGEMENT

The work of M. Ascher was supported in part by an Ithaca College Faculty Research Grant.

References

Ascher, Marcia and Robert Ascher, 1978. Code of the Quipu Databook. University of Michigan Press and University Microfilms International. Ann Arbor. (Available from: University Archives and Manuscripts, Olin Research Library, Cornell University, Ithaca, N.Y.).

Ascher, Marcia and Robert Ascher, 1981. Code of the Quipu: A Study in Media, Mathematics, and Culture. University of Michigan Press. Ann Arbor.

Aveni, Anthony F., 1982. Horizon Astronomy in Incaic Cuzco. In Archaeoastronomy in the Americas (Ed. Williamson, R.A.). Ballena Press. Los Altos. pp. 305-18.

Day, Cyrus L., 1967. Quipus and Witches' Knots. University of Kansas Press. Lawrence.

Hockett, Charles F., 1962. Scheduling. In Cross-Cultural Understanding: Epistemology in Anthropology. (Eds. Northrop, F.S.C. and H.H. Livingston). Harper and Row. N.Y. pp. 125-144.

Locke, L. Leland, 1923. The Ancient Quipu or Peruvian Knot Record. American Museum of Natural History. N.Y.

Müller, Rolf, 1972. Sonne, Mond und Sterne über dem Reich der Inka. Springer-Verlag. Berlin.

Nordenskiöld, Erland, 1925. The Secret of the Peruvian Quipus (Pt. 1). Calculations with Years and Months in the Peruvian Quipus (Pt. 2). Comparative Ethnographical Studies, Vol. 6, pp. 1-37; 1-34.

Sullivan, Walter, 1974. Study of Andean Shrines Gives New History View. New York Times, March 19, 1974, p. 39.

Urton, Gary, 1978. Orientation in Quechua and Incaic Astronomy. *Ethnology*, Vol. 17, pp. 157-167.

Urton, Gary, 1981. *At the Crossroads of the Earth and the Sky: An Andean Cosmology*. University of Texas Press. Austin.

Vescelius, Gary, 1974. The Ordering of Time and Space in Ancient Peru. Paper read at Columbia University, Jan. 18, 1974.

Zuidema, R.T., 1964. *The Ceque System of Cuzco: The Social Organization of the Capital of the Inca*. E.J. Brill. Leiden.

Zuidema, R.T., 1977. The Inca Calendar. In *Native American Astronomy* (Ed. Aveni, A.F.). University of Texas Press. Austin. pp. 219-259.

Zuidema, R.T., 1982. The Sidereal Lunar Calendar of the Incas. In *Archaeoastronomy in the New World*. (Ed. Aveni, A.F.). Cambridge University Press. N.Y. pp. 59-107.

HOUSES OF THE RISING SUN

David S.P. Dearborn*

and

Katharina J. Schreiber**

Introduction

There is abundant historical and archaeological evidence that people have made astronomical observations for calendric purposes from very early times. From this alone, it would be surprising if a group as developed as the Inca had not engaged in some astronomical activity. Students of astronomy might find it interesting to know only the types of observations that they made, but the Inca took the sun, moon, and stars (including certain planets) to be among their chief deities. Also, they held that they were descendants of the sun in their origin myth. This leads to the more fundamental question of how astronomical beliefs manifested themselves in Inca activities? The data may not exist to uniquely or completely answer such a question, but we can examine the various types of "observatories" and compare the offerings made to them to other shrines and temples. This at least provides some insight into how astronomy was integrated into their social organization.

We will summarize the ethnohistorical documentation of the types of observations made by the Inca, and present the archaeological evidence from the area around Cuzco for each. Much of this is drawn from our first paper (Dearborn and Schreiber, 1986). It provides a detailed comparison of the work of Aveni and Zuidema in Cuzco, with that of Dearborn, Schreiber and White at Machu Picchu and Pisac. These studies are complementary in the sense that there is direct ethnohistorical data for Cuzco, but many of the sites mentioned no longer exist, or cannot be located. Machu Picchu on the other hand was in relatively pristine condition, but there is almost no ethnohistoric documentation directly mentioning the site.

The lack of documentation for Machu Picchu necessitated the use of architectural style (and functionality) to associate buildings there with temples of the sun. Fortunately we now know that Machu Picchu was an estate of the Inca Pachacuti (Rowe 1987), who was responsible for the initial expansion of the empire, and for rebuilding much of Cuzco.

* Lawrence Livermore National Laboratory, University of California

** University of California, Santa Barbara

Therefore, while the ethnohistoric data for Cuzco does not refer specifically to the site of Machu Picchu, it does refer to structures built by the same people, in the same style, and at the same time.

Types of observation

Ziolkowski, and Sadowski (1985) define three classes of observations made by the Incas. These include:

1. Observing the shadow or light cast by a gnomon, or the light of the sun entering a window or door.

2. A sub-class of gnomon observations in which the sun or moon is seen to pass through the zenith by the fact that the gnomon casts no shadow at such a time.

3. Horizon observations which consist of artificial markers on the horizon to indicate the positions where the sun or stars rise or set.

All three types of observation are mentioned by various chroniclers, but the dependability of the record, and the archaeological evidence for each technique varies considerably.

Indigenous and mestizo Mestizo Chroniclers like Guaman Poma and Garcilaso often mention windows and shadow casting from stone columns. These are techniques that would be useful in the confines of a temple (observatory) where only a limited group of people (possibly priests, or nobility) could be present. On the other hand, the horizon pillars, described by several early Spanish chroniclers, were not so confined, and the area available would allow a large gathering to be present and participate. The Spanish could hardly miss the pillars and as they represented a manifestation of a pagan religion, they were subjects for early destruction.

It is unlikely that the Spaniards would have been invited into the temples to observe the other observing techniques, and so there is less direct information on them. Sarmiento (1965) mentions pillars on the surrounding hills, but he probably never saw them himself (his account was written nearly 40 years after the conquest, and seems to mix elements of the gnomons used in temples and pillars for horizon astronomy). This is one reason why the ethnohistoric accounts must be used with care. Additionally, such documents were often politically or religiously motivated, and seldom give a systematic description of events as one expects in a modern history.

Huacas: a measure of their importance

Of particular utility in our study is a list of huacas (sacred places) given by Cobo. It provides a wealth of information on the huacas in the Cuzco area, several of which are stated to have astronomical use. While this is not a complete list of the huacas in the Cuzco area, it provides a large set, and is a systematic account by one author. We will use Rowe's (1979) translation of this list in which the huacas are listed by suyu (quarter), ceque, and huaca (i.e. CH-9:4 is the 4th huaca of the 9th ceque line of Chinchasuyu):

> [Ch-9:4] la quarta Guaca era una fuente llamads Pomacucho, que estaua algo apartada deste ceque... (Cobo, in Rowe 1979: 28).

> [Ch-9:4] The fourth guaca was a fountain named Pomacucho which was somewhat separated from this ceque (translation by Rowe 1979: 29).

In the remainder of this paper, we will quote the translation of Cobo's description of the huacas published by Rowe without further citation.

Offerings were made to the huacas of each ceque, and Cobo gives information on the ayllus who were responsible for some of the ceques, as well as the types of offerings that were made. We will use the information on the type of offering to argue for the relative importance of sites with astronomical associations, or at least place them in a select group. In particular, we will examine those huacas which received child sacrifice. Molina de Cristobal (of Cuzco, 1873: 58) says when discussing Ccapac-cocha "It is worthy of remark that children were not sacrificed at all huacas, but only at the chief huaca of each lineage or provence." Ccapac-cocha was a ceremony in which peoples from all four suyus brought goods and children to Cuzco for sacrifice.

Cobo specifically mentions child sacrifice for 31 huacas. In addition, he says they sacrificed everything to CH-4:2, Punui, and made very solumn sacrifice at CU-10:2, Puquincancha. From Molina's description (1873, pp. 56-57) we know that child sacrifices made to the sun, moon, and thunder were "placed in Chuqui-cancha". Cobo's neglect of Chuquicancha leads us to suspect that Punui and other huacas may also have received children (e.g. CH-5:4, Aucaypata, which Cobo says is very important and "in it was made the universal sacrifice to the sun", or CO-6:7 Huanacauri, the most important shrine in the kingdom, "where they made the most sacrifices"). Considering only the 31 child sacrifices listed by Cobo, we find them to be distributed among the huacas in the following manner:

Huaca	Number of Huacas	Child Sacrifice	Expected Number	
Stones	89	10	8.4	Nominal
Fountain/Spring/River	90	1	8.5	Very low
Hill/Ravine	33	4	3.1	Nominal
Idols/Temples/Shrines	16	6	1.5	High
Chacra/Plaza	29	1	2.7	Nominal
Tomb	9	1	0.9	Nominal
Cancha/House/Fortress	31	1	2.9	Nominal
Pillar/Marker	5	0	0.5	Nominal
Inti related huacas	7	6	0.7	Very High
Misc (Seat/Cave/Tree...)	19	1	1.7	Nominal

From Molina, we know that only special huacas received child sacrifice, and these huacas are evenly distributed among stones, hills, chacras, and many other things. However, while springs or fountains were quite common huacas, they were almost never appropriate (important enough?) to be the recipient of a child sacrifice. On the other hand, huacas called idols or temples receive offerings of children at a rate significantly higher than average, and as might be expected, huacas related to Inti, like temples of the sun have a much higher than average probability of receiving a child sacrifice. We will discuss those huacas included in the Inti related group in the section below.

Windows and gnomons

Our belief that the Inca built structures designed to act as observatories comes from quotes like the following by Guaman Poma (1936):

> ... y lo ciguin el sembrar la comida en que mes y en q. dia y en que ora y en que punto por donde anda el sol lo miran los altos serros y por la manana de la claridad y rrayo q. apunta el sol a la uentana por este rreloxo cienbra y coxe la comida del ano in este rreyno.
>
> In the sowing of the crops, they follow the month, the day, the hour, and the point where the Sun moves; they watch the high hills in the morning, the brightness, and the rays that the Sun aims at the window; by this clock they sow and harvest each year in this domain.

Here, Guaman Poma seems to be describing the observing tecnhique where light is cast through a window and the date determined by measuring (or marking) where the light falls.

A description of the use of a gnomon, and the only ethnohistoric documentation that directly suggests a zenith passage observation is a statement by Garcilaso de la Vega. It occurs in his description of the way in which the Incas observed shadows to define the day of the equinox:

> Para verificar el equinoccio tenían columnas de piedra riquísimamente labradas, puestas en los patios o plazas que había ante los templos del sol; los sacerdotes cuando sentían que el equinoccio estaba cerca, tenían cuidado de mirar cada día la sombra que la columna hacía. Tenían las columnas puestas en el centro de un cerco redondo muy grande que tomaba todo el ancho de la plaza o del patio; por medio del cerco echaban por hilo de oriente a poniente una raya, que por larga experiencia sabían dónde habían de poner el un punto y el otro. Por la sombra que la columna hacía sobre la raya, veian que el equinoccio se iba acercando; y cuando la sombra tomaba la raya de medio a medio, desde que salía el sol hasta que se ponía, y que a mediodía

> bañaba la luz del sol toda la columna en derredor sin hacer sombra a parte alguna, decían que aquel día era el equinoccial (Garcilaso 1960: 73).
>
> To verify the equinox they had columns of richly worked stone, placed in the patios or plazas in front of the temples of the sun; when they sensed that the equinox was near, the priests took care to look every day at the shadow that the column made. They had the columns put in the center of a circle which was very large and took the whole width of the plaza or patio; in the middle of the circle they made a line from east to west with string, because of long experience they knew where to put each point. By the shadow that the column made on the line they saw that the equinox was approaching; and when the shadow bisected the line, from where the sun rose to where it set, and at noon the light of the sun bathed the entire column all around without making a shadow on any part, they said that day was the equinox.

Because Garcilaso left Peru at a young age, and did not write his book till after he had lived in Spain for many decades, his information is often considered questionable. The September Equinox was coincident with Coya Raymi, the third major festival described by Molina (1873: 20-34) after the two solstice celebrations, Inti Raymi and Capac Raymi. It is therefore likely that Garcilaso was correctly describing the Inca interest in determining the equinox. In a later passage, he also states that when the Incas moved towards Quito "they noticed that all shadow disappeared (the sun passed through the zenith) near the days of the equinox, and they considered this to be quite special". Here again he is correct (astronomically).

Garcilaso's description of the equinox observations suggest that gnomons were used, and that the zenith passage dates (13-14 Feb and 30 Oct) were recognized in Cuzco. Furthermore, they clearly noticed that the zenith passage date of the sun became coincident with the equinoxes near Quito. The importance of the zenith passage dates in Cuzco seems not to have been very high as measured by the lack of any significant Inca festivals in the months that it occurs (Molina, 1873: 35 and 51), but Zuidema (1981, 1982) has argued for them to have been used as a means of partitioning the year at least as fundamental as the solstices and equinoxes. This will be discussed below in the section on Zenith Observations.

Sarmiento de Gambola (1965), a navigator, was probably well versed in European astronomy. He also describes a set of columns used to make astronomical observations, and in this case, they are casting light instead of shadow. Sarmiento says:

> Y para que el tiempo del sembrar y del cogar se supiese precisamente y nunca se perdiese, hizo poner en un monte alto al levante del Cuzco cuatro palos, apartados el ono del otro como dos varas de medir, y las cabezas de ellos unos agujeros, por de

> donde entras el sol a menera de reloj o astrolabio. Y considerando a dónde heriá el sol por aquellos agujeros al tiempo del barbechar y sembrar, hizo señal en el suelo, y pusto otros palos en la parte que corresponde al poniente del Cuzco para el tiempo del coger las mieses. Y como tuvo certificados estos palos precisamente, puso para perpetuidad en su lugar unas columna de piedra de la medida y agujeros de los palos, y a la redonda mandó enlosar el suelo, y en las losas hizo hacer ciertas rayas niveladas conforme a las mudanzas del sol, que entraba por los agujeros de las columnas, de manera que todo ere un artificio de reloj anual, por dondo se gobernaban para el sembrar y cogar. Y diputó personas que tuviesen cuenta con estos relojes y notificasen al pueblo los tiempos y sus diferencias que aquellos relojes señalasen
>
> and so that the time of sowing and reaping be known precisely and never lost he caused the placement on a high hill to the east of Cusco four poles separated from one another by two measuring sticks and in the tops of them some holes through which the sun might enter like a clock or astrolabe and considering where the sun was through those holes cultivating and planting he made there marks on the ground, and put other sticks in the corresponding part to the west of Cusco for the time of gathering the grains. And as he had the holes precisely adjusted, he put in their place for permanence some stone columns the same measurement and holes as the poles. And all around he ordered the ground paved and on the paving stones to make certain leveled lines according to the movements of the sun, which entered through the holes in the column so that the whole was a device for an annual clock, by which sowing and harvesting were governed. And he appointed persons to attend to these clocks and notify the people the times and intervals that those clocks might indicate.

Some aspects of the description of these poles (or columns) is reminiscent of the horizon pillars described by Cieza De Leon and others. The complete description given here is not consistent with the use to which those pillars were put. It is probable that the horizon pillars were destroyed before Sarmiento visited Cuzco, and that his description mixes elements of those pillars with gnomons used in or near the temples of the sun.

Houses of the Sun: windows and gnomons

In addition to the Coricancha (Golden Enclosure) which contained temples to the sun, moon, stars, thunder, and rainbow, there were many temples of the sun, or places directly associated with Inti in Cuzco. For the purposes of astronomy, these are the places most likely to contain gnomons or windows mentioned above. The establishment of different sites for attending Inti suggests that either different observations were made at each temple (e.g. Puquincancha was specifically built for Capac Raymi and the December solstice) or different groups established temples for their own use (or some combination of these).

The idea that various ayllus maintained their own private temples is supported by references asserting they had the responsibility to maintain the huacas of specific ceques. Cobo often states:

> CH-2 The second ceque of this same road of Chinchasuyu was called Payan; on it were eight huacas of the ayllo and family of Vicaquirao.

Most of the ayllus listed in this fashion are royal ayllus, or panacas, associated with individual Incas (e.g. see Cobo, 1983: 117). While Cobo linked panacas only to individual ceques, most ceques are named in groups of three (typically Collana, Payan, and Cayao), and Zuidema (1980) uses this to connect those ceques as a group.

Ayllu	Inca	Ceque	Associated Ceques
Capac Ayllu	Topa Inca	CH-7	CH-8, CH-9
Hatun Ayllu	Pachacuti	CH-6	CH-4, CH-5
Vicaquirao	Inca Roca	CH-2	CH-1, CH-3
Socsoc Panaca	Viracocha	AN-1	AN-2, AN-3
Aucailli Panaca	Yahuar Inca	AN-4	AN-5, AN-6
Aguini Ayllu	Lloque Yupanqui	CO-1	CO-2, CO-3
Apu Mayta	Capac Yupanqui	CO-4	CO-5, CO-6
Usca Mayta	Mayta Capac	CO-7	CO-8, CO-9
Chima Panaca	Manco Capac	CU-5	CU-6, CU-7, CU-8
Rawra Panaca	Sinchi Roca	?	?

The responsibility of a panaca for other ceques of a group is unclear, as Cobo also links common (non-royal) ayllus to some ceques in groups with a panaca. Also, it is important to separate the duty of tending and making offerings to a huaca from "ownership" of it. Callachaca is a region developed by Amaro Topa Inca of Capac Ayllu and includes many huacas in the group AN-4, AN-5, and AN-6. The ceque AN-4 was the responsibility of Aucailla Panaca.

Though a particular panaca may have had the responsibility for the huacas of a ceque, including any observatories on the ceque, it is clear that certain huacas were used by everyone:

> CH-9:6 Apuyauira; a stone ... on the hill of Picho [Piccho]. They believed that it was one of those who emerged from the earth with Huanacauri, and that after having lived for a long time he climbed up there and turned to stone. All the ayllos went to worship at it in the festival of Raymi.

Also relevant is Molina's (1873: 36-47) description of the celebration of Capac Raymi in which all of the young nobles went to the temple of the sun, Puquincancha. Sarmiento also states that there were different sites for planting and harvest observations. We therefore believe that the various temples of the sun were associated with different celebrations. While Inti Raymi and Capac Raymi were both solstices, they were completely different celebrations to the Inca, and the observations associated with them occurred at different sites. This does not exclude the possibility that the temples were operated by the ayllu responsible for the ceque that the temple is on.

The huacas that we include in the Inti related group above includes:

AN-3:4 Chuquimarca; it was a temple of the Sun on the hill of Mantocalla, in which they said that the Sun descended to sleep. For this reason, in addition to other things, they offered it children.

AN-6:3 Chuquicancha; it is a well known hill which they held to be a house of the Sun. On it they made very solemn sacrifice to gladden the Sun.

CU-10:2 Puquincancha. It was a house of the sun which was above Cayocache. They sacrificed children to it.

CO-3:4 Guanipata; was a chacra farther down where there was a big wall which they say the sun had made there. They sacrificed children to it and everything else.

CO-4:8 Guancarcalla; is a ravine like a gateway which is next to the hill above mentioned [Raurao Quiran]. It was dedicated to the Sun, and they offered it children in certain festivals which they held there.

CU-5:1 Caritampucancha; It was a small plaza which is now inside the monastery of Santo Domingo (built on top of the Coricancha), which they held to be the first place where Manco Capac settled on the site of Cuzco when he came out of Tampu. Children were offered to it along with everything else.

CU-7:1 Inticancha; was a small house ... in which they held the opinion that the sisters of the first Inca, who came out of the window (cave) of Paucauritampu with him dwelt. They sacrificed children to it.

The next huaca of CU-7 was a large stone next to the temple of the sun (in the Coricancha). Inticancha as well as Caritampucancha would then seem to be part of, or closely associated with the temple of the sun in the Coricancha. Also note that all of the temples of the sun mentioned by Cobo are said to have child sacrifice except Chuquicancha which had very solemn sacrifice. Molina, as mentioned above, does indicate that they "placed sacrifices" of children there that had been made to the sun, moon, and thunder.

Unfortunately little remains of these temples of the sun in Cuzco.

The Temple of the Sun in the Coricancha was probably destroyed between 1560 and 1638 (Rowe, 1944). Zuidema (1981) and Aveni (1981) have suggested horizon observations associated with these structures, and we will discuss them in the section on Horizon astronomy. For archaeological verification that structures existed to function as observatories we turn to Machu Picchu where the preservation is excellent.

Houses of the rising sun

The Torreon at Machu Picchu has stone work comparable to that found anywhere in the empire, and was not constructed to function as a residence or craft area. Bingham (1948: 148) used a number of superficial similarities included the fine masonry to associate the Torreon with the Coricancha, and thought it might be a temple of the sun. It was constructed on a high rock prominence, and the interior is dominated by a large altar carved from that same stone prominence. Cut into this altar is an edge aligned precisely (2 minutes of arc) to the rising point of the sun on the June solstice, associated with Inti Raymi (Dearborn and White 1983). For a period of over two months, light will enter a window and strike the edge cut in the stone. In addition to a striking display on the solstice, measurement of the angle at which light enters the window allows the determination (or counting) of individual days in a manner much like that described (above) by Guaman Poma, and Sarmiento.

In addition, Dearborn and White found that the "Temple of the Sun" in the Intihuatana Barrio at Pisac had the same basic structure, an edge cut into the rock foundation. In this case the preservation of the walls was too poor to know if windows were present. Nevertheless, it demonstrates that the Torreon was not a unique structure, and the precision of the alignments to the June solstice sunrise in these two structures make it highly improbable that the alignments are accidental. Both of these structures functioned as observatories, and were probably temples of the sun.

The Torreon used a window to cast light on an edge cut into a rock, but there is no evidence of a fine stone column as described by Garcilaso. There are short gnomons in the Temple of the Sun at Pisac, but they are too short and broad to be useful for shadow casting. The only object at Machu Picchu which superficially fits the description of a fine stone column is the gnomon of the Intihuatana stone. Here again the breadth of the gnomon is too wide to cast a shadow for precise solar observation. Worse yet, the inclination of the sides of the gnomon are such that it would cast no shadow near noon for weeks. At present no good examples of a gnomon as described by Garcilaso or Sarmiento are known.

The structures discussed above were built in a fashion that provided precise solar observations around the June solstice. We found no evidence in them for alignments to the December solstice, but at Machu Picchu, we did find a structure which seems designed to observe (or show) the December solstice. This is the cave, Intimachay, described by Dearborn, Schreiber, and White (1987). The cave has fine stone work, and a window 2.2m deep cut from a large rock. The window views only a tiny portion of the horizon centered on the position of the December solstice sunrise. This window admits sunlight to the cave for only about 10 days before and after the solstice. Because of the finite angular diameter of the sun, it is not possible to reduce time that the sun enters the cave below eight days by decreasing the window's view.

One can only guess at the reason that Pachacuti Inca chose to construct a window in a cave to observe the December solstice. Polo (1873: 157) cites the beginning of the Inca creation myth in which "seven men and women had come out of a cave which they had called Paccari-tampu (sunrise or dawn - inn), five leagues from Cuzco where a window was carved in masonry in most ancient times". This was the first Inca, Manco Capac with his brothers and sisters. They wandered the earth until they arrived at Huanacauri, a hill south of Cuzco, where the sun, their father, gave them a sign that they should settle there.

Huanacauri was one of the most sacred Inca shrines and played a prominent place in the Capac Raymi festival, and as part of the ceremony young men entering manhood were reminded of their origins. Molina (1873: 4) says "in a house of the sun called Poquen Cancha (Puquincancha where the young men spent some days at the end of the celebration), which is near Cuzco, they had the life of each of the Yncas with the lands they conquered, painted with figures on certain boards, and also their origin". This provides a connection between Capac Raymi and the origin myth, including the cave of Paucauri-tampu. Unfortunately, such speculations are difficult to test, and will probably never advance beyond the level of a working hypothesis.

All of these structures, the Torreon, Intimachay, and the Temple of the Sun at Pisac, are small, and could provide access only to a limited number of people. The observations done in them could provide information, but not participation to many people. Since Machu Picchu and Pisac were both estates of Pachacuti, their populations were probably mainly that of Pachacuti's panaca, Hatun Ayllu, and members of the other panacas would not necessarily be represented at any particular time. Ceremonies requiring the participation of other royal ayllus may not have been necessary (or appropriate) at these sites.

Zenith observations and the antizenith

As stated above, the only ethnohistoric documentation that directly suggests a zenith passage observation is Garcilaso de la Vega's description of the way in which the Incas observed equinox. Nevertheless, Zuidema (1981) has developed a hypothesis on the fundamental place that zenith and antizenith passages. He (Zuidema, 1988) maintains that the zenith passage interest was well documented by the festival which occurred in April, where he says that the Inca travelled in a procession exactly along the direction of the zenith passage date sunrise as viewed from Sucanca (towards Tippon). If this is the festival that Molina (el Almagrist 1968: 81-82) described, it was a celebration for the harvest of the maize that occurred in April of 1535. In it, the Incas went out of Cuzco, set up tents, and conducted ceremonies for eight or ten days, which included much drinking, singing to the sun, and burning many "sheep". The only indication of where this occurred is Molina's statement that

> Sacaban en un llano, que es a la salida del Cuzco, hacia donde sale el sol en amaneciendo ...
>
> They took (the effiges) to a plain that is just out of Cuzco, to where the sun would rise at dawn ...

At this time of year, that would be northeast of Cuzco into Antisuyu, not towards Collasuyu as would be necessary to travel exactly along the Sucanca-Tippon line. One might suspect that the festival was associated with the huaca:

AN-3:6 Mantocallas; was a hill which was held in great veneration, on which at the time of shelling maize, they made certain sacrifices. For these (sacrifices) they placed on the hill many bundles of carved firewood dressed as men and women and a great quantity of maize ears made of wood. After great drunken feasts, they burned many sheep with the said firewood and killed some children.

This huaca is on the same ceque as Chuquimarca, which Zuidema (1981) locates somewhere near Lacco, and far from the direction of the zenith passage date sunrise as viewed from Sucanca.

Where there is little ethnohistoric documentation on the zenith passage, there is none for its opposition, the "antizenith" passage. The existence of such a phenomenon might, however, be inferred from duality. Duality is a concept of opposition that seems pervasive in the Andes (Hanan-Hurin or upper-lower). This views most of the world to be divided into opposites, and leads to the notion of an antizenith or opposite-zenith observation. While the concept of opposition would be familiar to the Spanish (good/evil, heaven/hell) they might not recognize its strength in the Andes. Therefore, we cannot be too surprised that the Spanish Chroniclers did not record such a concept. It is more difficult to understand why an important concept would not be mentioned by of any of the indigenous or mestizo chroniclers.

In our earlier paper, we gave a broad discussion of what types of observation might be made to reverse a zenith passage (Dearborn and Schreiber, 1986) but Aveni (1981) and Zuidema (1981) select one where the sunrise direction on the zenith passage date is reversed to define a sunset on the opposition dates. This converts the zenith observation into a horizon one, and defines two dates around 27 April and 18 August. These dates lie near the time for the planting and harvest ceremonies, and provide an elegant hypothesis for quartering the year using Zenith and Antizenith passages. They supported this choice by associating the known planting observation from Usño to Sucanca (described below) with 18 August, an antizenith passage date. However, the uncertainty in the date of the Usño-Sucanca alignment is too large to provide support for this hypothesis beyond the fact stated by the chronicler that the observation was made in August (or early September considering the shift from the Julian calendar to the Gregorian).

Some support for a horizon observation of sunrise on the zenith passage date was found at Machu Picchu. The Torreon has two windows in the curved wall. One is located to admit light onto the altar stone around the solstice, and most of the year the sunlight enters the Torreon at sunrise only through this window. Most of the remainder of the year the sunlight enters through the other window. Only for a brief period around the Zenith passage date did the light enter both windows. This provides a dramatic display defining the period around the zenith passage dates, and shadow (or light) casting could define the precise date. Unfortunately, the walls of the Temple of the Sun at Pisac are too incomplete to know if similar windows existed.

The ethnohistoric data as well as the archaeological data supports the idea that the Incas noted the zenith passage dates, although the lack of ceremony in the months that this occurred suggests that they were not considered very special in Cuzco. The months of August/September and April were special for agricultural reasons, but the hypothesis that the Inca related particular dates in these months to an antizenith passage of the sun needs additional development.

Horizon observations

The horizon observations that are described in the ethnohistoric record are well suited for the participation of groups of people in and around Cuzco, not a lone observer. We know of many markers among the huacas of the ceque system. The documentation unambiguously states that some of them were used to observe the sun's motion:

CH-6:9 Quiangalla, a hill which is on the Yucay road. On it were two markers (mojones) or pillars which they regarded as indication that, when the sun reached there, it was the beginning of the summer.

CH-8:7 Sucanca. It was a hill by way of which the water channel from Chinchero comes. On it there were two markers (mojones) as an indication that when the sun arrived there, they had to begin to plant the maize. The sacrifice which was made there was directed to the Sun, asking him to arrive there at the time which would be appropriate for planting, and they sacrificed to him sheep, clothing, and small miniature lambs of gold and silver.

CH-8:13 Collanasayba; it was a marker (mojón) which is on a hill at the beginning of Sicllabamba, as the end and limit of the guacas of this ceque.

CO-8:3 Mudca. It was a stone pillar which was on a small hill near Membilla. They offered it only ground up shells.

CU-13:3 Chinchincalla, is a large hill where there were two markers (mojones); when the sun reached them, it was time to plant.

Three of these huacas clearly marked the position of the sun at special times. The huaca Sucanca was considered important enough to receive valuable offerings, but neither it nor any of the other markers warranted child sacrifice. If the places from which the markers were observed were temples of the sun as Aveni and Zuidema have proposed for Quiangalla, then the observation place received more important sacrifices than the solar markers.

The clearest case for a horizon observation comes from an anonymous chronicler, who describes a solar observation used for determining the time to plant in and around Cuzco. He described the observation of some pillars on the hill Picchu saying:

> ... e hizieron que en la serranía más alta, á vista de los ciudad del Cuzco, á la parte del Poniente, hicieron quarto pilares á manera de torrecillas, que se pudian sojuzgar de á dos y tres leguas en paraje de ducientos pasos desde el primero al postreros, y los dos en medio auia cincuenta pasos del uno al otro, y los dos de cabos rrepartidos por su quenta á propósito de sus fines; de manera que entrando el Sol por el primer pilar, se apercebian para los sementeras generales, y comencauan á sembrer legumbres por los altos, por ser más tárdio; y entrando el Sol por los dos Pilares de en medio, era el punto y tiempo general de sembrar en el Cuzco, y era sempre por el mes de Agosto. Es ansi, que, para tomar el punto del Sol entre los dos pilares de en medio tenian otro pilar en medio de placa, pilar de piedra muy labrada, de un estado en alto, en un paraje señaldo al proposito, que le nombrauan Osno, y desde alli tomauan el punto del Sol en medio de los dos Pilares, y estando ajustado, hera el tiempo general de sembrar en los valles del Cuzco y su comarca (Anonymous Chronicler 1906: 151).

> ... in the highest mountains to the west as seen from Cuzco, they made four pillars in the form of small towers that can be distinguished from 2 or 3 leagues, with a distance from first to last of 200 paces, and between the middle ones of 50 paces, and the separation of these two cylinders was proper for their intended use; with the result that when they became ready for sowing in general and they started to sow in the higher places as the plants are later here, and when the sun entered the central pillars it was time for sowing in Cuzco, and this was always the month of August. The place for taking the sun to enter the central two pillars was another pillar in the middle of the plaza, a pillar of well dressed stone, one estado high, in the middle of the plaza, in a place for that purpose was singled out, that they call Osno, and they measured the sun between the two pillars, and when it was exactly there, it was the time for sowing in the valleys of Cuzco and around (translation by Zuidema 1981, with revision by Patricia J. Lyon).

These pillars are probably correctly identified as the huaca Sucanca listed above. The Usño mentioned is believed to be the one located in Auacaypata (CH-5:4)

CH-5:4 Aucaypata, was the main plaza ... which is also it (i.e. the main plaza) at the present time. In it was made the universal sacrifice for the Sun and the rest of the huacas, and it (i.e. the sacrifice) was divided and taken to other parts of the kingdom. It was a very venerated place.

Garcilaso (1961: 219, book VI) says when describing Inti Raymi, that only the Inca and his relatives (which would include members of the other panacas) gathered in Aucaypata. Curacas not of royal blood gathered in the square of Cusipata, separated from Aucaypata by the river Huatanay. Cieza de Leon describes the Usño itself as "shaped like a sugar loaf, well encased and full of gold" (Rowe 1979: 74), and it is described by Albornoz as:

> There is another general guaca on the royal roads and in the plazas of the towns, which they call uznos. They were shaped like a ninepin, and made of many different types of stone or of gold and silver. All of them had structures in the places I have said, made like towers of very handsome stone-work, as in Bilcas and in Pucara and in Guanaco el Viejo and in Tiaguanaco. The lords sat on the said uzno to drink to the sun and they made very many sacrifices to the Sun (translation by Rowe 1979: 74).

Aveni (1981) has tried to locate the position of the pillars of Sucanca on the ridge of Picchu by locating other huacas on that ceque and assuming it was a straight line. As a result, he claimed that the sun set between the pillars on August 18 corresponding to the "antizenith" passage of the sun (Zuidema 1981). The analysis of Dearborn and Shreiber (1986) has shown that even neglecting questions about the straightness of the Ceques, the date of the sunset between the pillars is uncertain by at least 10 days. Concerns on the straightness will be discussed in the section on ceques, and could add considerably to the uncertainty of the huaca's location. Additionally, Zuidema (1988) has presented a modified hypothesis which requires the sun to set between the pillars of Sucanca about 15 days later, near September 2. The antizenith as defined by Zuidema is an interesting way of organizing the year, but the position of the pillars is too uncertain to provide physical verification that the Incas utilized this concept.

In the absence of any physical evidence to locate the pillar positions, the precise date will remain uncertain, but it is clear that such an observation was done as part of the ceremony to begin the planting season. The anonymous chronicler gives a separation of the pillars of Sucanca of 50 paces (about 70m for Roman paces) such that the sun would set between the pillars for seven or eight days as viewed from any single spot in Aucaypata. Following the Chronicler's description, an observer at the Usño would have to judge which day the sun was "exactly there" (between the pillars). If instead, observers (or witnesses) were arrayed around the Usño, over the plaza, Aucaypata, they would as a group be able to see the sun set between the pillars of Sucanca for only one or two days. The design of the Usño-Sucanca is such that one could propose that it was not only the focus of an astronomical observation but a ceremony to commence the planting year. As such, members of all panacas gathered in Aucaypata could participate and verify the observation of the date when the sun was exactly between the pillars.

The poles described by Sarmiento were too close together to be useful in an observation from Aucaypata (the sun would not necessarily set among the poles each year), and were used for casting light on the ground. Additionally, Sarmiento says the poles used for the planting observation were to the east of Cuzco, not to the west where Picchu is. As noted before, it is possible that Sarmiento is mixing separate observations described to him by his informants. Of particular interest is his statement that persons were delegated to watch the clock and notify the people of the time. Such a person would be necessary to arrange for the people of Cuzco to be in Aucaypata on the day when the sun was exactly between the pillars. This provides us a reason for maintaining an observer in a temple of the sun.

The Usño-Sucanca alignment also raises an interesting question on the cooperation necessary between panacas to develop and maintain an "observatory" consisting of huacas tended by different panacas. In this case, Sucanca is on CH-8 which is part of the group of huacas linked to Topa Inca's panaca, Capac Ayllu. The Usño was (to Cobo's surprise) not cited as part of the Ceque system, but Aucaypata, where it was located was on CH-5, which is part of the group associated with Topa Inca's father, Pachacuti, and Hatun Ayllu. Also, the Usño was supposedly placed there by Pachacuti. Were the pillars also built by Pachacuti, and then given to Topa Incas Ayllu to tend, or were the pillars built later by Topa in a collaboration with his father's ayllu?

Machu Picchu in all probability had an Usño like any major town, and was built by the same Inca who placed the Usño in Aucaypata. The descriptions of Inca Usños given above are consistent with the Intihuatana at Machu Picchu (though Zuidema has argued that the hole in the Capac Usño into which chicha was poured was the important defining feature, and this eliminates the Intihuatana at Machu Picchu from being an Usño). We tested the hypothesis that such an observation might have been made at Machu Picchu by searching the San Miguel ridge where the sun sets during the month of August and early September. No artificial structures were found, and there is no reason to expect the intentional destruction at Machu Picchu that occurred in Cuzco. The only part of the plaza at Machu Picchu which can see San Miguel is the north end (the terraced mound supporting the Intihuatana stone blocks the view from most of the plaza). From there, the region of horizon that we searched corresponds to the sunset positions between mid-August, and mid-September.

The failure to find any pillars suggests that such an agricultural observation was not made from the Intihuatana stone (or the plaza) at Machu Picchu, and perhaps it is not reasonable to expect one. Machu

Picchu was, after all, an estate of Pachacuti, and possibly not freely open to the other royal ayllus. If the fundamental nature of the Usño-Sucanca alignment was ceremonial, the correct population groups may not have been present at Machu Picchu. Also, if alignments between huacas develop as collaborations between ayllus, again Machu Picchu was the sole property of Pachacuti and his panaca.

Other solar alignments

The Usño-Sucanca observation is one that clearly occurred, and by itself indicates the use of a horizon observation. In their studies, Zuidema and Aveni have proposed two other horizon alignments. The first is from the temple of the sun, Chuquimarca to the markers Quiangalla. The general region of Quiangalla was determined in the same fashion as Sucanca, by assuming a straight line, and identifying other huacas on the ceque. No physical remains of the markers have been found, but it is likely that they have identified the area where Quiangalla existed. Having located this area, they determined that it would be observed as the region of sunset on the June solstice from the region of Lacco, which is near where Chuquimarca existed on AN-5.

The description given by Cobo for the use of Quiangalla was to mark the beginning of summer. While the June solstice is the beginning of winter in Peru, it is also near the beginning of the dry season and was often called summer in colonial Peru. The distance between Chuquimarca and Quiangalla is slightly more than 5km. This is considerably further than the Usño-Sucanca separation, but still close enough that a reasonable pillar would be visible against the glare of the setting sun. This is an excellent hypothesis which should be tested by excavation to locate Chuquimarca, and determine its nature.

The ayllu in charge of the huacas of CH-8, including Quiangalla was Hatun Ayllu (Pachacuti's). In this case it may have been observed from a huaca on AN-3. An-3 is a ceque in the group associated with Socsoc Panaca, the ayllu of Pachacuti's father, Viracocha Inca. Verification of the Chuquimarca-Quiangalla alignment might indicate some cooperation between the members of those ayllus for maintenance of the system.

The second alignment discussed by Aveni and Zuidema involves Puquincancha, and the December solstice sunrise. In Molina's description, the Capac Raymi festival culminated with a procession and vigil at Puquincancha, a temple of the Sun where they sacrificed children. The precise location is not well known, but the area where it must have existed is known. From this area, Aveni determined the direction of the December solstice sunrise to be towards a hill now known as Mutu (approximately 25km from Puquincancha). Zuidema identifies this hill as one that was known as omoto-yanacari, and with the last huaca on CO-5:

CO-5:10 <u>Omotourco</u>; a small hill ... which is opposite Quispicancha in the puna or páramo. On top of it were three stones to which they offered sacrifices.

This cannot be considered horizon astronomy in the same sense as the pillars of Sucanca. First, there is no record of a pillar or marker there, and at the distance of Mutu, a pillar of even 4 or 5m would not be seen against the glare of the rising sun. In fact, Zuidema has never actually said that this was the observation that the Incas made. He has simply noted the alignment. The nature of any observations made at Puquincancha is then uncertain, and we have no evidence that horizon observations were made there.

Ceque alignments

The Coricancha was the ceremonial centre of Cuzco, and the point of origin of the ceque system. The ceque system consisted of a large number of huacas (sacred places) arranged in 41 "lines".

Moiety	Suyu	Direction	Ceques	Huacas	Child Sacrifices
Hurin	Collasuyu	Southeast	9	85	10
Hurin	Cuntisuyu	Southwest	14	80	9
Hanan	Chinchasuyu	Northwest	9	85	6
Hanan	Antisuyu	Northeast	9	78	6

(Note that we have included here only the sacrifices specifically mentioned by Cobo.) We have referred to some of these huacas because they were used to make observations of the sun. Zuidema (1981) has shown that the observations were often made from one huaca to another, though suggestions have been made of some "ceque line" alignments.

Rowe (1946) noted the suitability of this arrangement (sequentially arranged groups of huacas) for recording on the knotted strings (quipus) used by the Inca to store and transport information, and Zuidema (1977) references Molina and Mariento to the effect that the ceque system was recorded on a quipu. An alternate (perhaps related) analogy has been suggested by Reinhard (1984) and Aveni (1986), who noted the superficial resemblance between the ceque lines radiating from the Coricancha, and the plains of Nasca where a dozen lines may radiate from a small hill.

The lines of Nasca have often been claimed to have astronomical orientations. Recent work by Urton and Aveni has however shown little evidence for an astronomical basis in their construction. Similarly, the ceques may on occasion have been astronomically oriented, but their orientation more generally may have been chosen for other reasons.

The ceque system is potentially a Rosetta stone if by studying its alignments or calendric functions we can gain insights into the political organization of the Ayllus on Cuzco. As we have discussed, ceques (or groups of ceques) were associated with various royal and common ayllus, and the use of huacas on different ceques to produce astronomical alignments requires cooperation between members of different ayllus, or political factions. As discussed, above, however, we cannot say that the cooperation extended to the initial construction of the huacas, or that ayllus "owned" the huacas on the ceque that they tended. Also, while certain huacas were used by all ayllus (i.e.

Puquincancha), they were part of a ceque line maintained by one group. One must ask how the maintenance of an important huaca was related to the prestige of an ayllu?

Ceque straightness

In locating huacas like Sucanca and Quiangalla, Aveni (1981) used the assumption that the Ceques are straight lines, and it is clear that the huacas as listed by Cobo proceeded generally away from the Coricancha. The 'straight line' assumption was supported by Aveni (1981) in a statement that several huacas on one ceque were located and found to lie on a straight line. Unfortunately, the locations and means of identification of the huacas used to define alignments are usually not given. It is, then, difficult to do more than simply accept the claimed alignments.

Quite a different view emerges from the detailed study of Callachaca published by Niles (1987). Callachaca was a suburban development owned by Amaro Topa Inca, a brother of Topa Inca. Several tentative identifications of huacas are offered along the ceques AN-4, AN-5, and AN-6. The identifications are based on the surviving place names, huaca descriptions by Cobo, and relative positions along Inca roads (or paths). Precise locations, descriptions, and photographs are given to each candidate. She finds the huacas of these ceques to lie along paths which as viewed from the Coricancha subtend nearly 25 degrees, and appear (again from the Coricancha) to overlap each other. At the very least this work shows the difficulty in identifying huacas, and the necessity for a complete description how huacas are identified.

Whether or not ceques are absolutely straight lines, they probably did define paths which went generally away from the Coricancha. Cobo's description of CH-9:4 given above says that the huaca was somewhat separated from the ceque, indicating that some path existed, and that the huaca was not exactly on it. Additionally, there are four ceques (CO-6, CO-8, CO-9, and CU-4) in which the last huaca of the ceque received as offerings everything not given to the other huacas of that ceque. This suggest that the ayllu responsible for tending these ceques did so in a sequential fashion, along some path as part of its ritual duties.

Finally, one must be concerned with the function of these paths. Were some of them arranged to provide a general alignment to some astronomical object, to connect important shrines to the Coricancha, or simply as a path providing access for the ayllu making offerings to huacas? The shrine on Huanacauri was among the earliest. If ceques are constrained to radiate in straight lines (as Aveni and Zuidema have assumed), then the orientation those ceques are set by the location of ancient shrines and cannot be astronomically based (other than accidentally). This provides a dilemma for certain "astronomical alignments".

Completeness and calendrics?

The 328 huacas listed by Cobo included neither all, nor even all of the important huacas of the Cuzco area. Cobo himself questioned the completeness of the system as he recorded it. Many of the huacas are quite undistinguished. Fully a quarter are simply unworked stones in walls or fields. Some of these stones were believed to be pururauchas, the stones that Pachacuti raised up to help the Incas fight the Chankas, but it is hard to understand why one stone would be included and another not. Possibly some were chosen to better define the ceque, or to fill in the number to some desired value. The constancy of the number of huacas is unimportant for the alignment questions considered here, but is quite significant to the hypothesis that the ceque system was used as a calendar.

Zuidema has developed an elaborate hypothesis in which the ceque system functioned as a counting calender to regulate (or organize) many of the ceremonial activities of Cuzco. While there is no historical document which describes a daily progression through the huacas of the ceque system, Zuidema (1977, 1980) has gathered a body of circumstantial evidence to support this hypothesis. Proof of such a hypothesis would provide an important insight into the link between astronomy and the daily activities of the Inca. The hypothesis continues to evolve as Zuidema interprets more material, and a full examination of the material Zuidema has proposed to date is beyond the scope of this paper.

Proposed ceque alignments

The existence of a temple to the stars in the Coricancha, and the drawing of Santa Cruz Pachacuti Yampqui (1873) indicate that stars were also objects of import, in particular the Pleiades (Zuidema 1982 and references therein). Additionally, there is ethnographic evidence (Urton 1981) of star groups that are important to Andean observers, as well as of their practices in observing them. Given this data, the idea that alignments were constructed towards the rise position of certain stars or groups is quite reasonable.

The following alignments have been suggested for ceque lines identified by Zuidema (1980, 1981, 1982, 1983). While the precision of these alignments is still unpublished, he has published several papers discussing the cultural importance of the stars and constellations involved as determined from ethnographic studies. From these alignments he has developed a hypotheses involving four "star seasons" defined by a series of observations of "first morning rises", and "last evening sets" which he integrates into the "ceque calendar" hypothesis. A summary list of the proposed alignments includes:

Stellar

1) Pleiades rise - AN-5
2) Pleiades set - CH-8
3) Beta Cen. rise - CU-1
4) Betelgeuse rise - AN-6

5) Betelgeuse set - CH-9
6) Vega set - CH-6

Solar

7) Dec. Solstice set - CU-13

Cardinal

8) North - CH-1

Zuidema's work clearly shows that stars were and are observed in the Andes. There are however no clear historical records which relate the ceques with stars or stellar observations. We therefore will examine how firmly the suggested alignments can be claimed to be intentional.

The first concern that must be raised before accepting these proposed alignments is the difficulty of certain ceques having multiple functions. For example CH-8 contains the solar markers of Sucanca. Sucanca was observed from the Usño, and was located to define a particular date. Placing Sucanca on the ridge of Picchu then defines its position. A line connecting the Coricancha to Sucanca then has a direction that has been specified from the known to exist Usño-Sucanca alignment. The alignment of CH-8 to the Pleiades set can only be accidental. Identical arguments can be made for the ceque CH-6 with Quingalla. Again, if the markers were observed from Chuquimarca, their location was specified by the position of the horizon, and the date they marked, the June solstice sunset. The ability to mark Vega's set and provide a horizon marker for Chuquimarca would be most fortuitous if Ceques were straight. CH-6 also contained the important shrine Pumamarca where children were sacrificed to Pachayachachic (the Creator).

The line AN-6 connected the Coricancha to another temple of the sun, Chuquicancha. Chuquicancha was a very important shrine located in a suburb constructed in Topa Inca's time. The fact that several huacas are attributable to Huayna Capac (CH-3:5, CH-8:4, and CH-9:2) implies the ceque system was not completed till long after Chuquicancha was constructed. Either the suggested alignment to the rise of Betelguese is accidental, or it is necessary to understand association between Betelgeuse and this temple of the sun. Similarly, CU-1 (Beta Cen rise) is a ravine that was important enough to receive child sacrifice. This presents a dilemma as to whether these ceques were aligned to the stars or to the shrines.

The only ceque line for which a solar alignment has been proposed is CU-13. We analyzed this claim in detail in our earlier paper (Dearborn and Schreiber 1986). There we found that the alignment was uncertain to 4 degrees (8 solar diameters), and that three other ceques had at least as good a claim to such an alignment. The strongest argument that CU-13 was aligned to the December solstice sunset was that the direction was approximately correct (recalling the concerns expressed above for the locations and identifications of huacas), and that it contained the huaca:

CU-13:3 Chinchincalla; is a large hill where there were two markers (mojones); when the sun reached them, it was time to plant.

The December solstice was special for its association with the Capac Raymi festival. This festival is extensively discussed by Molina, and Cobo directly links many of the huacas in his list to the raymi celebration. He makes no Raymi association for any of the huacas on CU-13. Also, the end of December is near the end of the planting times, forcing Zuidema (1981) to suggest Cobo was mistaken in this being a sign to plant. Finally, as Zuidema and Aveni have shown, such pillars were often observed from another huaca. For these reasons, we are not sure that Chinchincalla was meant to mark the solstice, and believe that further study must be done on its use.

Lies, damned lies, and statistics

As discussed above, the idea that ceque paths were constructed to be (or perceived to be) aligned with astronomical objects is very reasonable. In the absence of ethnohistoric documentation, how can we know which if any of these alignments were recognized by the Inca? In this case, statistics can provide a quantitative measure of confidence. There are 41 lines defined by the ceque system, from which eight alignments have been suggested. One can pose the question of what the probability is to obtain eight or more alignments from 41 randomly chosen directions by chance. The result depends on the precision to which the "alignments" are defined, and the number of objects to which alignments might be made.

The precision of most of these proposed alignments are still unpublished, but the direction of CU-13 is known only to 3 or 4 degrees. The revised date for the Sucanca alignment from Aug 18 to about Sept 2, requires shifting the pillar nearly 3 degrees west as viewed from the Coricancha, or over five times the diameter of the Pleiades providing a measure of the accuracy of this alignment. We will therefore assume a precision of 2 degrees for the purpose of this analysis. While 2 degrees is too coarse for a genuine observing system (the eye can easily resolve sunrise points to five minutes of arc and can be more precise for the direction of stars), it is possible that someone would construct a line towards a rise position with no intention of observing along it. In this case 2 degrees (or even worse) might well be expected in the inherent accuracy of the alignment.

The set of objects that should be considered as possible targets of alignments must include prominent stars, important constellations, solar positions on solstices and equinoxes, and the cardinal positions. The set of objects which it has been argued were important to the Inca easily reaches 15 or 20, and since each has a rise and set position there are 30 to 40 horizon positions to which alignments might be made.

To begin, the probability of an individual line being oriented to the rise or set point of one of these 15 (or 20) objects is:

p = 30 (points) X 2 (degrees) / 360 (degrees).

= 0.17 (or .22 for 40 points - 20 objects).

There are, however 41 lines, and we may use Poisson statistics to determine the probability of obtaining eight or more alignments from 41 random tries. For a precision of 2 degrees, the result is 38% (69% for 20 objects). Therefore, if ceques are aligned to only 2 degrees, we would expect most of the suggested alignments to occur even if the builders had no interest in constructing them.

Conclusions on ceque alignments

The importance of the Pleiades and certain other stars to Andean observers has been convincingly argued, but such interest is difficult to evaluate quantitatively. Arguments that ceque alignments are culturally reasonable are almost always subject to counter. For example, if there are alignments to the rise and set of the Pleiades, then, from duality we would have expected alignments to the tail of Scorpio which Urton has shown was considered in opposition to the Pleiades. Such arguments for or against an alignment are principally a measure of our expectations.

At present, the case that certain ceques were aligned to astronomical rise and set points is statistically insignificant. This does not mean that it is incorrect, but in the absence of any ethno-historic evidence that ceques were intended to align with astronomical objects, the proposed alignments cannot be considered to be "known". If the lines were not intended to be precise observational alignments, but to generally indicate the direction, it would be very difficult to prove. If they are as coarsely oriented as the tentative identifications of the huacas of AN-3, AN-4, AN-5, and AN-6 by Niles (1987) then each ceque aligns <u>equally well</u> to many objects of significance to the Inca, and the general orientation gives no hint of the intent of the builder. The effort of Hyslop (1985) to find similar alignments at Inkawasi is a good approach, but it cannot start with the belief that the alignments proposed in Cuzco are known, and accept any wall that points within a few degrees of the same direction as the same alignment. Progress on this hypothesis requires the location of as many huacas of the ceque system as possible, as well as the information to evaluate the certainty of the identifications.

While it would be easier to demonstrate that alignments were intentional if they were accurate to 1 degree or less, one could question the utility of a line of huacas extending to the horizon for stellar observations. A pillar located on the horizon functions as a suitable fiducial for sunrises or sets, but unless a fire were built on them they would be nearly invisible at dawn or dusk when stars as faint as the Pleiades rise or set.

Conclusions

Evidence from structures measured at Machu Picchu, and Pisac, indicates that the Inca did construct buildings (observatories) for careful monitoring of the motion of the sun, and these were probably temples of the sun. The relatively small area available for observers in these structures, as well as Sarmiento's statement that "persons were delegated" to do the observing, and to notify the people, suggests that the observations were done by a limited group of people. Finally, the importance of the activities carried out in these temples of the sun is indicated by the fact that all such temples known in Cuzco received child sacrifices.

Horizon observations were made in Cuzco, and the description of the Usño-Sucanca alignment indicates that the observer had to determine when the sun was exactly between two pillars that were four solar diameters apart. This occurs during a seven or eight day period as viewed by a single observer at the Usño, or on only one or two days for a group of observers spread around the Usño. From this we have proposed that this observation might have been more of a witnessing done by a group possibly representing all of the royal ayllus as part of a ceremony commencing the planting season. In this case, the date to perform this observation was probably determined by one of the observers who was monitoring the sun's motion in a temple of the sun.

Also, the Usño-Sucanca connection requires a measure of cooperation between the ayllus responsible for maintaining the huacas, in this case Pachacuti's ayllu and his son, Topa Inca's ayllu. Similarly, verification of the Chuquimarca-Quiangalla alignment implies cooperation between the ayllus of Viracocha and his son, Pachacuti. In both of these cases, less important offerings were given to solar markers than the places from which the observations were made. This may be a measure of their relative importance, or simply an indication that the people were located at the observing place at the time of the sacrifice.

Ethnohistoric and archaeological evidence does indicate that the Incas recognized the zenith passage of the sun. The duality inference from ethnographic studies that there was some opposition to zenith passages, or antizenith passage, is also quite reasonable. The importance of the zenith passage dates as well as the dates of any observation opposing them are, however, a matter of debate.

Finally, as mentioned above, in the discussion of ceques, an alignment may be intentional, but lack precision because it was never intended for use with an actual observation. While such an alignment is difficult to prove, corroboration is not impossible. The orientation of Coricancha to the Pleiades is duplicated in the Torreon's window at Machu Picchu, and there is a substantial body of data relating these two structures. This enhanced the probability that the alignment was intentional in spite of its coarseness (1.0 to 1.5 degrees). More evidence must be gathered before some of the alignments discussed here can be considered as "known". In light of the lack of significant physical evidence for the ceque alignments to stars, the "star seasons" (Zuidema 1980, 1983) must be considered as tentative.

ACKNOWLEDGEMENTS

We wish to thank all the Earthwatch volunteers who participated in field research at Machu Picchu, and our colleague Ray White who organized those projects. We also thank the INC for permission to work at Machu Picchu.

BIBLIOGRAPHY

Anonymous Chronicler, 1906. Discurso de la suscesion y gobierno de los Yngas (ca. 1580), Juicio de Limites entre el Perú y Bolivia, Vol. 8, Maurtua. Lima.

Aveni, Anthony, 1981. Horizon Astronomy in Incaic Cuzco. In, Archaeoastronomy in the Americas, edited by R. Williamson, pp. 305-318. Ballena Press, Santa Barbara.

Bingham, Hiram, 1948. Lost City of the Inca. New York.

Cobo, Bernabe, 1983. History of the Inca Empire, translated by Roland Hamilton. Univ. of Texas Press, Austin.

Dearborn, David S.P. and Raymond E. White, 1983. The 'Torreón' at Machu Picchu as an Observatory. Archaeoastronomy (Journal for the History of Astronomy) 5: S37-S49.

Dearborn, David S.P., Katharina J. Schreiber, 1986. Here Comes the Sun: The Cuzco-Machu Picchu Connection, Archaeoastronomy, vol. IX, 15-37.

Dearborn, David S.P., Katharina J. Schreiber and Raymond E. White, 1987. Intimachay, a December Solstice Observatory. American Antiquity 52: 346-352.

Garcilaso de la Vega, 1960. Primera Parte de los Comentarios Reales de los Incas. Biblioteca de Autores Españoles, 133. Madrid.

Garcilaso de la Vega, 1961. The Royal Commentaries of the Inca, translated by Alain Gheerbrant. Avon books, New York.

Guaman Poma de Ayala, Felipe, 1936. Nueva Corónica y Buen Gobierno (Codex péruvien illustré). Travaux et Mémoires de l'Institut d'Ethnologie, 23. Institut d'Ethnologie, Paris.

Hyslop, John, 1985. Inkawasi: The New Cuzco, Cañete, Lunahuana, Peru, BAR International series 234, xii-147, Oxford.

Molina, Cristobal de, 1873. An Account of the Fables and Rites of the Yncas. In: Narratives of the Rites and Laws of the Yncas, translated by Clements R. Markham. The Hakluyt Society, London.

Molina, Cristobal de (el Almagrist), 1965. Relación de Muchas Cosas Acaescidas en el Peru, Biblioteca de Autores Españoles, Tomo CCIX, 56-96, Madrid.

Niles, Susan A. 1987. Callachaca, Style and Status in an Inca Community, Univ. of Iowa Press, pp. 171-206.

Pachaciti-Yamqui, Juan de Santa Cruz, 1873. An Account of the Antiquities of Peru. In: Narratives of the Rites and Laws of the Yncas, translated by Clements R. Markham. The Hakluyt Society, London.

Polo de Ondegardo, 1873. A Report. In: Narratives of the Rites and Laws of the Yncas, translated by Clements R. Markham. The Hakluyt Society, London.

Rowe, John, 1944. An Introduction to the Archaeology of Cuzco. Papers of the Peabody Museum of American Archaeology and Ethnology 27(2). Harvard University, Cambridge.

Rowe, John, 1946. Inca culture at the Time of the Spanish Conquest, Handbook of South American Indians, Beureau of American Ethnology, 143, vol. 2, pp. 183-330, Washington.

Rowe, John, 1979. An Account of the Shrines of Ancient Cuzco. Nawpa Pacha 17: 1-80.

Rowe, John, 1987. Pachacuti's Royal Estate at (Machu) Picchu. Lecture presented at the annual meeting of the Institute of Andean Studies, Berkeley.

Sarmiento de Gamboa, 1965. Historia Indica, biblioteca de Autores Españoles, vol. 135, p. 236.

Urton, Gary, 1981. At the Crossroads of the Earth and the Sky. U. Texas Press, Austin.

Ziolkowski, Marius S. and Robert M. Sadowski, 1985. Informe del la Segunda Temporada de Investigaciones Arqueoastronomicas en Ingapirca (Equador), Memorias del Primer Simposio Europeo sobre Anthropologia del Ecuador, Institute de Antropologia cultural de la Universidad de Bonn, Ediciones Abya-Yala, Quito.

Zuidema, R. Tom, 1977. The Inca Calendar. Native American Astronomy, edited by A. Aveni, pp. 219-259. U. Texas Press, Austin.

Zuidema, R. Tom, 1980. Organizing Space for Computing the Calender, Sun, Moon, Pleiades, Stars in Inca Astronomy, preprint.

Zuidema, R. Tom, 1981. The Inca Observations in Cuzco of the Solar and Lunar Passages Through the Zenith and Anti-zenith. Archaeo-astronomy in the Americas, edited by R. Williamson. Ballena Press, Santa Barbara.

Zuidema, R. Tom, 1982. Catachilla: The role of the Pleiades, and the Southern Cross, and Alpha and Beta Centauri in the Calendar of the Incas. "Ethnoastronomy and Archaeoastronomy in the American Tropics", edited by A. Aveni and G. Urton. Annals of the New York Academy of Science 358: 203-229.

Zuidema, R. Tom, 1983. Towards a General Star Calendar in Ancient Peru. In Calendars in Mesoamerica and Peru: Native American Computations of Time, edited by A.F. Aveni and Gordon Brotherston. Proceedings of the 44th International Congress of Americanists. BAR, International series 174, pp. 235-262.

Zuidema, R. Tom, 1988. The Solar and Lunar Observations in Between the Pillars. In Cuzco, Presented in the 46th meeting of the International Congress of Americanists, and published in the abstracts and papers.

THE SKY ABOVE THE INCAS

AN ABRIDGED ASTRONOMICAL CALENDAR FOR THE 16TH CENTURY

Robert M. Sadowski

The idea of this work has arisen from the author's experience of co-operation with anthropologists and archaeologists. In the past, it became obvious to him that such scholars often do not need the astronomical data in the most sophisticated and accurate form, especially in the initial period of their investigations. It is more convenient for them to have a wide set of information, even if only approximate, but covering sufficiently long periods of time, to permit a selection of the raw material they are dealing with. The present author's observation also leads to the conclusion that the long columns of numbers should be avoided as far as possible, and that priority should be given to a graphic presentation.

Although simplified, these tables nevertheless demand from the user some knowledge of basic astronomy which may be found in numerous easily-accessible handbooks. The tables were designed for studying astronomical phenomena in South America in the 16th century. Of course, such a choice is by no means accidental. That was a crucial period for every student of the history, culture and religion of the Incas and of other Andean societies. The numerous chronicles of that time give a lot of astronomical data which have first to be separated from the products of the writer's fancy or obvious mistakes, and for such a procedure these tables were meant in the first place. True, their accuracy is horribly low in the astronomical sense, and yet it is sufficient for an historian or anthropologist who is trying to find out, quickly and simply, when an interesting phenomen might have occurred.

This work consists of several chapters, some of which were prepared in the preferred graphic form, while the others are presented in the traditional form of numerical tables. All of them are listed below with some necessary explanations.

1. The tables of apparent positions of the Sun and four planets (Figs. 1, 2, 3, 4, 5)

From the tables the apparent positions of the Sun and four planets may be obtained throughout the 16th century with a help of enclosed scale in 30-day intervals (vertical axis) with an accuracy of 10° (horizontal axis). The solar position is indicated by the straight continuous line, slightly declining to the right. The uninterrupted, but a sinous and almost vertical, line represents Saturn while Venus is represented by a dotted, and Mars by a dashed, line; Jupiter's line is by alternating dashes and dots.

In order to read off the positions of planets at any given time, it is sufficient to place a ruler at the appropriate place, parallel to upper or lower edge of the table. It must be remembered that all the dates are Julian, and therefore ten days should be added in order to obtain the date in the Gregorian calendar.

2. Total solar eclipses visible in South America in the 16th century (Table 1, Figs. 6, 7, 8)

Table 1 is an excerpt from Oppolozer's "Canon der Finsternisse" with some simplifications. Of the original format only the columns giving the number of an eclipse, its date, and the geographical co-ordinates of the middle of the eclipse at sunrise, noon, and sunset have been retained. The numbers help us to identify on the maps the trace of the Moon's shadow across the surface of the Earth. Information about the precise moment of an eclipse expressed in the universal time has been omitted deliberately. It is supposed that the user will be more interested to know whether the eclipse occurred in the morning, at noon or in the evening in local time, and such information may be easily found out from the maps. They point on the Earth where the middle of the eclipse is observed at sunrise is marked with an open triangle, a circle represents such an event at midday, and a black triangle means that the eclipse was observed at sunset. Even if these points are missing from the map their position may be found out from Table 1, where the positive numbers denote eastern longitudes and northern latitudes while the negative ones show western longitudes and southern latitudes respectively.

The thick black line represents the zone of total eclipse with sufficient accuracy, as its width rarely reaches and never exceeds 270km, but it is still to be remembered that it is accompanied by a much wider zone where the phase of the eclipse declines continuously to zero at its edges.

Finally, it may be worthwhile to explain here why we still rely upon Oppolzer's "Canon" although recently some new tables of solar (and lunar) eclipses has been published which are claimed to be far more precise. That is true, but one should remember that at the level of accuracy assumed here such emendations, especially for the period in question, are of negligible significance.

3. Total lunar eclipses visible in South America in the 16th century (Table 2)

This Table is also derived from Oppolzer's "Canon", but it is not accompanied by any figure because of the relative simplicity of this phenomenon. The eclipse occurs only when the Moon is full, and the conditions for its visibility may be easily deduced from the fourth and fifth columns, which give geographical co-ordinates of the point above which the Moon would have been seen in zenith. It is obvious that the Moon could then have been observed within longitudes (and latitudes) differing by $\pm$ 90° from the given figure, though the different heights above the horizon, of course, which may be calculted (approximately) fairly easily.

The maximal phase (magnitude) of an eclipse is expressed in the units "z" where 1^z equals 1/12th of the Moon's diameter. As the width of the shadow of the Earth in the vicinity of the lunar orbit is twice the diameter of the Moon, the maximum phase never exceeds 24^z.

The last two columns need no explanation, as they simply give the duration of an eclipse.

4. Tables of the New Moon for the 16th century (Table 3)

These Tables consist only of the numerical data and need no explanation besides that in the heading.

5. The rotary sky map (Figs. 9, 10, 11; Table 4)

The rotary sky map consists of three parts: a map of the southern starry sky (Fig. 9), a movable upper part (fig. 10), and a pointer (Fig. 11). The map is to be cut out and glued to some stiff material, like cardboard or plastic; the upper part as well as the pointer are to be copied on transparent foil or tracing paper; and then attached to the map concentrically, allowing free rotation.

Such a map enables us to solve numerous problems of positional astronomy but as it is widely popular and instructions are easily accessible we shall not repeat them here. There are some differences, however, which make this map a special one, and these should be mentioned. First of all, this map has been drawn especially for the 16th century which means that the co-ordinates of the stars differ slightly from present-day ones; nevertheless, the map may be used even for the recent period if the user will remember the shift of the vernal equinox point and the considerable reduction in accuracy. The movable part is also a little different from the standard one; apart from the usual 24-hour time scale, it is equipped with <u>three</u> horizon contours, corresponding roughly to the southern latitudes of 0° (Quito), 15° (Titicaca), and 30° (Coquimbo with three zenithal points respectively. Along these contours the azimuths were marked in 10° steps (for the Quito horizon the scale on the pointer may be used similarly).

Of the big circles on the celestial sphere, only the equator (continuous line) and the ecliptic (dashed line) have been drawn with the additional marks every 30° on the ecliptic. The star symbols with capital letters denote the 21 brightest stars whose names and brightness are given separately in Table 4, for clarity.

In combination with Figs. 1-5, Table 5 and Fig. 12 (see below), the map enables the user to tell immediately the actual position of the Sun, the Moon, and the stars in reference to the sky as well as to the horizon.

Finally, it must be remembered that the data for any work using this map are a date in the Gregorian calendar and a moment of true local solar time.

6. Right ascension of an ascending node of the lunar orbit in the 16th century

As the lunar orbit is inclined about 5° to the ecliptic and its nodes are permanently moving around, it is not easy to tell the actual position of the Moon on the sky. In order to make is reasonably possible the user is recommended to draw on some transparent material a copy of the ecliptic with the line of the nodes added and then use it, with the help of Table 5, as the representation of the true lunar orbit on the rotary sky map.

7. Ceraski's grid (Fig. 12)

This simple device enables the user to read off immediately the altitude of the Sun or other celestial body of known declination. The ordinates are the scale of altitudes above and below the horizon while time is marked on the abscissae: true local solar time for the Sun and sidereal time for the stars. At the upper culmination (at true midday) the altitude of the Sun is $h = 90^o - \varphi + \delta$, where is geographical latitude of the place of observation, and at the midnight it is $h = -(90^o - \varphi + \delta)$. Now it is sufficient to mark these two values on the left and right frame of the grid and join them with a straight line to obtain one half of the diurnal path of the Sun. The same rule applies to the stars, only in that case the upper culmination (the right frame of the grid) falls on the moment of sidereal time equal to the right ascension of the star.

The grid is drawn with same accuracy as the rotary sky map, i.e. $\pm\ 20^m$ in time and $\pm 5^o$ in altitude.

ACKNOWLEDGEMENT

Of the many people whose assistance was helpful to me I would like to mention here only my wife, Eva, who gave me moral support and also drew some of the line drawings.

BIBLIOGRAPHY

Ahnert, P. Astronomisch-chronologische Tafeln für Sonne, Mond und Planeten, J.A. Barth Verlag, Leipzig 1960.

Janiczek, R. Kalendarz astronomiczny na wiek XX (An Astronomical Calendar for the 20th Century), PWN, Warszawa 1962.

Oppolzer, T. von, Canon der Finsternisse, Wien 1887.

Stahlman, W.D., Gingerich, O. Solar and Planetary Longitudes for Years -2500 to +2000, The University of Wisconsin Press, Madison 1963.

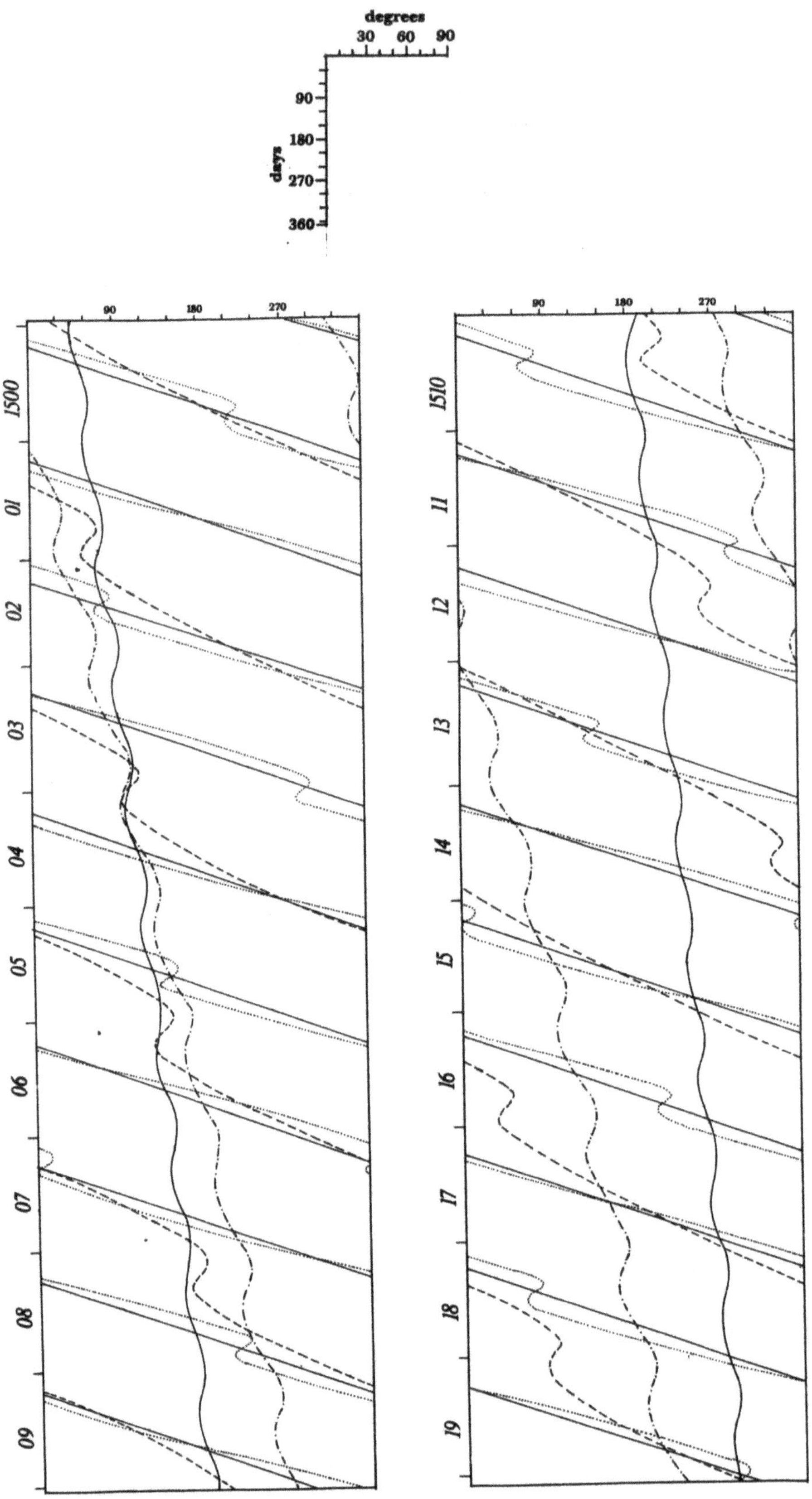
degrees
30 60 90
days
90
180
270
360
90 180 270
1500
01
02
03
04
05
06
07
08
09
1510
11
12
13
14
15
16
17
18
19

Fig. 1

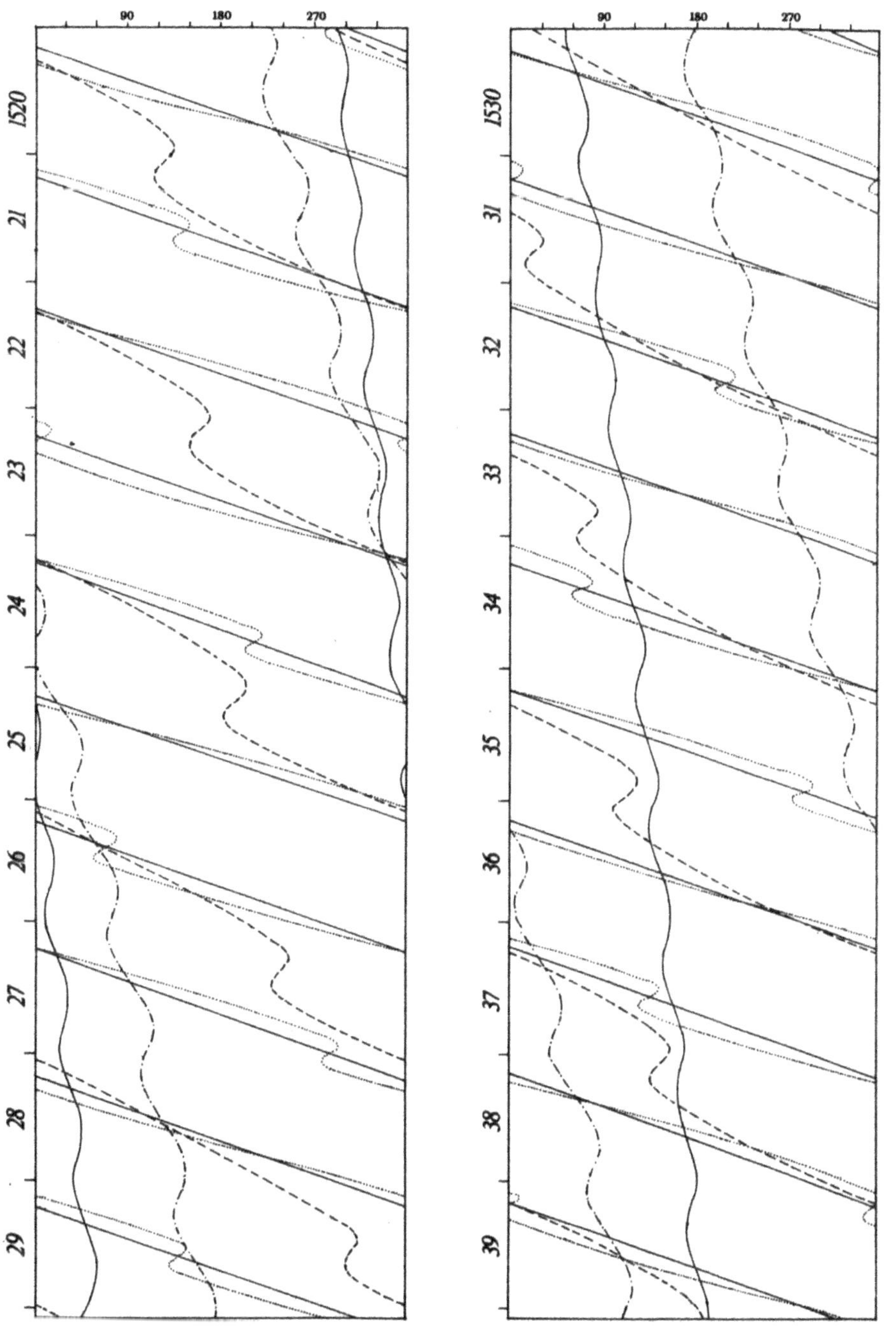
90
180
270
1520
21
22
23
24
25
26
27
28
29
90
180
270
1530
31
32
33
34
35
36
37
38
39

Fig. 2

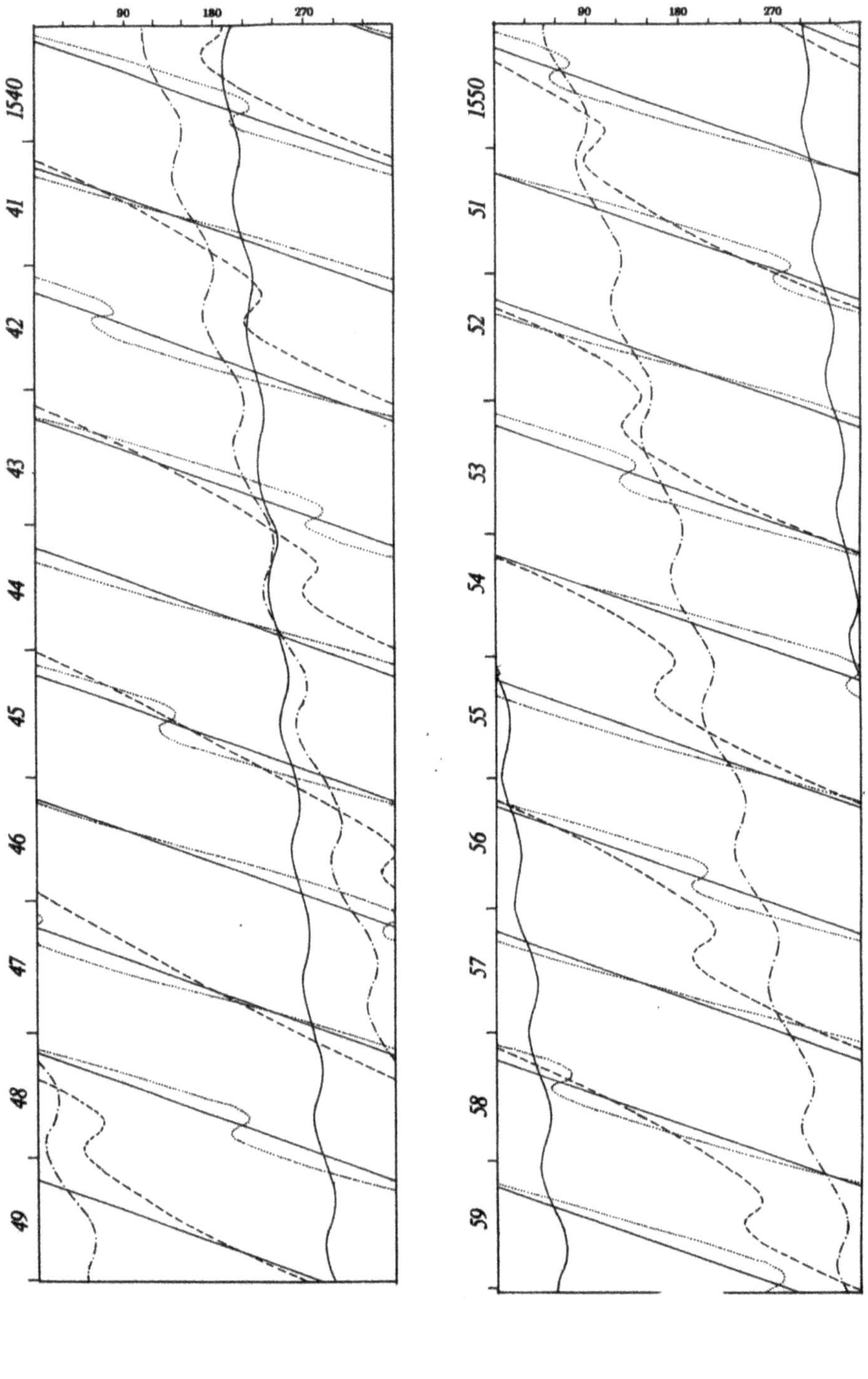
90
180
270
1540
41
42
43
44
45
46
47
48
49
1550
51
52
53
54
55
56
57
58
59

Fig. 3

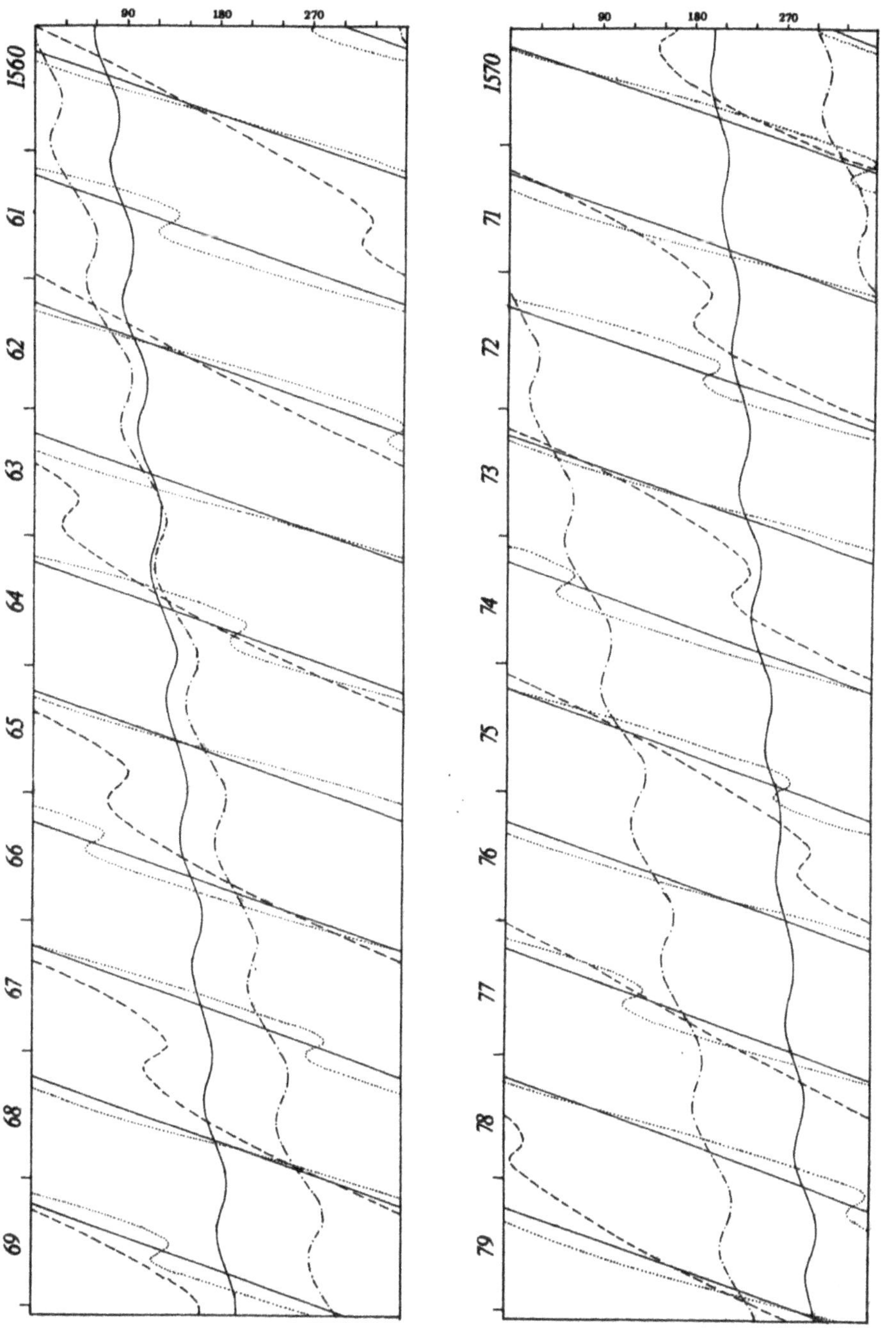
90
180
270
1560
61
62
63
64
65
66
67
68
69
1570
71
72
73
74
75
76
77
78
79

Fig. 4

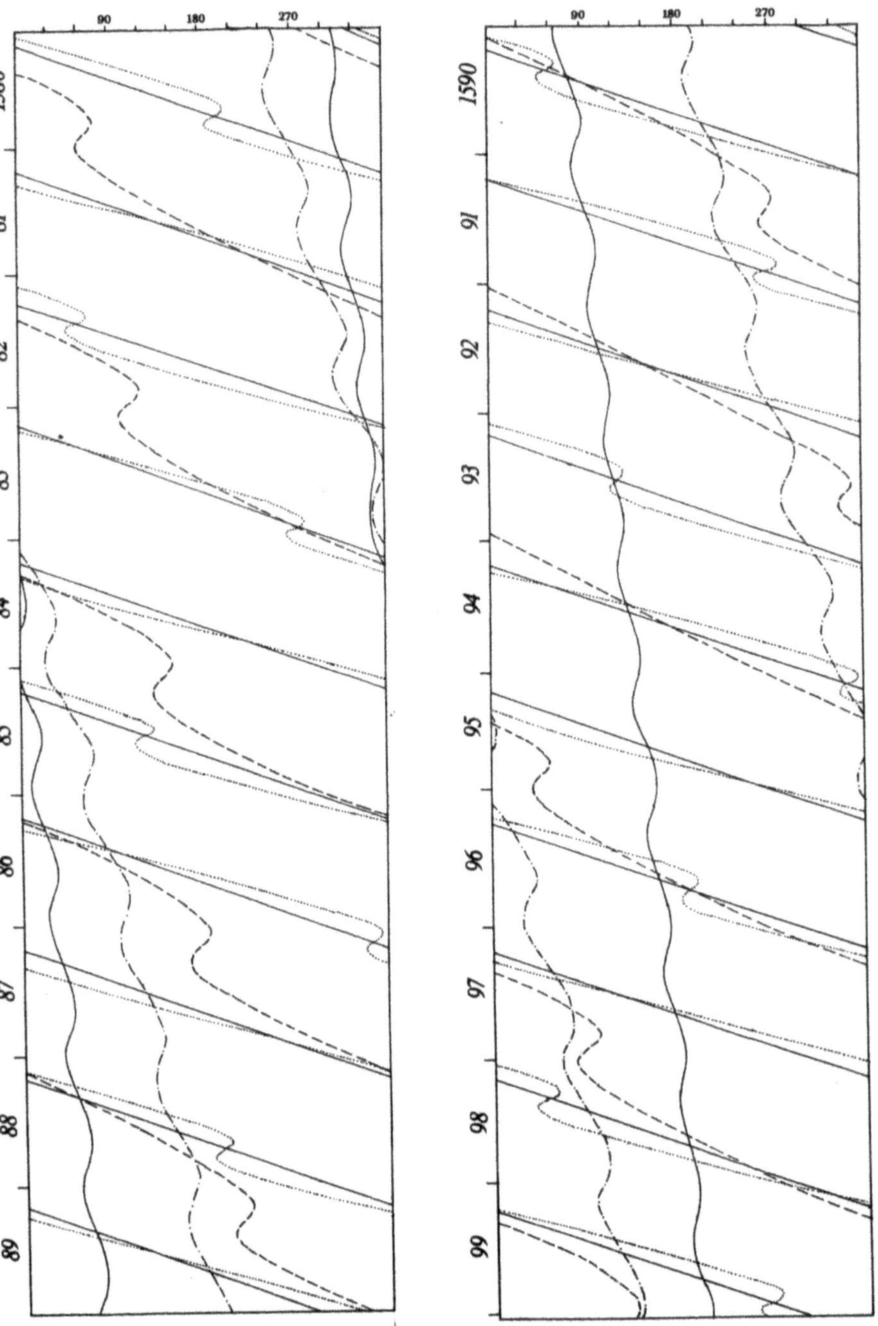
90
180
270
1580
81
82
83
84
85
86
87
88
89
1590
91
92
93
94
95
96
97
98
99

Fig. 5

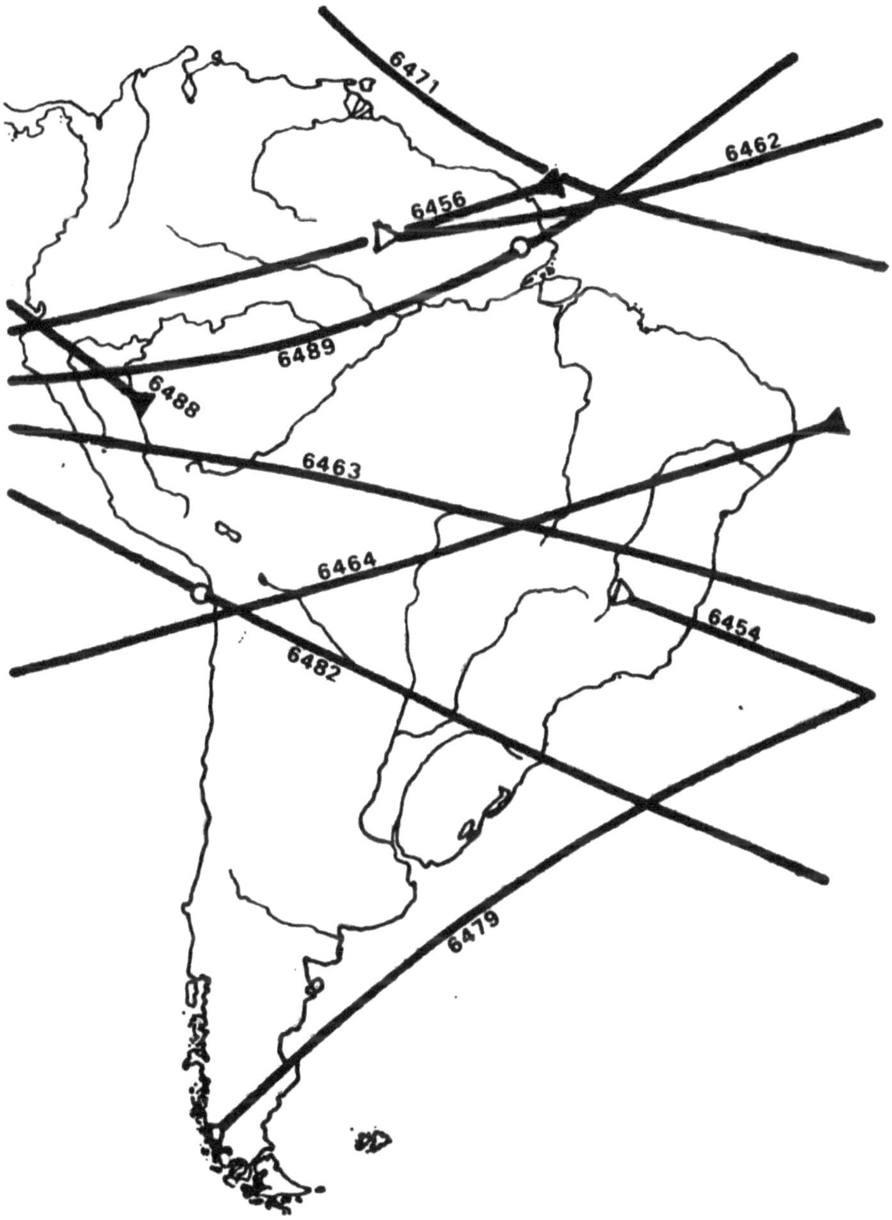

Fig. 6

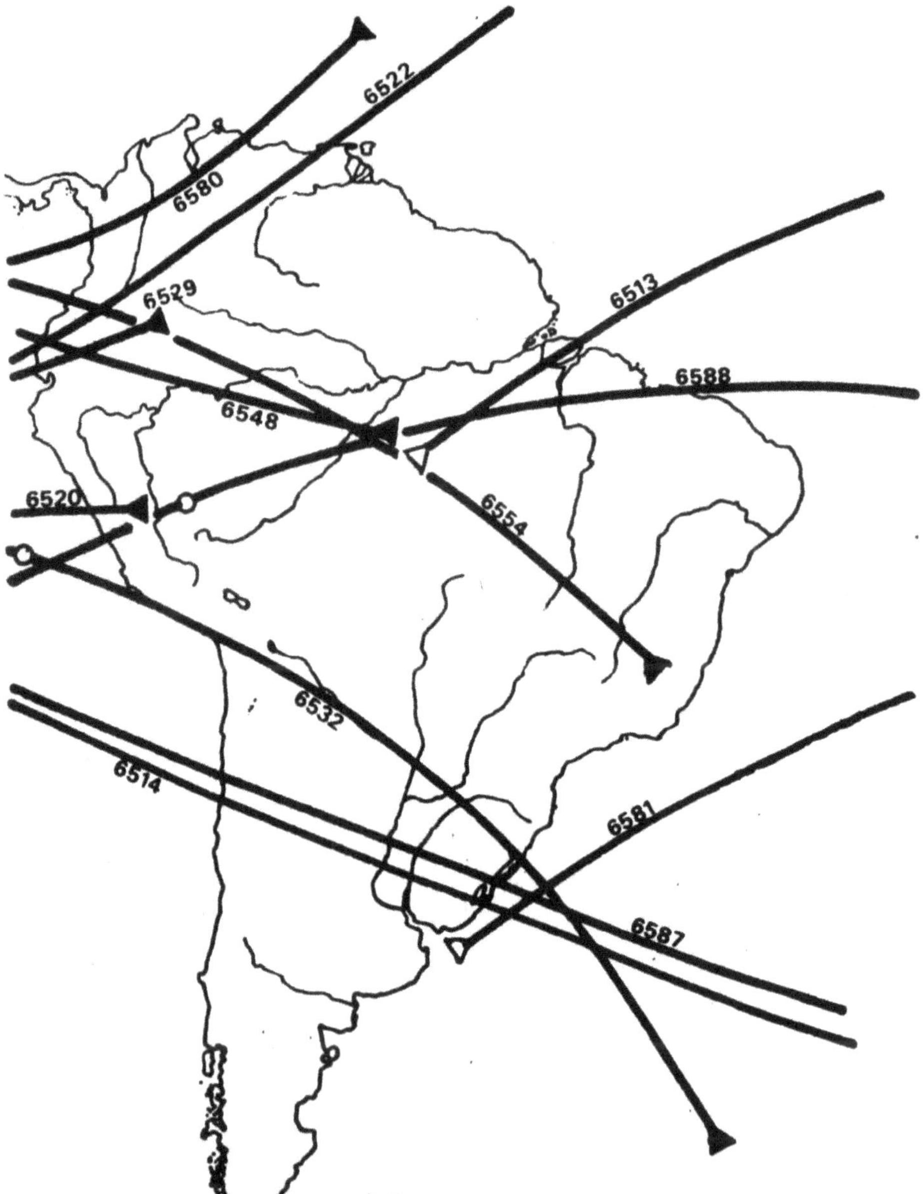

Fig. 7

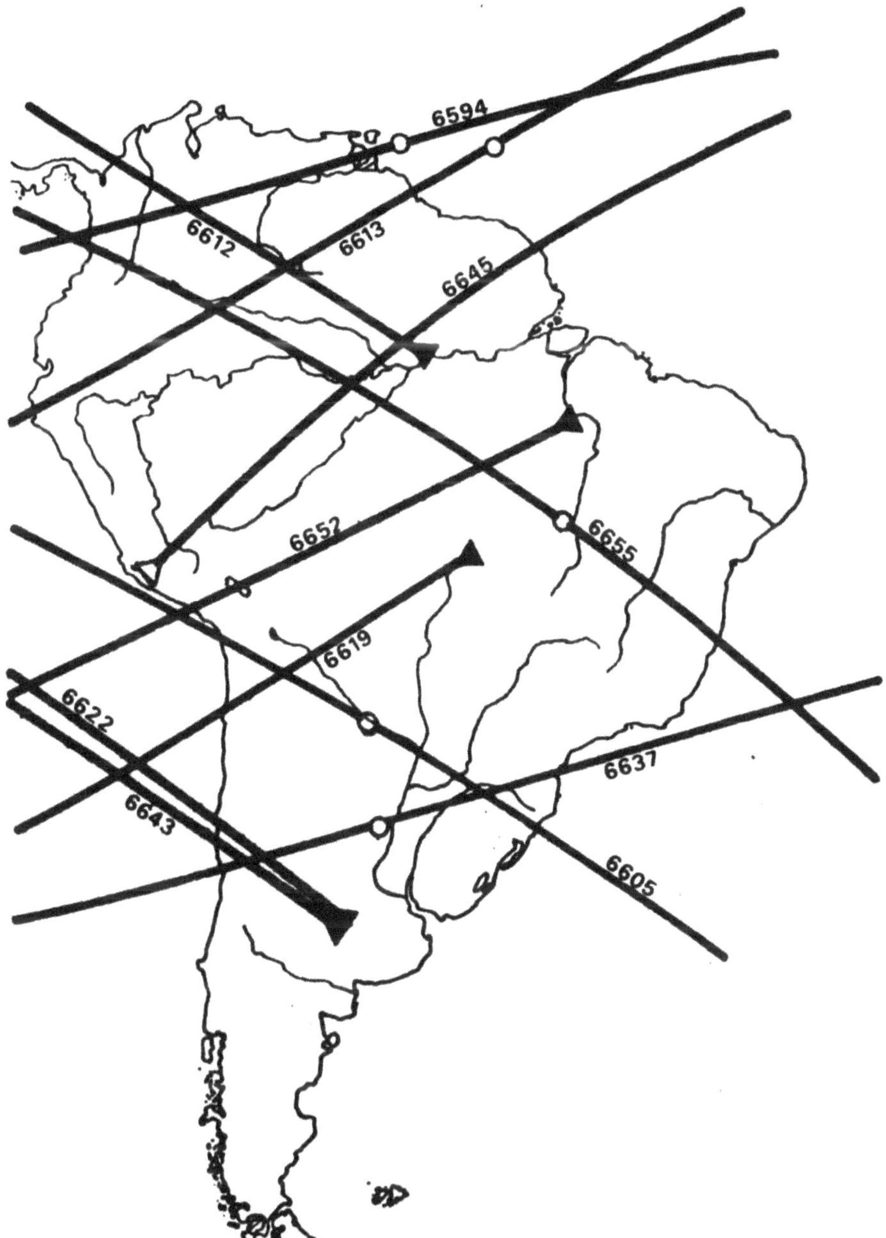

Fig. 8

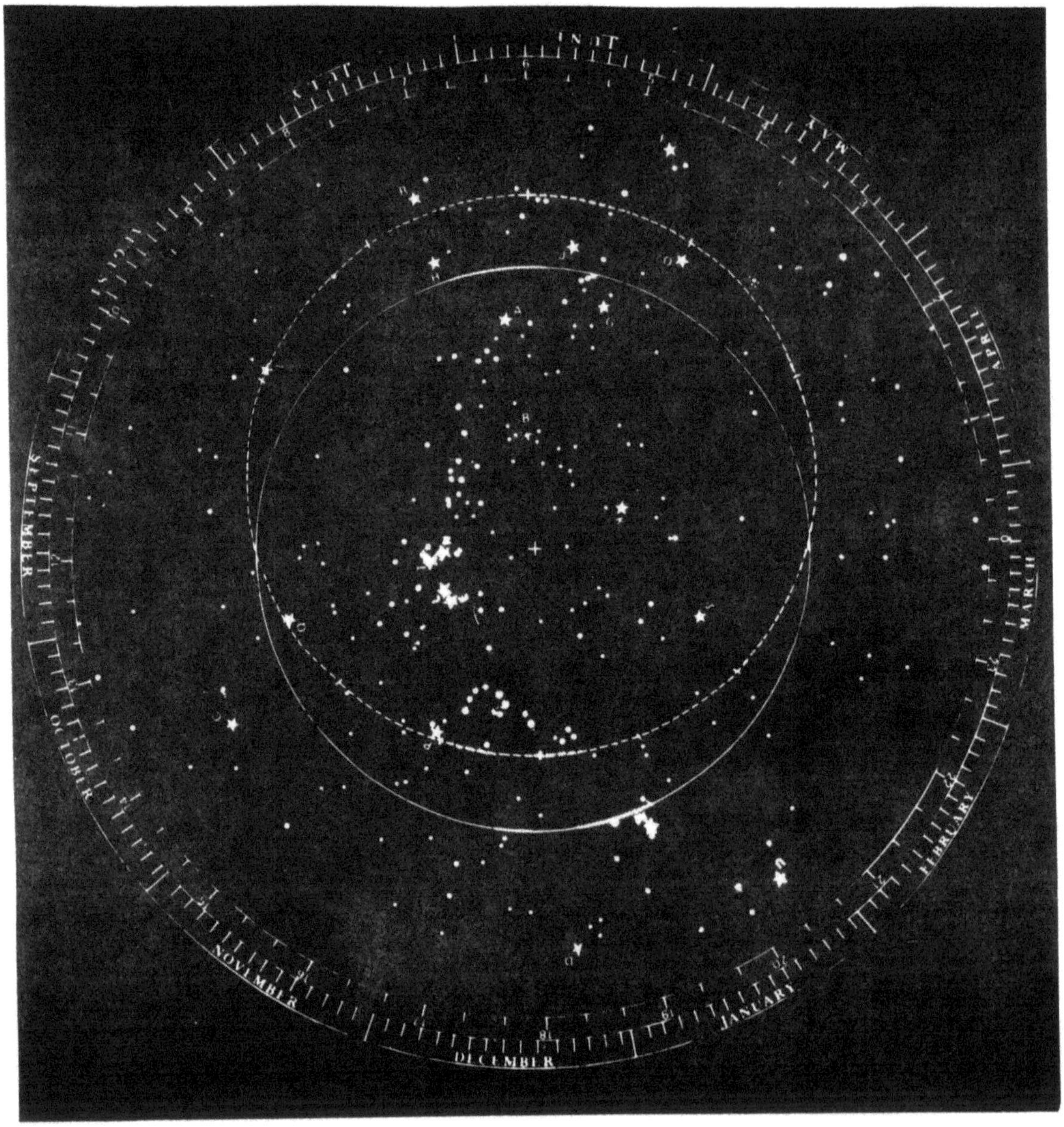
SEPTEMBER
OCTOBER
NOVEMBER
DECEMBER
JANUARY
FEBRUARY
MARCH
APRIL

Fig. 9

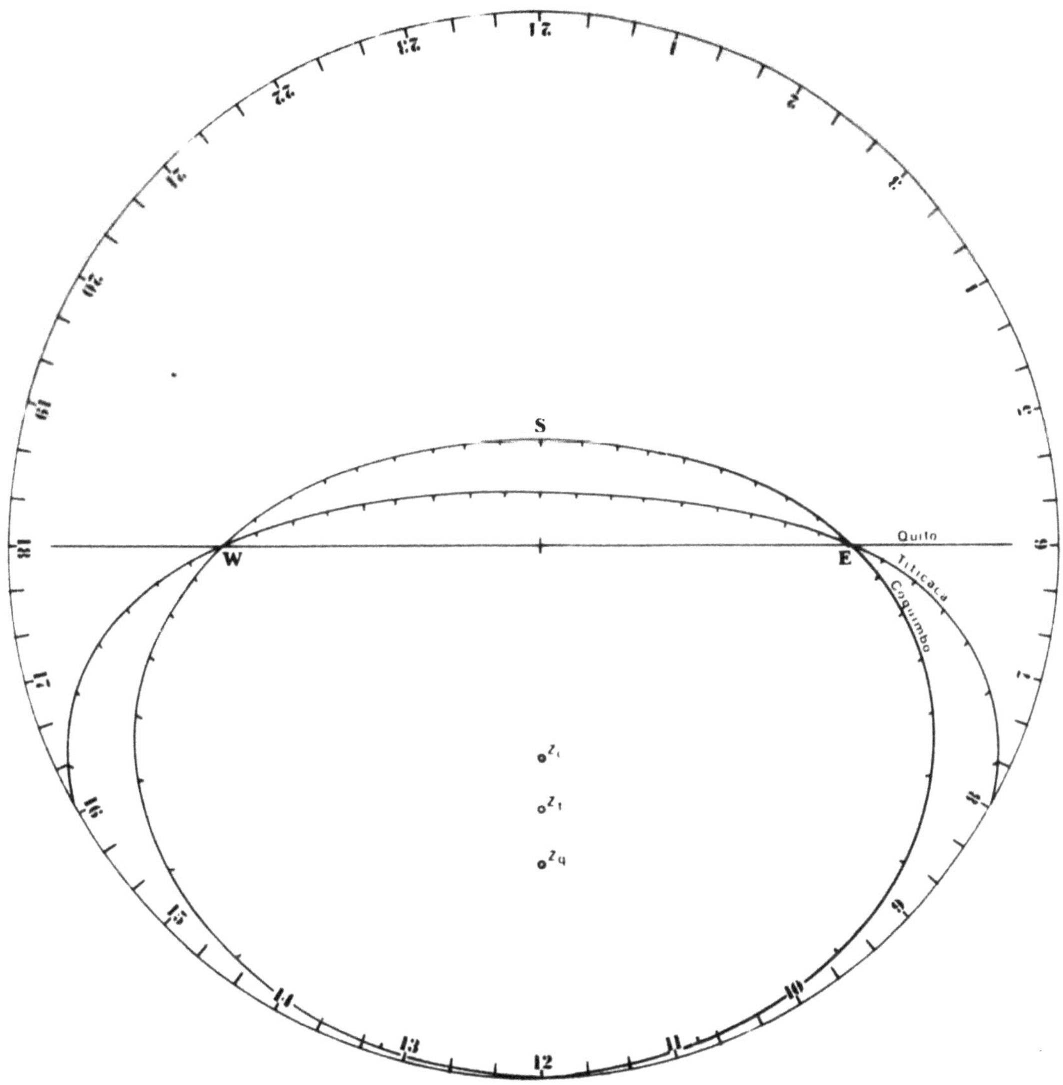
S
W
E
Quito
Titicaca
Coquimbo
24
1
2
3
4
5
6
7
8
9
10
11
12
13
14
15
16
17
18
19
20
21
22
23

Fig. 10

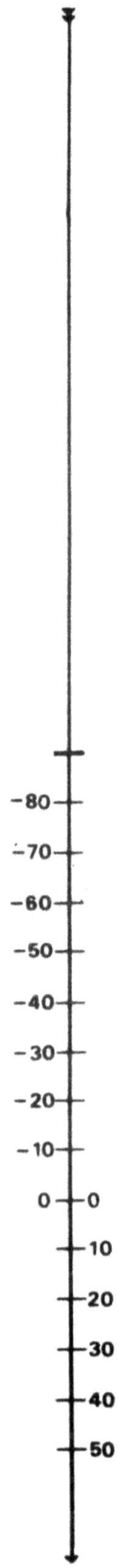

Fig. 11

Reduce it to the length of diameter of the map

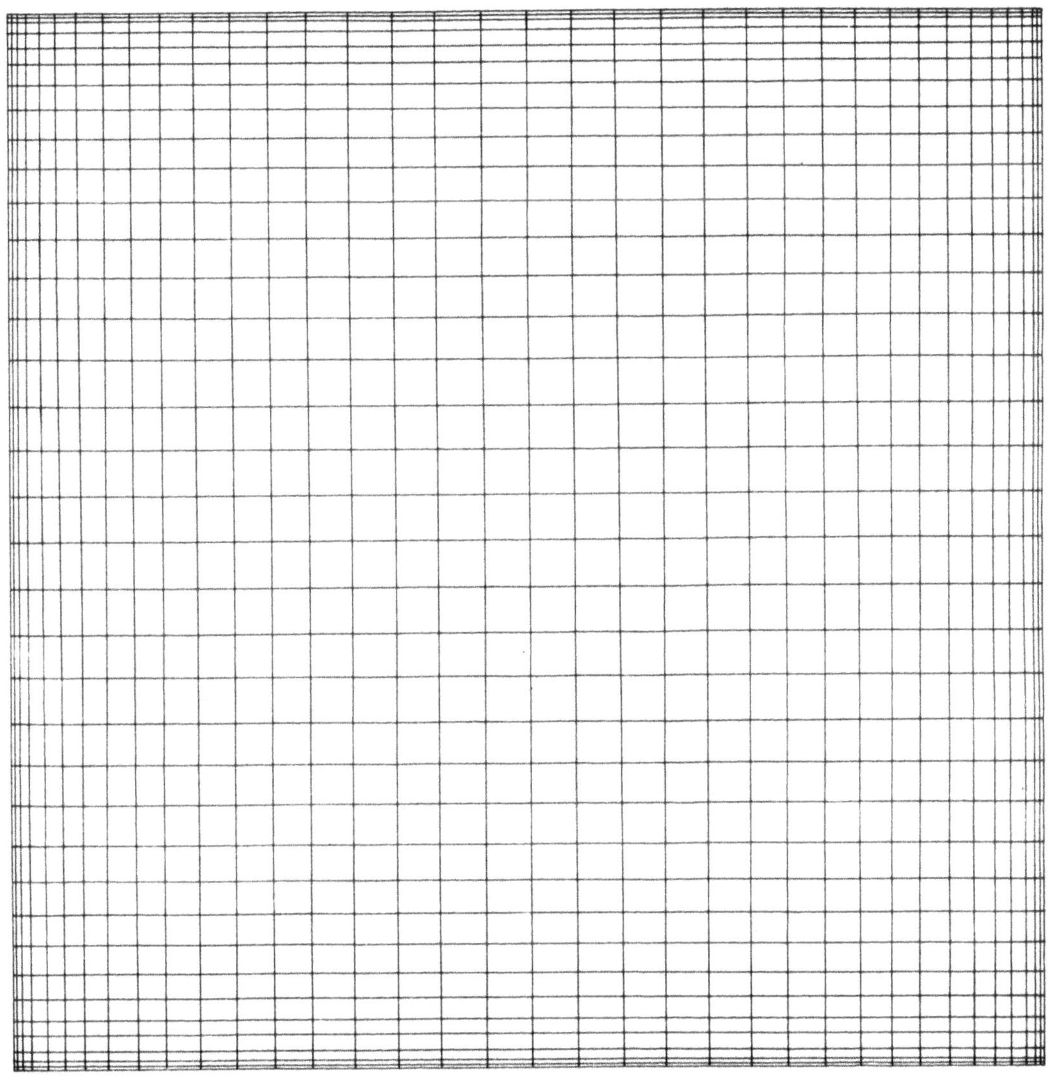

Fig. 12

Table 1

TOTAL SOLAR ECLIPSES VISIBLE IN SOUTH AMERICA IN THE 16TH CENTURY

No.	Date	Middle of the eclipse at sunrise		noon		sunset	
		λ	φ	λ	φ	λ	φ
6454	1509 XI 12	-45	-18	+26	-46	+106	-30
6456	1510 XI 1	-166	+25	-110	-1	-50	+6
6462	1513 III 7	-60	+2	+2	+19	+68	+37
6463	1513 VIII 30	-89	-9	-27	-22	+37	-43
6464	1514 II 24	-166	-41	-94	-31	-31	-7
6471	1516 XII 23	-83	+23	-28	+2	+28	+22
6479	1520 IV 17	-73	-51	-18	-18	+42	-4
6482	1521 IX 30	-127	+17	-71	-19	-1	-39
6488	1524 VII 30	+145	+37	-134	+33	-74	-7
6489	1525 I 23	-113	-5	-52	+2	+1	+37
6513	1535 VI 30	-58	-7	0	+14	+57	-9
6514	1535 XII 24	-98	-13	-27	-38	+44	-14
6520	1538 IV 28	+175	-51	-134	-19	-75	-10
6522	1539 IV 18	-95	-13	-36	+26	+41	+34
6529	1542 II 14	+147	-52	-131	-39	-76	+1
6532	1543 VII 31	-142	-2	-82	-12	-30	-46
6548	1550 IX 10	+169	+30	-123	+14	-60	-6
6554	1553 VII 10	-155	-8	-98	+7	-43	-18
6580	1564 XII 3	-176	+11	-119	-9	-63	+16
6581	1565 V 29	-54	-36	-2	-17	+50	-36
6587	1567 X 2	-93	-17	-27	-43	+54	-50
6588	1568 III 28	-132	-32	-72	-10	-13	+1
6594	1571 I 25	-120	+14	-60	+10	-3	+36
6605	1575 XI 2	-117	+14	-61	-24	+10	-26
6612	1578 IX 1	+163	+56	-118	+36	-58	-2
6613	1579 II 25	-114	-15	-54	+10	+8	+41
6619	1581 XII 25	+150	-35	-124	-50	-55	-14
	Gregorian calendar						
6622	1583 VI 19	-170	-27	-115	-11	-63	-35
6637	1590 II 4	-134	-24	-60	-30	+4	-2
6643	1592 VI 9	-159	-52	-115	-26	-63	-34
6645	1593 V 30	-75	-14	-17	+21	+52	+13
6652	1596 III 28	-173	-63	-105	-36	-49	-5
6655	1597 IX 11	-110	+15	-49	-11	+13	-42

Table 2

LUNAR ECLIPSES VISIBLE IN SOUTH AMERICA IN THE 16TH CENTURY

No.	Date	Magnitude	Moon in the zenith		½-duration of the eclipse	
			λ	φ	partial	total
4183	1500 XI 5	$10^{z}.7$	-15	+18	95^{m}	$-^{m}$
4184	1501 V 3	17.8	-78	-18	110	46
4185	1501 26	17.9	-136	+15	110	47
4186	1502 X 15	3.2	+10	+12	58	-
4187	1504 II 29	13.3	-7	+3	103	25
4189	1505 II 18	15.4	-172	+8	106	38
4191	1506 II 7	0.8	-43	+12	30	-
4194	1508 VI 13	21.7	-77	-23	112	52
4196	1509 VI 2	7.7	+24	-23	84	-
4198	1511 IV 13	11.8	-126	-12	98	-
4199	1511 X 6	13.0	+16	+8	102	22
4200	1512 IV 1	15.9	-129	-8	107	40
4203	1513 IX 14	0.1	-39	0	11	-
4204	1514 II 9	0.2	-157	+12	15	-
4205	1515 I 29	15.1	-35	+15	106	36
4208	1516 VII 13	12.4	+18	-20	100	14
4209	1518 V 24	9.2	+20	-22	91	-
4210	1518 XI 17	10.6	-137	+21	95	-
4211	1519 V 14	19.2	+173	-21	110	49
4214	1520 X 26	3.8	-118	+15	62	-
4215	1522 III 12	12.5	-125	0	100	16
4216	1522 IX 5	13.3	+2	-3	103	25
4218	1523 VIII 25	14.3	-44	-8	105	33
4222	1526 VI 24	20.2	+172	-23	111	50
4224	1527 VI 14	9.1	-87	-23	90	-
4227	1529 X 17	12.3	-111	+12	100	12
4229	1530 X 6	17.8	+15	+8	110	46
4231	1531 IX 26	0.8	-154	+5	30	-
4232	1533 II 9	14.7	-165	+12	105	35
4233	1533 VII 4	13.4	+13	-15	103	26
4234	1534 I 29	14.9	-19	+15	106	36
4235	1534 VII 25	13.9	-90	-18	104	30
4236	1536 VI 4	7.7	-92	-23	84	-
4239	1537 XI 16	18.4	-31	+21	110	48
4240	1538 V 13	3.0	-30	-20	56	-
4243	1540 IX 16	12.4	-111	+1	100	14
4244	1541 III 11	16.8	-60	0	109	43
4245	1541 IX 5	15.7	-149	-4	107	39
4247	1543 VII 15	1.1	-72	-20	35	-
4248	1544 I 10	13.0	-81	+20	102	22
4250	1544 XII 29	15.7	-80	+23	107	39
4252	1545 XII 18	1.1	-85	+23	35	-
4253	1547 V 4	8.9	+29	-19	90	-
4255	1548 IV 22	18.7	+23	-15	110	48

4256	1548 X 17	18.4	-110	+12	110	48
4257	1549 IV 11	2.9	-32	-12	55	-
4260	1551 VIII 16	12.0	-91	-11	99	0
4261	1552 II 10	15.1	-145	+11	106	36
4264	1554 XII 8	10.1	-23	+23	93	-
4265	1555 VI 4	22.2	-38	-23	112	52
4266	1555 XI 28	18.5	-159	+23	110	48
4267	1556 V 24	4.6	-129	-22	68	-
4268	1556 XI 16	4.2	-19	+21	65	-
4269	1558 IV 2	10.8	+5	-8	95	-
4271	1559 III 23	17.7	+178	-4	110	46
4273	1560 III 11	2.5	-64	0	51	-
4276	1562 VII 15	17.0	-52	-20	109	44
4280	1565 V 14	7.2	-70	-21	82	-
4281	1565 XI 7	11.4	-9	+19	97	-
4282	1566 V 4	20.5	-77	-18	111	50
4284	1567 IV 23	4.1	-140	-15	65	-
4285	1567 X 17	1.9	-33	+13	45	-
4286	1569 III 2	13.8	-59	+3	104	29
4290	1571 VIII 5	1.5	-162	-15	40	-
4292	1572 XII 19	10.1	-148	+23	93	-
4293	1573 VI 15	20.4	-143	-23	111	50
4296	1574 XI 28	4.4	-150	+23	67	-
4297	1576 IV 13	9.6	-108	-12	92	-
4298	1576 X 7	10.6	+18	+9	95	-
4300	1577 IX 26	17.8	-6	+5	110	46
4302	1578 IX 15	2.3	-7	+1	49	-
4303	1580 I 31	12.5	+40	+14	100	16
4304	1580 VII 26	15.4	-165	-18	106	38
4305	1581 I 19	16.1	+43	+18	107	41
4306	1581 VII 15	13.9	-61	-20	104	30

Gregorian calendar

4308	1583 VI 5	5.1	-168	-22	71	-
4309	1583 XI 29	11.2	-139	+21	97	-
4310	1584 V 24	22.0	-176	-20	112	52
4311	1584 XI 17	19.0	-4	+19	110	49
4313	1585 XI 7	2.3	-154	+16	49	-
4314	1587 III 24	13.0	+176	-2	102	22
4316	1588 III 12	16.4	-33	+3	108	42
4317	1588 IX 4	18.2	-63	-7	110	47
4319	1590 VII 16	2.9	-61	-21	52	-
4322	1591 XII 29	18.8	-59	+23	110	49
4323	1592 VI 24	8.5	+36	-23	88	-
4326	1594 X 29	9.9	-99	+13	93	-
4327	1595 IV 23	19.9	-59	-13	111	50
4328	1595 X 18	18.6	-118	+10	110	48
4330	1596 X 6	3.1	-119	+5	57	-
4331	1598 II 21	11.8	-79	+11	98	-
4333	1599 II 10	16.5	-74	+14	108	42
4334	1599 VIII 6	15.4	-174	-17	106	38

Table 3

TABLES OF THE NEW MOON FOR THE 16TH CENTURY

All the dates throughout the tables are Julian. The last two digits give the fraction of a day, counted from the midnight in local Peruvian time (TU - 5^h).

1500		1501		1502	
	IV 28.16		I 19.16		I 9.81
	V 27.78		II 17.60		II 7.27
	VI 26.15		III 19.02		III 8.67
	VII 26.05		IV 17.67		IV 7.04
	VIII 24.66		V 19.95		V 6.40
	IX 23.23		VI 15.50		VI 4.91
	X 22.76		VII 15.09		VII 4.22
	XI 21:26		VIII 13.75		VIII 2.78
	XII 20.72		IX 12.43		IX 1.42
			X 12.10		X 1.16
			XI 10.73		X 31.12
			XII 10.30		XI 29.64
					XII 29.30

1503		1504		1505	
	I 27.87		I 17.21		I 5.26
	II 26.34		II 15.85		II 4.04
	III 27.74		III 16.36		III 5.73
	IV 26.05		IV 14.77		IV 4.30
	V 25.38		V 14.08		V 3.72
	VI 23.68		VI 12.35		VI 2.05
	VII 23.06		VII 11.64		VII 1.36
	VIII 21.55		VIII 9.99		VII 30.65
	IX 20.16		IX 8.42		VIII 28.97
	X 19.88		X 7.98		IX 27.37
	XI 18.68		XI 6.68		X 26.88
	XII 18.47		XII 6.44		XII 25.24

1506		1507		1508	
	I 24.01		I 13.09		I 2.43
	II 22.80		II 11.80		I 31.99
	III 24.52		III 13.53		III 1.60
	IV 23.14		IV 12.24		III 31.26
	V 22.62		V 11.87		IV 29.91
	VI 21.01		VI 10.43		V 29.59
	VII 20.34		VII 9.91		VI 28.21
	VIII 18.65		VIII 8.31		VII 27.74
	IX 16.99		IX 6.68		VIII 26.24
	X 16.39		X 6.07		IX 24.70
	XI 14.87		XI 4.48		X 24.14
	XII 14.44		XII 3.94		XI 22.58
					XII 22.03

1509 I 20.50
II 18.96
III 20.47
IV 18.70
V 18.60
VI 17.25
VII 16.87
VIII 15.52
IX 14.11
X 13.68
XI 12.20
XII 11.69

1510 I 10.14
II 8.58
III 9.99
IV 8.40
V 7.84
VI 6.36
VII 5.90
VIII 4.55
IX 3.22
X 2.92
XI 1.58
XII 1.20
XII 30.76

1511 I 29.24
II 27.66
III 29.03
IV 27.38
V 26.75
VI 25.15
VII 24.63
VIII 23.24
IX 21.93
X 21.68
XI 20.44
XII 20.15

1512 I 18.77
II 17.29
III 17.72
IV 16.09
V 15.37
VI 13.69
VII 13.01
VIII 11.45
IX 9.99
X 9.68
XI 8.44
XII 8.25

1513 I 7.03
II 5.71
III 7.28
IV 5.74
V 5.10
VI 3.38
VII 2.64
VII 31.95
VIII 30.34
IX 28.83
X 28.47
XI 27.22
XII 27.01

1514 I 25.83
II 24.56
III 26.18
IV 24.69
V 24.06
VI 22.37
VII 21.65
VIII 19.96
IX 18.32
X 17.78
XI 16.34
XII 16.02

1515 I 14.78
II 13.56
III 15.32
IV 14.01
V 13.54
VI 11.98
VII 11.35
VIII 9.66
IX 7.99
X 7.36
XI 5.80
XII 5.32

1516 I 3.92
II 2.59
III 3.30
IV 2.04
V 1.70
V 31.32
VI 29.82
VII 29.27
VIII 27.67
IX 26.04
X 25.44
XI 23.89
XII 23.36

1517 I 21.89
II 20.46
III 22.08
IV 20.72
V 20.38
VI 19.01
VII 18.61
VIII 17.15
IX 15.63
X 15.09
XI 13.54
XII 12.99

Year	Date	Year	Date	Year	Date
1518	I 11.45	1519	I 1.10	1520	I 20.19
	II 9.91		I 30.54		II 18.63
	III 11.39		II 28.95		III 19.02
	IV 9.90		III 30.36		IV 17.37
	V 9.43		IV 28.78		V 16.71
	VI 8.06		V 28.23		VI 15.08
	VII 7.69		VI 26.77		VII 14.61
	VIII 6.33		VII 26.36		VIII 13.06
	IX 4.96		VIII 25.02		IX 11.72
	X 4.56		IX 23.73		X 11.47
	XI 3.11		X 23.42		XI 10.24
	XII 2.62		XI 22.07		XII 9.98
			XII 21.66		
1521	I 8.66	1522	I 27.55	1523	I 16.58
	II 7.23		II 26.18		II 15.36
	III 8.69		III 27.68		III 17.04
	IV 7.07		IV 26.05		IV 15.61
	V 6.38		V 25.40		V 15.03
	VI 4.68		VI 23.66		VI 13.37
	VII 3.97		VII 22.95		VII 12.38
	VIII 2.36		VIII 21.30		VIII 10.96
	VIII 31.89		IX 19.74		IX 9.30
	IX 30.48		X 19.31		X 8.71
	X 30.19		XI 18.00		XI 7.23
	XI 29.00		XII 17.76		XII 6.86
	XII 28.81				
1524	I 5.57	1525	I 23.43	1526	I 12.80
	II 4.34		II 22.11		II 11.33
	III 5.11		III 23.82		III 12.93
	IV 3.84		IV 22.52		IV 11.56
	V 3.42		V 22.17		V 11.19
	VI 1.91		VI 20.72		VI 9.85
	VII 1.32		VII 20.20		VII 9.46
	VII 30.64		VIII 18.62		VIII 8.03
	VIII 28.99		IX 17.01		IX 6.55
	IX 27.33		X 16.42		X 6.04
	X 26.76		XI 14.84		XI 4.49
	XI 25.24		XII 14.30		XII 3.95
	XII 24.80				

1527
I 2.40
I 31.85
III 2.30
III 31.78
IV 30.30
V 29.89
VI 28.50
VII 28.14
VIII 26.80
IX 25.42
X 25.01
XI 23.55
XII 23.04

1528
I 21.52
II 19.93
III 20.33
IV 18.71
V 18.13
VI 16.63
VII 16.19
VIII 14.82
IX 13.52
X 13.23
XI 11.92
XII 11.57

1529
I 10.12
II 8.61
III 10.01
IV 8.37
V 7.69
VI 6.04
VII 5.42
VIII 3.92
IX 2.52
X 2.25
XI 1.01
XI 30.78
XII 30.49

1530
I 29.12
II 27.64
III 29.05
IV 27.40
V 26.69
VI 24.99
VII 24.31
VIII 22.75
IX 21.31
X 20.99
IX 19.76
XII 19.58

1531
I 18.36
II 17.04
III 18.60
IV 17.05
V 16.40
VI 14.68
VII 15.95
VIII 12.28
IX 10.66
X 10.18
XI 8.81
XII 8.55

1532
I 7.35
II 6.14
III 6.88
IV 5.51
V 5.99
VI 3.37
VII 2.68
VII 31.97
VIII 30.28
IX 28.65
X 28.13
XI 26.70
XII 26.36

1533
I 25.13
II 23.89
III 25.63
IV 24.30
V 23.84
VI 22.27
VII 21.64
VIII 19.99
IX 18.33
X 17.71
XI 16.16
XII 15.68

1534
I 14.27
II 12.92
III 14.62
IV 13.32
V 12.98
VI 11.59
VII 11.12
VIII 9.58
IX 7.99
X 7.40
XI 5.82
XII 5.26

1535
I 3.73
II 2.23
III 3.78
IV 2.38
V 1.99
V 31.64
VI 30.29
VII 29.89
VIII 28.44
IX 26.97
X 26.45
XI 24.91
XII 24.36

1536
I 22.81
II 21.25
III 21.71
IV 20.19
V 19.72
VI 18.33
VII 17.95
VIII 16.68
IX 15.26
X 14.88
XI 13.45
XII 12.98

1537
I 11.46
II 9.90
III 11.31
IV 9.68
V 9.08
VI 7.53
VII 7.03
VIII 5.63
IX 4.30
X 4.03
XI 2.75
XII 2.43

1538
I 1.03
I 30.55
II 28.98
III 30.35
IV 28.68
V 28.02
VI 26.38
VII 25.81
VIII 24.35
IX 23.02
X 22.78
XI 21.56
XII 21.32

1539
I 20.00
II 18.57
III 20.02
IV 18.40
V 17.31
VI 15.79
VII 15.29
VIII 13.68
IX 12.16
X 11.79
XI 10.52
XII 10.33

1540
I 9.12
II 7.88
III 8.51
IV 7.02
V 6.39
VI 4.72
VII 3.97
VIII 2.27
VIII 31.62
IX 30.08
X 29.64
XI 28.33
XII 28.10

1541
I 26.91
II 25.67
III 27.34
IV 25.91
V 25.34
VI 23.67
VII 22.98
VIII 21.29
IX 19.63
X 19.07
XI 17.58
XII 17.19

1542
I 15.92
II 14.66
III 16.41
IV 15.13
V 14.72
VI 13.20
VII 12.61
VIII 10.97
IX 9.31
X 8.71
XI 7.13
XII 6.61

1543
I 5.16
II 3.76
III 5.44
IV 4.13
V 3.80
VI 2.43
VII 2.00
VII 31.50
VIII 29.94
IX 28.35
X 27.78
XI 26.21
XII 25.67

1544
I 24.16
II 22.68
III 23.24
IV 21.84
V 21.45
VI 20.10
VII 19.74
VIII 18.32
IX 16.87
X 16.38
XI 14.86
XII 14.33

1545
I 12.77
II 11.21
III 12.65
IV 11.10
V 10.58
VI 9.15
VII 8.77
VIII 7.42
IX 6.09
X 5.71
XI 4.35
XII 3.93

1546
I 2.42
I 31.88
III 2.28
III 31.66
IV 30.02
V 29.44
VI 27.92
VII 27.45
VIII 26.09
IX 24.81
X 24.55
XI 23.26
XII 22.92

1547
I 21.49
II 19.95
III 21.35
IV 19.85
V 18.99
VI 17.33
VII 16.71
VIII 15.21
IX 13.82
X 13.55
XI 12.32
XII 12.12

1548
I 10.84
II 9.47
III 9.98
IV 8.39
V 7.72
VI 6.02
VII 5.28
VIII 3.62
IX 2.05
X 1.62
X 31.32
XI 30.09
XII 29.91

1549
I 28.68
II 27.36
III 28.93
IV 27.37
V 26.72
VI 24.99
VII 24.27
VIII 22.60
IX 21.00
X 20.51
XI 19.14
XII 19.88

1550
I 17.67
II 16.46
III 18.18
IV 16.81
V 16.37
VI 14.67
VII 13.99
VIII 12.29
IX 10.61
X 10.01
XI 8.48
XII 8.05

1551 I 6.72
II 5.45
III 7.20
IV 5.93
V 5.58
VI 4.09
VII 3.57
VIII 1.95
VIII 31.31
IX 29.67
X 29.08
XI 27.54
XII 27.04

1552 I 25.62
II 24.25
III 24.92
IV 23.60
V 23.26
VI 21.87
VII 21.40
VIII 19.88
IX 18.32
X 17.76
XI 16.18
XII 15.62

1553 I 14.09
II 12.58
III 14.11
IV 12.68
V 12.27
VI 10.91
VII 10.56
VIII 9.18
IX 7.75
X 7.30
XI 5.81
XII 5.31

1554 I 3.74
II 2.17
III 3.60
IV 2.04
V 1.48
V 31.05
VI 29.59
VII 29.22
VIII 27.89
IX 26.57
X 26.21
XI 24.81
XII 24.35

1555 I 22.84
II 21.27
III 22.65
IV 20.99
V 20.37
VI 18.81
VII 18.30
VIII 16.91
IX 15.59
X 15.34
XI 14.09
XII 13.77

1556 I 12.39
II 10.91
III 11.34
IV 9.69
V 8.98
VI 7.31
VII 6.66
VIII 5.10
IX 3.64
X 3.33
XI 2.10
XII 1.90
XII 31.66

1557 I 30.37
II 29.84
III 30.37
IV 28.70
V 28.02
VI 26.30
VII 25.59
VIII 23.98
IX 22.47
X 22.11
XI 20.85
XII 20.66

1558 I 19.48
II 18.21
III 19.82
IV 18.32
V 17.72
VI 16.02
VII 15.29
VIII 15.59
IX 11.94
X 11.41
XI 9.98
XII 9.66

1559 I 8.42
II 7.23
III 8.99
IV 7.68
V 7.21
VI 5.65
VII 4.98
VIII 3.29
IX 1.61
IX 30.98
X 30.42
XI 28.94
XII 28.55

1560 I 27.24
II 25.97
III 26.71
IV 25.40
V 24.99
VI 23.49
VII 22.91
VIII 21.29
IX 19.66
X 19.06
XI 17.49
XII 16.96

1561 I 15.51
II 14.10
III 15.74
IV 14.42
V 14.06
VI 12.69
VII 12.28
VIII 10.80
IX 9.26
X 8.70
XI 7.14
XII 6.59

1562 I 5.05
II 3.52
III 5.02
IV 3.56
V 3.12
VI 1.73
VII 1.38
VII 31.00
VIII 28.84
IX 28.19
X 27.73
XI 26.22
XII 25.69

1563	I 24.13	1564	I 13.79	1565	I 2.27
	II 22.56		II 12.24		I 31.84
	III 23.98		III 12.63		III 2.30
	IV 22.40		IV 10.98		III 31.69
	V 21.89		V 10.33		IV 29.99
	VI 20.45		VI 8.73		V 29.35
	VII 20.03		VII 8.17		VI 27.65
	VIII 18.70		viii 6.73		VII 27.01
	IX 17.39		IX 5.38		VIII 25.50
	X 17.06		X 5.13		IX 24.13
	XI 15.70		XI 3.90		X 23.85
	XII 15.27		XII 3.62		XI 22.65
					XII 22.44

1566	I 21.18	1567	I 10.24	1568	I 28.99
	II 19.81		II 9.02		II 27.77
	III 21.32		III 10.68		III 28.49
	IV 19.70		IV 8.95		IV 27.10
	V 19.03		V 8.68		V 26.59
	VI 17.31		VI 7.03		VI 24.93
	VII 16.60		VII 6.30		VII 24.28
	VIII 14.93		VIII 4.59		VIII 22.61
	IX 13.38		IX 2.92		IX 20.95
	X 12.95		X 2.33		X 20.36
	XI 11.64		X 31.85		XI 18.83
	XII 11.42		XI 30.48		XII 18.40
			XII 30.21		

1569	I 17.07	1570	I 6.39	1571	I 25.45
	II 15.78		II 4.96		II 23.92
	III 17.50		III 6.57		III 25.43
	IV 16.18		IV 5.23		IV 23.98
	V 15.86		V 4.91		V 23.57
	VI 14.40		VI 3.55		VI 22.19
	VII 13.86		VII 3.15		VII 21.83
	VIII 12.27		VIII 1.69		VIII 20.46
	IX 10.64		VIII 31.20		IX 19.07
	X 10.02		IX 29.66		X 18.64
	XI 8.44		X 29.10		XI 17.15
	XII 7.90		XI 27.55		XII 16.65
			XII 26.99		

1572	I 15.11	1573	I 3.72	1574	I 22.74
	II 13.53		II 2.21		II 21.24
	III 13.94		III 3.61		III 22.16
	IV 12.35		IV 1.98		IV 21.01
	V 11.78		V 1.30		V 20.30
	VI 10.29		V 30.67		VI 18.63
	VII 9.86		VI 29.08		VII 17.96
	VIII 8.51		VII 28.58		VIII 16.40
	IX 7.19		VIII 27.20		IX 14.96
	X 6.89		IX 25.91		X 14.65
	XI 5.56		X 25.66		XI 13.41
	XII 5.17		XI 24.42		XII 13.23
			XII 24.12		

Year	Date	Year	Date	Year	Date
1575	I 12.00	1576	I 1.00	1577	I 18.77
	II 10.68		I 31.80		II 17.55
	III 12.24		II 29.53		III 19.74
	IV 10.67		III 30.14		IV 17.97
	V 10.03		IV 28.63		V 17.50
	VI 8.33		V 28.03		VI 15.93
	VII 7.58		VI 26.32		VII 15.28
	VIII 5.90		VII 25.59		VIII 13.61
	IX 4.28		VIII 23.90		IX 11.94
	X 3.80		IX 22.27		X 11.33
	XI 2.44		X 21.74		XI 9.76
	XII 2.19		XI 20.31		XII 9.29
			XII 20.00		
1578	I 7.90	1579	I 26.86	1580	I 16.41
	II 6.57		II 25.43		II 14.88
	III 8.28		III 27.04		III 15.35
	IV 7.00		IV 25.69		IV 13.85
	V 6.67		V 25.35		V 13.41
	VI 5.26		VI 23.98		VI 12.01
	VII 4.78		VII 23.56		VII 11.64
	VIII 3.22		VIII 22.10		VIII 10.29
	IX 1.62		IX 20.59		IX 8.92
	X 1.00		X 20.05		X 8.52
	X 30.41		XI 18.49		XI 7.07
	XI 28.85		XII 17.95		XII 6.58
	XII 28.32				
1581	I 5.06	1582	I 24.17	1583	I 13.63
	II 3.50		II 22.58		II 12.19
	III 4.90		III 23.96		III 13.63
	IV 3.30		IV 22.29		IV 12.00
	V 2.71		V 21.63		V 11.30
	VI 1.17		VI 20.01		VI 9.61
	VI 30.71		VII 19.45		VII 8.93
	VII 30.31		VIII 18.02		VIII 7.32
	VIII 28.99		IX 16.70		IX 5.81
	IX 27.69		X 16.45		X 5.45
	X 27.40		XI 15.22		XI 4.17
	XI 26.05		XII 14.96		XII 3.98
	XII 25.64				
1584	I 2.79	1585	I 20.58	1586	I 9.56
	II 1.52		II 19.34		II 8.33
	III 2.14		III 21.00		III 9.08
	III 31.64		IV 19.54		IV 8.78
	IV 30.01		V 18.97		V 8.36
	V 29.33		VI 17.30		VI 6.86
	VI 27.60		VII 16.60		VII 6.25
	VII 26.89		VIII 14.90		VIII 5.59
	VIII 25.24		IX 13.25		IX 2.94
	IX 23.70		X 12.68		X 2.29
	X 23.27		XI 11.20		X 31.72
	XI 21.97		XII 10.83		XI 30.20
	XII 21.74				XII 29.77

1587	1588	1589
I 28.40	I 17.16	I 6.37
II 27.09	II 16.30	II 4.82
III 28.70	III 16.89	III 6.26
IV 27.47	IV 15.52	IV 4.74
V 27.14	V 15.17	V 4.26
VI 25.67	VI 13.79	VI 2.84
VII 25.15	VII 13.42	VII 2.46
VIII 23.58	VIII 11.99	VIII 1.11
IX 21.97	IX 10.51	VIII 30.97
X 21.38	X 10.00	IX 29.39
XI 19.79	XI 8.46	X 28.98
XII 19.25	XII 7.91	XI 27.52
		XII 27.02

1590	1591	1592
I 25.47	I 15.10	I 4.48
II 23.89	II 13.56	II 3.08
III 25.28	III 14.95	III 3.58
IV 23.65	IV 13.30	IV 2.20
V 23.08	V 12.62	V 1.32
VI 21.56	VI 10.96	V 30.62
VII 21.13	VII 10.37	VI 28.91
VIII 19.78	VIII 8.88	VII 28.23
IX 18.49	IX 7.50	VIII 26.70
X 18.21	X 7.21	IX 25.27
XI 16.89	XI 5.99	X 24.96
XII 16.54	XII 5.75	XI 23.74
		XII 23.56

1593	1594	1595
I 22.34	I 11.34	I 30.11
II 21.01	II 10.13	II 28.86
III 22.56	III 11.85	III 30.59
IV 20.99	IV 10.45	IV 29.24
V 20.33	V 9.92	V 28.78
VI 18.61	VI 8.29	VI 27.22
VII 17.88	VII 7.61	VII 26.59
VIII 16.21	VIII 5.91	VIII 24.94
IX 14.62	IX 4.22	IX 23.28
X 14.14	X 3.62	X 22.67
XI 12.77	XI 2.08	XI 21.12
XII 12.53	XII 1.67	XII 20.64
	XII 31.34	

1596	1597	1598
I 19.24	I 7.69	I 26.78
II 17.89	II 6.20	II 25.22
III 18.58	III 7.75	III 26.67
IV 17.28	IV 6.34	IV 25.15
V 16.94	V 5.95	V 24.68
VI 15.55	VI 4.61	VI 23.27
VII 15.07	VII 4.24	VII 22.90
VIII 13.54	VIII 2.84	VIII 21.57
IX 11.95	IX 1.40	IX 20.23
X 11.36	IX 30.91	X 19.86
XI 9.76	X 30.41	XI 18.43
XII 9.21	XI 28.87	XII 17.95
	XII 28.32	

1599	I 16.64
	II 15.07
	III 16.25
	IV 14.63
	V 14.02
	VI 12.45
	VII 11.97
	VIII 10.60
	IX 9.28
	X 9.01
	XI 7.73
	XII 7.41

Table 4

THE LIST OF 21 BRIGHTEST STARS
(to the rotary sky map)

A	α	CMa	Sirius	-1.46^m
B	α	Car	Canopus	-0.75
C	α	Boo	Acturus	-0.05
D	α	Lyr	Vega	+0.03
E	α	Cen	Toliman	0.06
F	α	Aur	Capella	0.08
G	β	Ori	Rigel	0.13
H	α	CMi	Procyon	0.37
J	α	Ori	Betelgeuse	0.42
K	α	Eri	Achernar	0.47
L	β	Cen	Agena	0.59
M	α	Aql	Altair	0.76
N	α	Cru	Acrux	0.79
O	α	Tau	Aldebaran	0.86
P	α	Sco	Antares	0.91
Q	α	Vir	Spica	0.97
R	β	Gem	Pollux	1.14
S	α	PsA	Fomalhaut	1.16
T	β	Cru	Mimosa	1.25
U	α	Cyg	Deneb	1.25
V	α	Leo	Regulus	1.35

Table 5

RIGHT ASCENSION OF AN ASCENDING NODE OF THE LUNAR ORBIT

IN THE 16TH CENTURY

1500	4^h55^m	1535	8 01	1570	10 51
01	3 35	36	6 43	71	9 38
02	2 16	37	5 14	72	8 19
03	1 00	38	3 52	73	6 57
04	23 52	39	2 33	74	5 33
05	22 40	1540	1 19	75	4 10
06	21 26	41	0 07	76	2 51
07	20 08	42	22 57	77	1 35
08	18 46	43	21 43	78	0 24
09	17 20	44	20 25	79	23 13
1510	15 59	45	19 04	1580	22 00
11	14 40	46	17 41	81	20 44
12	13 25	47	16 16	82	19 23
13	12 14	48	14 57	83	17 59
14	11 02	49	13 42	84	16 35
15	9 49	1550	12 29	85	15 14
16	8 34	51	11 18	86	13 58
17	7 10	52	10 03	87	12 45
18	5 47	53	8 50	88	11 35
19	4 24	54	7 30	89	10 22
1520	3 03	55	6 06	1590	9 08
21	1 48	56	4 42	91	7 48
22	0 35	57	3 21	92	6 25
23	23 24	58	2 04	93	5 01
24	22 12	59	0 51	94	3 38
25	20 56	1560	23 40	95	2 21
26	19 36	61	22 28	96	1 07
27	18 13	62	21 14	97	23 56
28	16 48	63	19 54	98	22 45
29	15 27	64	18 32	99	21 31
1330	14 11	65	17 98		
31	12 59	66	15 45		
32	11 46	67	14 29		
33	10 32	68	13 14		
34	9 20	69	12 02		

Part II

The Andean Calendar Systems

EL ALMANAQUE ANDINO

Francisco Aliaga

En el desarrollo de este artículo trataremos de apoyarnos en algunas descripciones que nos dejaron los cronistas, con el fin de aproximarnos, en la medida de lo posible, de la estructura mental andina y de analizar los conceptos del espacio y del tiempo para luego tratar de compararlos con el concepto astronómico occidental.

Antes de iniciar nuestro análisis sobre el calendario andino, daremos una precisión referente al modo en que vivían las problaciones andinas en la época pre-inca e inca.

La agricultura era efectivamente la actividad más importante de estas sociedades y es alrededor de esta actividad que se organizaban todas las normas sociales, económicas, políticas y religiosas, ocupando un lugar preponderante en la vida cotidiana de la época. Los fenómenos físicos estaban identificados a divinidades a la cuales se ofrecían sacrificios, por ejemplo: el Jaguar simboliza las lluvias y le hacían sacrificios para hacer caer la lluvia o para hacerla cesar, la serpiente es la representación del Arco Iris etc.

Si la agricultura era la actividad primordial en la vida cotidiana del hombre andino, es lógico que la observación de los astros y estrellas se haya desarollado a través del tiempo al punto de haber alcanzado un alto grado de evolución científica y de llegar a la creación de un calendario.

Así a través de las diferentes edades del mundo andino, el tiempo ha desempeñado un rol muy importante y por esta razón, fue vital organizarlo, con el fin de estructurar la agricultura y la caza, tanto a nivel individual como colectivo.

La observación de los astros y planetas fue una de las preocupaciones principales, especialmente la observación del sol y también de la luna, debido a su proximidad con la tierra y a la gran influencia que ejerce en la producción agrícola.

Para el hombre de los Andes de la época pre-inca, todos los fenómenos físicos eran regidos o engendrados por fuerzas misteriosas. Fue así como poco a poco, a través de los siglos, se vieron en la necesidad de representarlos y darles nombres de animales o de seres humanos, los que posteriormente adquieren la identidad de divinidades; estas divinidades o fenómenos físicos dan origen a la creación de un calendario.

En la época inca, el sol y las estrellas fijas, fueron odservados a todo lo largo del año, y sus respectivas posiciones fueron marcadas por pilares colocados en lugares estratégicos. Utilizaban también otros puntos de referencia como las colinas, montañas, nevados; o también, algunas rocas a las que daban el nombre de Huacas.

En la jerarquía de los astros, el sol estaba considerado como un elemento masculino y representaba la época de pocas lluvias (primavera) y la época seca (verano). En cuanto a la luna, era considerado como elemento femenino; representaba la época húmeda y lluviosa (otoño) y la época fría (invierno).

Con respecto al calendario inca, los cronistas nos han dejado informaciones contradictorias, debido a que trataron de explicar el calendario inca tomando como punto de referencia el calendario europeo. Confundiendo las estaciones a causa del cambio de hemisferio, por otra parte se enfrentan con una complicación suplementaria, ya que en los Andes las estaciones no son tan bien marcadas como lo son en Europa.

En la época actual existen diferentes hipótesis contradictorias debido a que algunos investigadores se encuentran en la misma dificultad en que se encontraban los cronistas. Ellos tratan de explicar con un lenguage científico-astronómico de la época actual lo que los incas han vivido e interpretado a partir de un nivel religioso y teológico distinto. Son tales estas contradicciones que nos alejan de un análisis simple y de encontrar una respuesta convincente y coherente.

Los cronistas coinciden al afirmar que en la época inca conocían la división del año en doce meses, pero no coinciden exactamente cuando se trata de explicar el mes en que comenzaba el año andino, y difieren completamente cuando se refieren al tipo de calendario que utilizaron; unos dicen que fue solar y otros que fue lunar.

A este respecto Gutiérrez de Santa Clara, 1548[1] nos dice: "Acerca de lo que toca a los meses de estos indios del Perú tenían, digo que eran doce, como nosostros los tenemos; empero no tenían tantos días como los nuestros, y así tenían treinta días y no más, y comenzaban el año de ellos desde el primer día de Junio, que ellos llamaban AUCA YCUSQUI YQUIS, que quiere decir mes de las holganzas, y así no trabajaban estos días a causa del otro mes venidero habían de trabajar mucho". De lo que nos dice Gutiérrez de Santa Clara, podemos sintetizar que el año constaba de doce meses, cada mes de 30 días y que el año andino comenzaba el 1 de Junio. A la fiesta que se celebraba este mes le daban el nombre de AUCAY CUSQUI. En lo que no estamos de acuerdo con este cronista es: 1. el año andino comienza el 24 de Junio y no el 1 de Junio. 2. la fiesta del AUCAY CUSQUI no se celebra en el mes de Junio sino en Diciembre. Más adelante trataremos de ampliar nuestro punto de vista.

---

1. Gutiérrez de Santa Clara. Crónicas del Perú. T. 111. p. 255.

Cristóbal de Molina, 1576, con respecto al calendario nos dice: "Tenían tanta cuenta de los meses, años y lunas, de tal suerte que no habían de errar luna, año ni mes, aunque no con tanta policía como después que el inca Yupanqui.....Este inca fue el primero que empezo a poner cuenta y razón en todas las cosas y el que quitó el culto y ceremonias, y el que hizo los doce meses del año, dando nombres a cada uno de ellos y haciendo las ceremonias que en cada uno de ellos hacen, porque no obstante que antes que reinase, sus antecesores tenían meses y años, por sus quipos no se regían con tanto concierto como después que éste fue Señor, que se regían por los inviernos y veranos.....Y comenzaron a contar el año a mediados de Mayo, días más o menos, a primer día de la luna, el cual mes del principio del año llamaban HACICAY LLUSQUE".....[1] Como se puede notar, Molina nos dice que fue el inca Yupanqui quien perfeccionó el calendario, dividiéndolo en doce meses y que a cada mes le puso un nombre en los que se celebraba una fiesta o un ritual definido. El año del almanaque inca comenzaba según Molina a mediados del mes de Mayo, fecha que se aproxima a nuestro modo de ver, al calendario y los rituales agrícolas que se llevan a cabo en la época actual.

Otro cronista que nos da datos muy importantes sobre la astronomía inca es Polo de Ondegardo, quien nos dice: "el año partieron en doce meses por las lunas y, los demás días que sobran cada año, los consumían con las las mismas lunas y a cada luna o mes tenían puesto su mojón o pilar alrededor del Cusco donde llegava el sol aquel mes, y estos pilares eran adoratorios principales, a los cuales ofrecían diversos sacrificios."[2]

Otro documento a considerar, es la Crónica Anónima. Esta Crónica nos dice, que el año comenzaba en el mes de Marzo: "en la sierra, los climas son diferentes y variados o variables y pueden haber grandes diferencias a una distancia de tres o cuatro leguas".....dieron orden de que los años fuesen por cuenta de la luna, dando por mes de una conjunción a otra y al año doce meses lunares.....poniendo nombre a cada mes lunar.....por la serranía era tal el concierto, que jamás perdían tiempo."

"El inca Yupanqui, puso más orden en el Cusco.....para más justificación, ordenaron de reglar el sol, porque consideraron que el sol no perdía punto en su movimiento ordinario al año. Hallaron que el movimiento del sol era de mucho concierto, más que otra cosa alguna."[3] Se puede resumir la citación de la crónica así: en la época del inca Wiracocha, sabían la existencia de microclimas, su calendario era contado en meses lunares. A la llegada del sucesor inca Yupanqui éste dio la orden de que el sol fuera tomado en cuenta para la medición del tiempo para más exactitud.

---

1. Cristóbal de Molina. Ritos y fábulas de los Incas. IV El inca Yupanqui p. 24 - 25.

2. Polo de Ondegardo. Relación de los fundamentos. p. 16.

3. Anónimo, "Juicio de limites entre el Perú y Bolivia" pg. 150 152 La Paz.

La mayor parte de los cronistas coinciden al decir, que el año constaba de doce meses y 360 días; la divergencia viene cuando se trata de ver la cantidad de días que tiene un mes, la fecha o mes en que empezaba el año y, con respecto al almanaque, unos afirman que era lunar y otros solar.

En este corto artículo hemos tomado en cuenta la versión que nos dan los cuatro cronistas, los que nos proponen meses diferentes. El cronista Anónimo nos dice que el año comenzaba en el mes de Marzo, para Molina, comenzaba a mediados de Mayo, en el mes de Junio para Santa Clara. Estos meses coinciden con el ciclo agrario de la época de la cosecha, entre los meses de Mayo y Junio. A partir de este paralelismo trataremos de comparar el antiguo calendario con las fiestas y rituales agrícolas que se llevan a cabo actualmente en las comunidades andinas para así poder llegar a reconstituir el calendario inca.

Antes de entrar de lleno a la reconstitucion del almanaque, trataremos de despejar algunas ambigüedades que pueden falsear la interpretación de ciertos análisis.

Para refrescar la memoria hacemos notar que si en Europa el 21 de Diciembre es la fecha en que comienza el Invierno, en el Perú, que se encuentra en el Hemisferio Sur, el 21 de Diciembre marca el comienzo del Verano, pero esta fecha es válida sólo para la zona de la Costa y no para la zona Andina (Sierra). El 21 de Diciembre a pesar de que es época de Verano en el Hemisferio Sur, en la Sierra gozan de un clima de Primavera, debido a que en esta época los sembriós comienzan a florecer. Es lógico que exista una gran diferencia climática entre las diferentes zonas ecológicas. La Costa se encuentra a nivel del mar y la Sierra comienza de 1500 M. hasta 4000m sobre el nivel del mar; debido a estas diferencias es que existe un desfase de tres meses entre las zonas Costa y Sierra. Para una mejor comprensión de estas diferencias climáticas consultaremos el siguiente cuadro:

REGIÓN	INVIERNO	PRIMAVERA	VERANO	OTOÑO
COSTA	Junio Julio Agosto	Setiembre Octubre Noviembre	Diciembre Enero Febrero	Marzo Abril Mayo

REGIÓN	OTOÑO	INVIERNO	PRIMAVERA	VERANO
SIERRA	Junio Julio Agosto	Setiembre Octubre Noviembre	Diciembre Enero Febrero	Marzo Abril Mayo

En este cuadro se puede observar, que los meses son los mismos en las dos zonas geográficas y a pesar de ello son diferentes a nivel climático. Este cuadro generaliza el clima en la zona Andina. Para una mejor comprensión, debemos tener presente que una sola comunidad puede ocupar un territorio en los tres pisos ecológicos y debido a ello tener tres climas diferentes o más.

A este respecto en la Crónica Anónima se puede leer que cada zona geográfica, que tenía, una misma influencia climática tenía sus observatorios (pilares) solares que les permitía en cada región saber con precisión los cambios de estaciones y de climas, los cuales a la vez marcaban la época de una fiesta o un ritual determinado que deberían festejarse, para lo cual había un encargado de hacer conocer la fecha exacta dando gritos y haciendo sonar su pututo. "El día que llegaba su mes, deben tocar sus pututos y de dar gritos para que esta nueva sea conocida por todos". Los agricultores de la época inca a partir de estos anuncios determinaban los trabajos agrícolas de cada mes con sus respectivos rituales, tales como el ritual dedicado a la madre tierra (Pacha Mama), la limpieza de los canales de irrigación, la fiesta de la purificación, rituales consagrados a la lluvia etc. Se puede decir que en la época inca existió un solo tipo de calendario, que era utilizado en cada región de acuerdo a su respectivo micro-clima, o sea que en cada región se celebraban las mismas fiestas y rituales pero en fechas diferentes.

Refiriéndose a las fiestas, Santa Cruz Pachacuti nos habla indirectamente del almanaque inca a través de su dibujo, que según él es la reproducción de la gran plancha de oro, que se encontraba en el templo del sol (Coricancha).

Este dibujo puede ayudarnos a comprender mejor el funcionamiento de las estaciones, según la concepción Andgina. Esta gran placa se divide en dos partes: al lado derecho del lado del sol, es considerado como masculino y simboliza el Verano; el lado izquierdo, el lado de la luna, es femenino y simboliza el invierno. Por el momento es importante observar el dualismo sol-luna, Masculino-Femenino, al que viene a agregarse el dualismo "Venus" - CHASCA COYLLOR - Estrella de la mañana, que con su primera aparición marca el comienzo del Verano y "Venus" CHOQUE CHINCHAY - Estrella de la tarde, que con su aparición marca la época del invierno. En tercer lugar aparece la CHACANA (forma de equis) centro sobre el cual gira el espacio y el tiempo. La CHACANA fue tomada en cuenta para crear un orden espacial y temporal.

HANAN - ARRIBA

CHINCHAY SUYO

VERANO

PAÑA-DERECHA

CONTI SUYO

PRIMAVERA

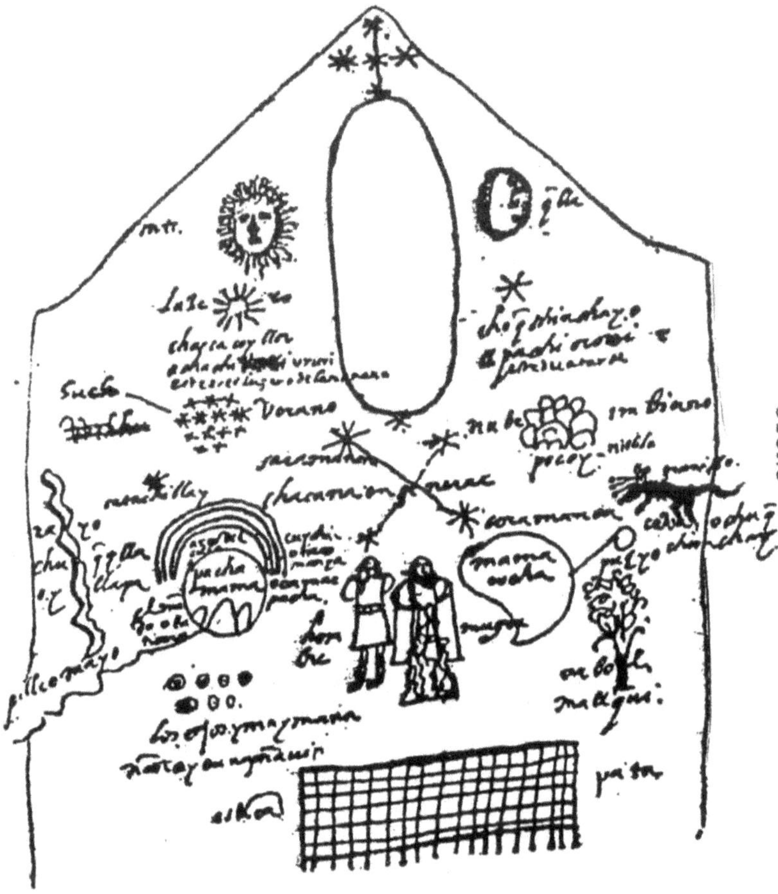

LLUQ'E - IZQUIERDA

ANTI SUYO

OTOÑO

URIN - ABAJO

COLLA SUYO

INVIERNO

Fig. 1 La representación de Coricancha según Joan de Santa Cruz Pachacuti Yamqui Salcamayhua

Como se puede notar, el espacio tiene la forma de una casa y en la cumbre se puede ver una cruz. Esta casa o espacio está dividida en cinco partes: el Chinchay Suyo (arriba) entre el N.O. y el N.E. teniendo como punto de referencia las dos "Venus", el Anti Suyo del lado izquierdo de la luna entre el N.E. y el S.E., teniendo como punto de referencia el felino COA, el Colla Suyo (abajo) entre el S.E. y el S.O., tiene como punto de referencia la COLCA, y por último el Conti Suyo (lado derecho) entre el S.O. y el N.O., el punto de referencia es el rayo o CHUQUI ILLA. El quinto elemento es el centro llamado CHAUPI o WATA, lugar de unión o nudo, que está representado por el Cuzco, centro u ombligo del Imperio.

Al partir, de esta representación podemos distinguir que la división del espacio está íntimamente ligada a la del tiempo y las cuatro estaciones coinciden con los cuatro Suyos del Imperio Inca.

Recapitulando los diferentes datos que nos suministra el dibujo de Santa Cruz Pachacuti, podemos notar la verticalidad del espacio y la forma cíclica de ver y medir el tiempo; así podemos ver en lo referente a las estaciones, que el Chinchay Suyo o parte de arriba (N.O.) comienza el Verano y termina al N.E., en el Anti Suyo, comienza al N.E. el Otoñno y termina al S.E., al Colla Suyo o parte de abajo comienza el Invierno al S.E. y finaliza al S.O., y por último al Conti Suyo, empiesa la Primavera al S.O. y termina al N.O. Se puede notar también la división dualista del espacio y del tiempo como en lo social; masculino-femenino, arriba-abajo, derecha-izquierda, caliente-frío, seco-húmedo etc.

En el dibujo se puede leer claramente, del lado del sol, "verano" y del lado de la luna "invierno". Del lado del S.O. se puede leer LOSOJOS DE IMAYMANA, lo que quiere decir, según el autor, "los ojos de todas las cosas" que representa la Primavera. Precisamente esos ojos representan los puntos (ojos) de germinación de todas las plantas y, si lo interpretamos a nivel metafórico, lo podemos considerar como los "ojos" de la abundancia o de la reproducción. Por último tenemos la representación del Jaguar (Coa), que a pesar de que no se encuentra centrado al S.E. representa el comienzo del invierno y por extension él de las lluvias.

Guamán Poma de Ayala, en lo que se refiere al calendario de la época Inca, nos ha dejado un dibujo, que nos da los mismos elementos que él de Santa Cruz Pachacuti como el Sol, la Luna, Venus, que Guamán Poma de Ayala denomina CHOQUI YLLA, lo que quiere decir: "resplandeciente como el rayo". Se puede notar sobre el escudo de armas de los Incas, el Sol con la inscripción INTI RAYMI (fiesta del Sol en los solsticios), la luna, con la inscripción de COYA RAYMI (fiesta de la luna), que representa los meses lunares, la estrella Venus CHOQUI YLLA = resplandesciente como el rayo divino. Aparentemente, a esta estrella la tenían en cuenta para anticipar y precisar la fecha exacta de los solsticios y también la de los meses del año. Con respecto al cuarto elemento, el ídolo UANACAURI representa al primer ancestro o WAKA, que ocupa el mundo de arriba mientras que, el PACARI TAMBO, representa el mundo aquí, y el TAMPU TOCO, el mundo de abajo o Pacarinas. Estas tres representaciones sagradas nos remiten a las tres grandes divisiones de la tierra y del universo.

Fig. 2 ARMAS REALES DEL REYNO DE INDIAS Y DE LOS REYES INCAS

Los dos cronistas indios presentan en sus dibujos los mismos astros como elementos importantes, que servían como puntos de referencia tanto espaciales como temporales.

Los Cronistas que hemos mencionado afirman que el año andino comenzaba entre Mayo y Junio, ellos están en contradicción con los otros Cronistas que afirman que el año incaico comenzaba en el mes de Diciembre o Enero. A nuestro modo de ver, es más fiable la tesis de los Cronistas que afirman que el año comenzaba entre entre Mayo y Junio, debido a que en esa fecha terminaban las cosechas ya que el 24 de Junio, se festejaban el solsticio de invierno y la fiesta del INTI RAYMI, celebrada hasta la época actual. En el mes de Julio según los cronistas, en la época Inca se festejaba la fiesta de COYA RAYMI, fiesta de todos los elementos femeninos, como la Luna, la tierra, la reina (Coya), las mujeres, plantas y animales femeninos. En la época actual, a partir del 24 de Julio se da comienzo a la fiesta dedicada a la divinidad de la montaña llamada TAYTA WAMANI o APU.

Durante el mes de Agosto en la época Inca, según Molina, festejaban la SITUA "fiesta de la purificación, época en que botaban todos los males y celebraban principalmente la llegada de las primeras aguas (lluvias) y también hacían oraciones al creador, para que el año sea bueno". El 24 Agosto, hoy en día, se festeja la limpieza de los canales de irrigación, celebración que también se llama LA FIESTA DEL AGUA. En esta fechae la gente se lava o se baña con el AGUA NUEVA para que el agua se lleve todos los males, enfermedades o la mala suerte. Se puede notar que tanto en la época Inca como en la época actual, a pesar del tiempo y los cambios, el motivo principal de la fiesta sigue siendo el mismo: se trata de un rito de purificación y dicen también que es la fiesta de todos los elementos masculinos debido a que el agua de las lluvias de los lagos y los ríos fertiliza la tierra.

A partir del 24 de Setiembre, en toda la zona Andina, comienzan los rituales de la siembra. La gente de cada zona respetará un calendario adaptado al micro-clima de su región. Debemos tener en cuenta que tanto en la época Inca como en nuestros días, los rituales agrícolas y en especial los rituales dedicados a la lluvia eran ofrecidos a la tierras que no tenían regadio, y como es lógico, la lluvia era el elemento primordial.

Como se ha podido notar a través de esta corta descripción, existe un paralelismo entre la época Inca y la época actual. Lo importante de todo esto es que las fiestas se llevan a cabo al término del mes y al comienzo de un otro, lo que nos permite pensar que existía una técnica elaborada y exacta para medir el tiempo; deduccióon que nos lleva al análisis del almanaque.

Si hacemos una comparación entre los documentos dejados por los cronistas y los datos de los rituales del ciclo agrícola de la época actual, podemos comprobar que el año agrícola comienza a mediados del mes de Mayo, época en que se festeja la peregrinación al nevado QOYLLOR RITI, festividad que anuncia el solsticio de invierno que tiene lugar el 24 de Junio, fecha en que se celebra la fiesta del INTI RAYMI. La primera fiesta es muy importante para la medición exacta del tiempo, con relación a los meses o lunas.

Tenemos varios elementos que nos permiten bosquejar un croquis que nos dará una idea del ciclo anual agrícola.

Este croquis representa el almanaque dividido en doce meses, como se verá más adelante, los solsticios eran el eje de este almanaque, en cada solsticio el Sol quedaba en su cenit durante tres días, durante los cuales los pilares de los observatorios no proyectaban sombra alguna. Estos tres días eran agregados al mes sinódico de 29.5 días o sea que cada mes solstical tenía 32.5 días. Más adelante ampliaremos sobre el tema.

A continuación presentamos un croquis del almanaque de 12 meses, cada mes dividido en tres semanas, dos semanas de 10 días y otra de 9 días y medio.

En este almanaque se puede notar un desfase climático de tres meses con referencia a los solsticios, también se puede notar que la mitad de arriba primavera-verano es representada por el elemento masculino, mientras que la parte de abajo otoño-invierno está representada por el elemento femenino. A continuación daremos referencias más concretas.

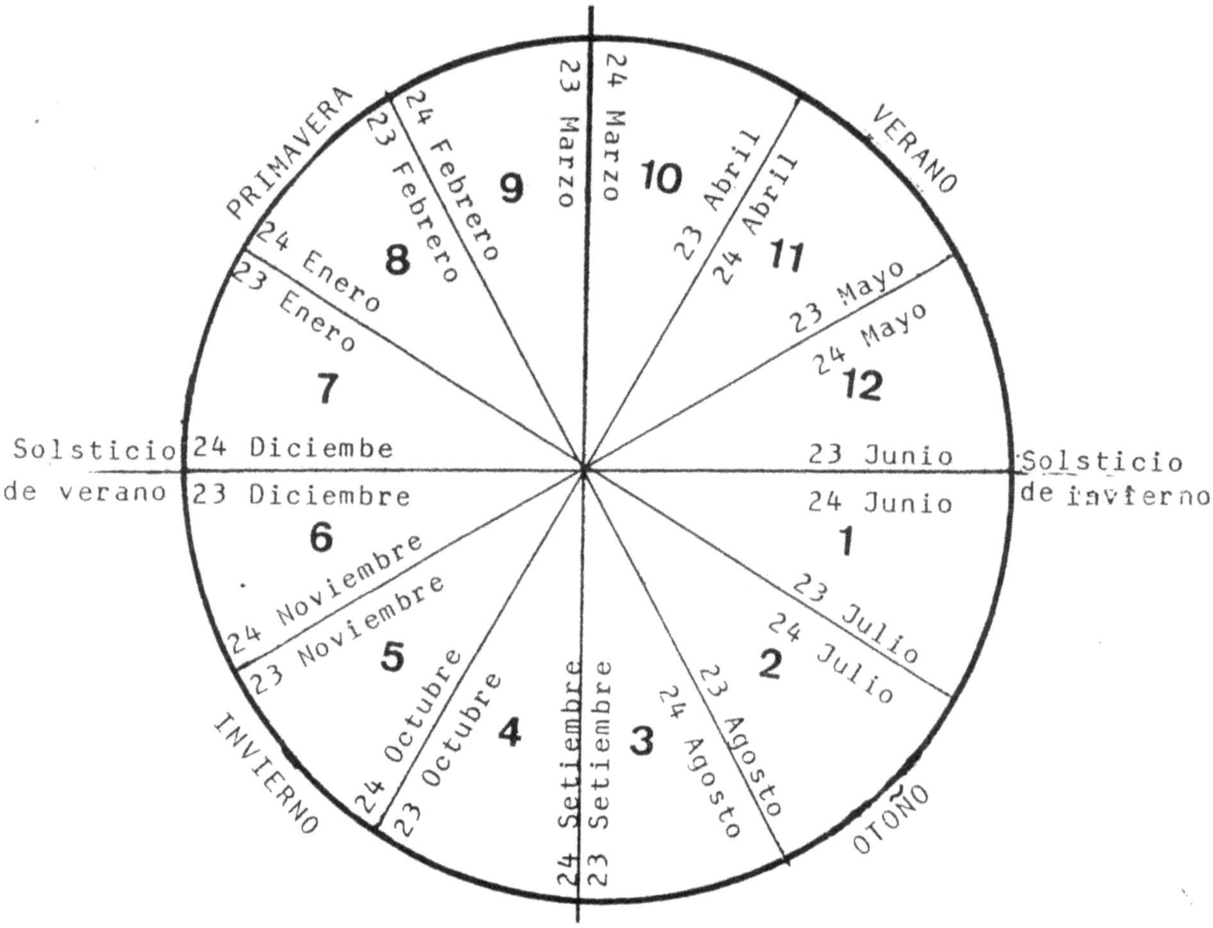

Fig. 3 ALMANAQUE ANDINO

Siguiendo nuestra línea de estudio que es el calendario, les presentamos una estatuilla, que a nuestro parecer es un calendario. Esta pieza arqueológica fué encontrada en una tumba preinca de la región de Jauja (Junín). Representa una figura de femenina y a la inversa una figura masculina, lo que pone de relieve la oposición y complementaridad del sol y la luna. A continuación trataremos de analizar la figurilla y luego de dar una interpretación a partir de los elementos que nos han referido las crónicas estudiadas.

Esta pequeña estatua es de cerámica y mide 12cm de alto por 5cm de ancho y, como se puede notar en la fotografía, está rodeada de cinco puntas; una de ellas está rota. El número cinco es muy importante en la estructuración del espacio y del tiempo, como lo muestra en su dibujo Santa Cruz Pachacuti. Representa todo lo que remite a la vida, es la base del AYLLU conformado por una célula de cinco familias; la vida del ser humano está dividida también en un ciclo de cinco partes: niñez, adolescencia, edad adulta, edad madura y vejez, la edad de la humanidad estuvo dividida en cinco edades o soles.

Las cinco partes salientes de esta pieza arqueológica, a a nuestro modo de ver, representan los cinco meses de época fría (femenino) y los cinco meses de época seca (masculino), y también coinciden con los cinco días durante los cuales se dice que la tierra muere.

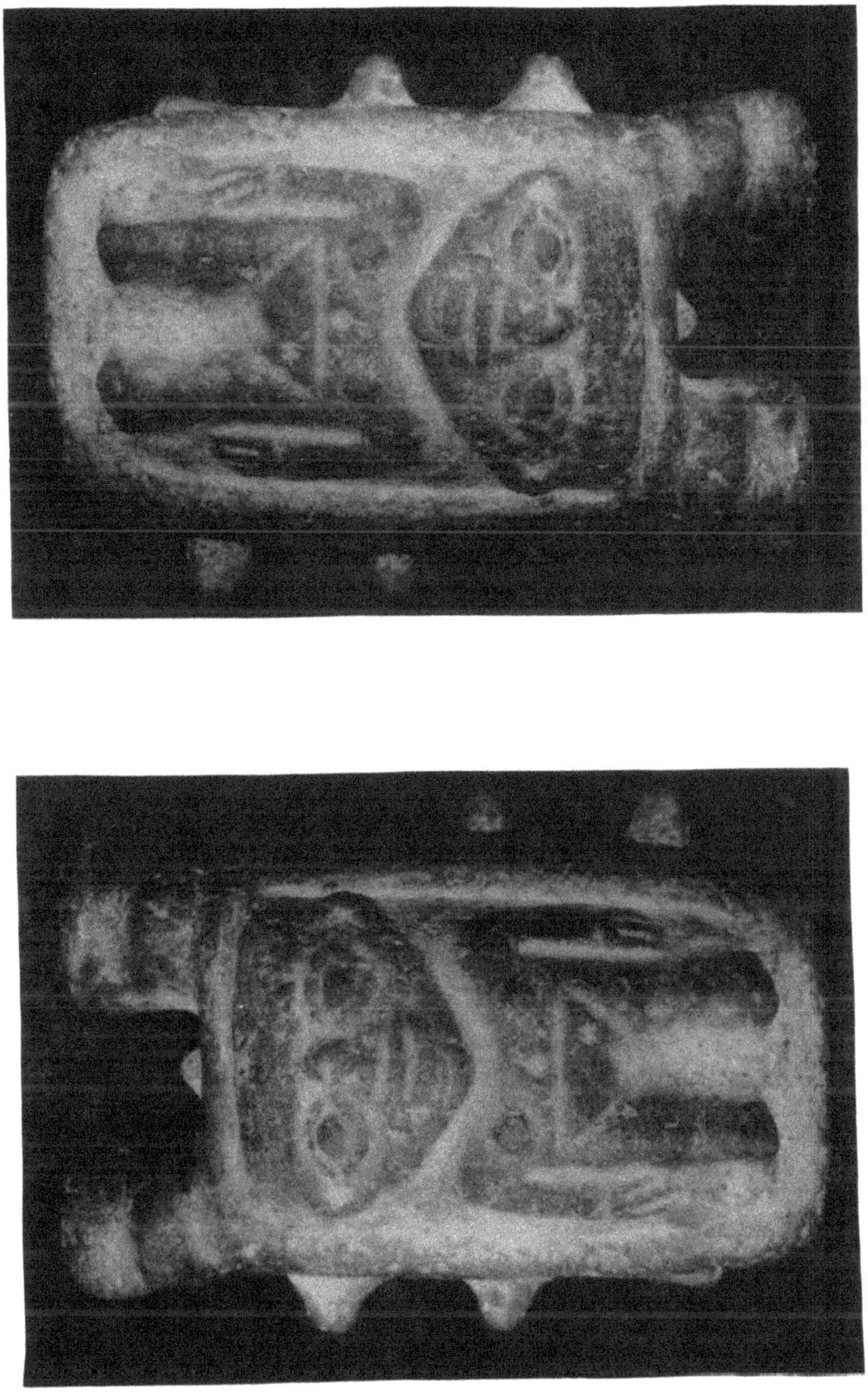

Fig. 4

Si examinamos la fotografiá, podemos notar que la estatuilla descansa sobre dos patas. Entre las "patas", se puede ver un triángulo a manera de sexo masculino. En esta posición podemos interpretar la figurilla como la representación del solsticio de verano. Se puede observar también una figura moldeada (cabeza abajo) de una mujer desnuda que nos parece representar el solsticio de invierno. Debemos tener en cuenta que esta pieza arqueológica tiene dos perforaciones a cada lado que le permite girar sobre un eje transversal. Si hacemos girar esta estatuilla sobre su eje, el elemento femenino se encontrará en posición normal o sea de pie tomando así posesión del espacio, lo que significaría el paso a la época de otóño e invierno, época de siembra y de gestación (de clima húmedo y frío).

Para mayor comprensión trataremos de explicar la pequeña estatua con un diagrama en el que señalaremos las estaciones y cuyo análisis coincide también con lo que nos dice Guamán Poma de Ayala. En su nueva crónica, folio 260, confirma nuestra interpretación cuando él afirma: "Para no errar la hora y el día, se ponían a mirar en una quebrada y miraban el salir y apuntar del rayo del sol de la manaña como viene por su ruedo, volteando como un reloj. Entienden de ello y no les engaña un punto el reloj de ellos, que seis meses voltea a la derecha y otros seis a la izquierda vuelve, y así comienza el mes QUILLA..." (ver croquis). Volviendo a la pequeña estatua y comparándola con lo que dice Guamán Poma, se puede considerar que las cinco puntas del lado masculino nos dan cinco meses o lunas de la época seca o de verano y que otros cinco meses del lado femenino marcan la época de invierno, lo que nos da un total de 10 meses o lunas. Aumentaremos a estos 10 meses los dos meses restantes conformados por el solsticio de verano y él de invierno, que nos da un total de 12 meses.

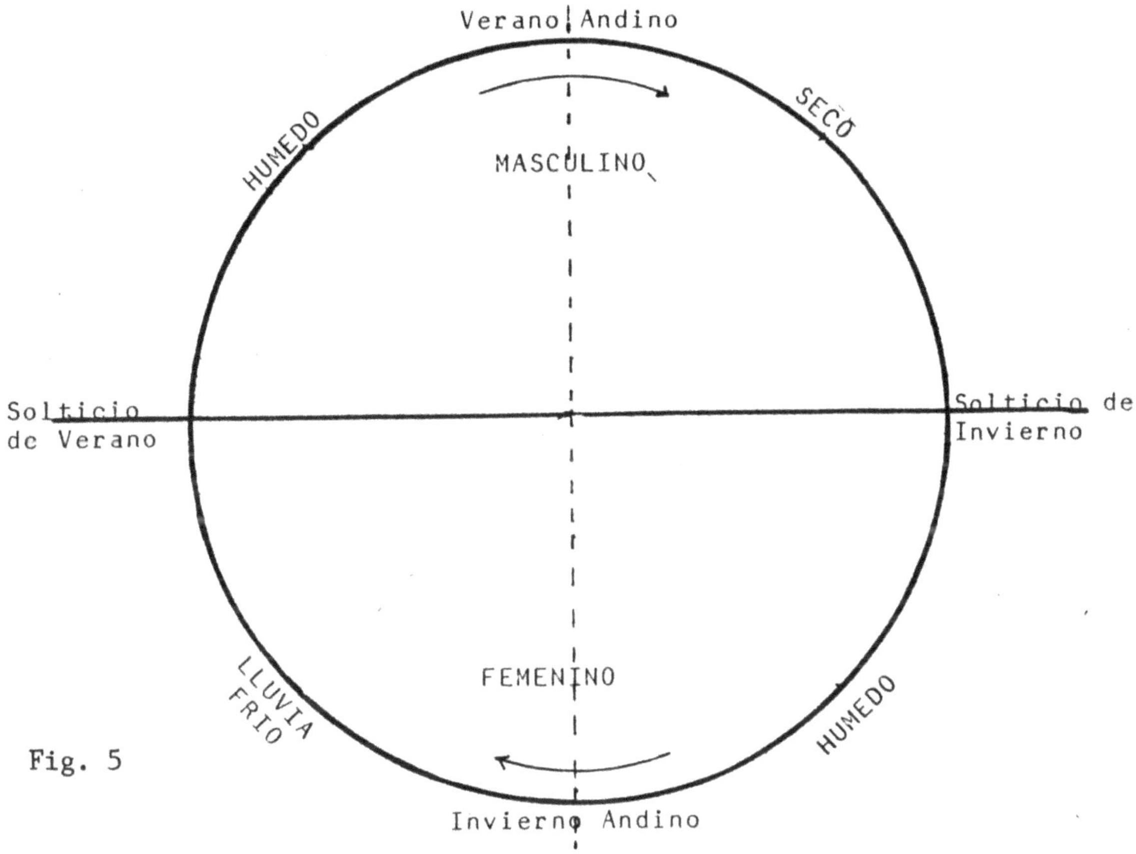

Fig. 5

En relación a los meses lunares, Guamán Poma nos dice, que había semanas de 10 días y meses de 30 días, de 31 y hasta 32 días, lo cual dependía de la luna creciente, respetando el ciclo lunar.

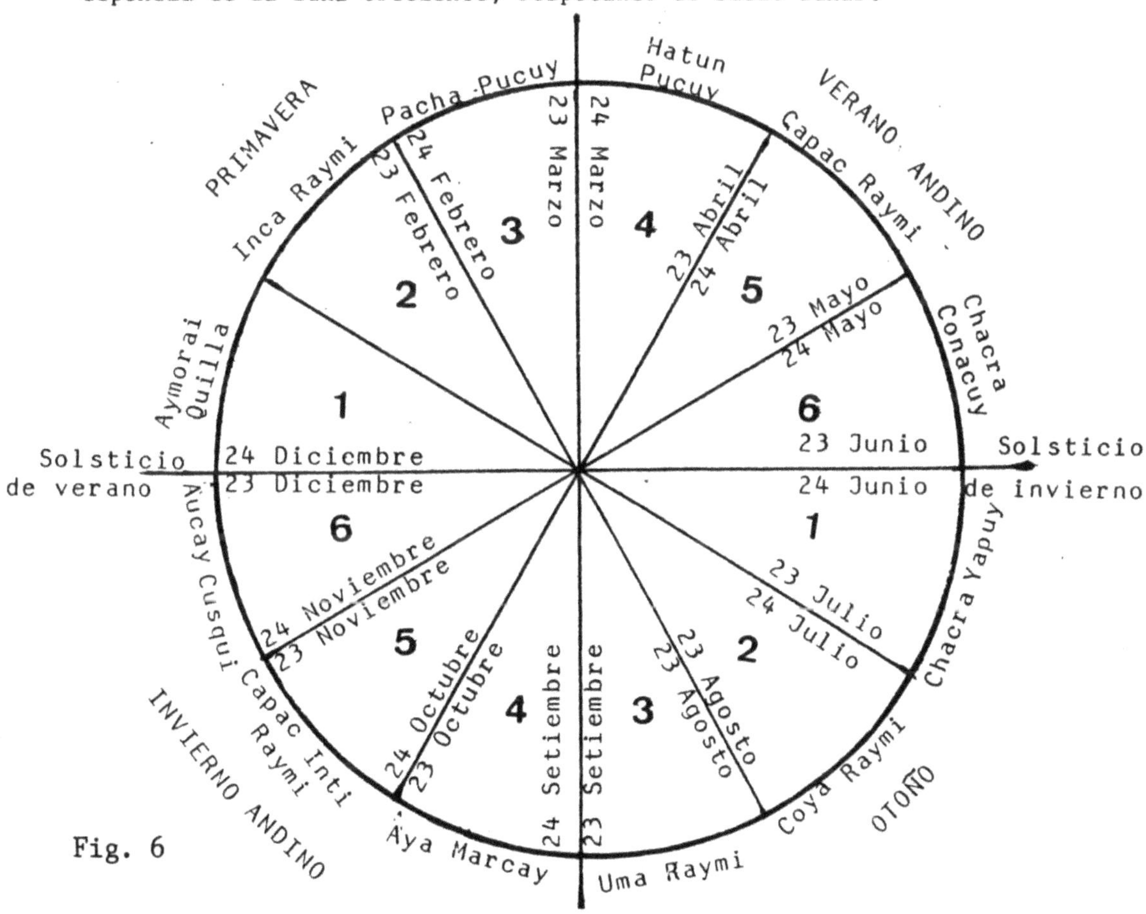

Fig. 6

Este croquis representa el almanaque Inca según la descripción que hace Guamán Poma de Ayala. Está dividido por los solsticios en dos partes: seis meses de arriba y seis de abajo. Se puede notar la correspondencia que existe entre masculino (arriba) y femenino (abajo) por ejemplo: la fiesta del INCA RAYMI (2) de arriba con la fiesta del COYA RAYMI (2) abajo, la fiesta del CAPAC RAYMI (5) de arriba con la fiesta de CAPAC INTI RAYMI (5) de abajo. Se puede decir que cada mes de la parte de arriba tiene su complementaridad en un mes de abajo. Así tenemos la coincidencia entre la época de cosecha, (6 arriba) y fin del verano, con el comienzo de la primavera (6 abajo) y los primeros brotes de los sembríos etc. Se puede notar que los Incas tenían noción de la existencia del ciclo de las cuatro estaciones del año.

Aparentemente, Guamán Poma, en su descripción no está seguro de su conocimiento en astronomía. Más bien parece que tuvo una vaga idea al respecto. Por eso no nos dice en qué época del año los meses tenían 30, 31 y 32 días y nos dice también que había semanas de 10 días sin darnos una precisión. Lo que sí afirma como los otros cronistas, es que los incas utilizaron su calendario con mucha precisión.

Examinando la figura de cerámica, hemos podido despejar, que los 10 meses o lunas, a los que según veremos se añadiran los dos solsticios, estan representados en esta figura ambivalente. También ésta figura pone en evidencia una estructura dualista Masculino-Femenino, Verano-Invierno, Sol-Luna, Alto-Bajo etc.

Siguiendo con nuestra descripción y nuestra interpretación de la pequeña figura, nos abocaremos a la observación de la parte trasera de esta figura, que nos muestra una serie de líneas que aparentemente no tienen ningún sentido. Sin embargo, esas líneas nos dan la cantidad de días que tiene un mes solar y la cantidad de días que hay en un mes sinódico (ver p. 21).

Hecha está precisión, empezaremos a contar las líneas que son la representación de uno o dos días, según el grosor o espesor y longitud de las línes. Si empezamos por el lado masculino, o sea el lado de las patas, en la parte de baja contamos 10 pequeñas líneas a las que damos el valor de 10 días. Más arriba se pueden ver cinco líneas, casi redondas, a las que les damos el valor de dos días a cada una o sea un total de 10 días. Màs a la izquierda se puede ver tres lineas largas, a las que damos un valor de dos días cada una lo que da un total de seis días.

Del lado derecho tenemos una linea horizontal, que tiene valor de un día. Las lineas ubicadas sobre esta linea, que suman cuatro, deben contarse como cuatro días. A la extrema derecha se pueden observar dos lineas largas divididas por la mitad, dos mitades para la parte macho y los otros dos para el lado femenino; cada mitad de linea tiene el valor de un día. Existe otra linea horizontal, dividida por una linea punteada que la divide en dos y a su vez sirve de eje sobre el que gira la estatua. La linea horizontal dividida por la mitad, tiene valor de un día la mitad para el elemento masculino y la otra mitad para el elemento femenino.

Fig. 7

En este croquis se puede notar una simetría que nos permite ver el mes sinódico en la parte alta y el mes solar en la parte baja. Esta pequeña estatua gira sobre su eje central que divide la estatua en dos partes

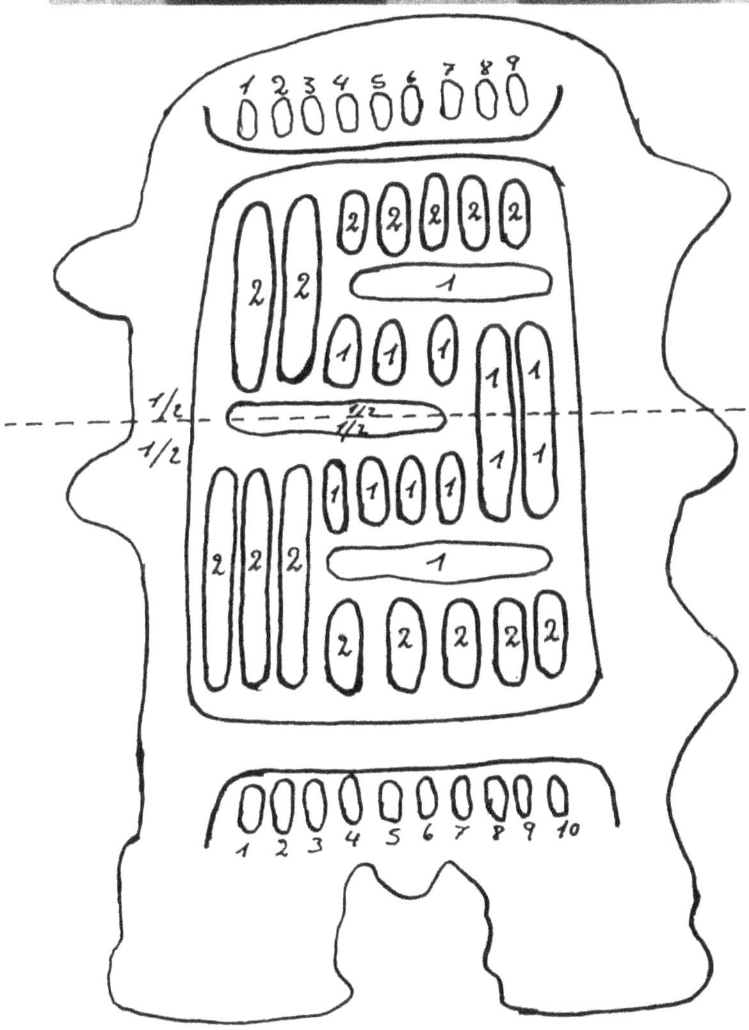

29.5 mes sinódico

FEMENINA

MASCULINO

33.5 mes solar

Si hacemos la suma de los días representados por las lineas, nos da 33.5 días. Así los dos meses de los solsticios de invierno y verano suman 67 días.

Contando los otros diez meses o lunas, de 29.5 días cada mes, alcanzaremos un total de 295 días.

Sabemos ahora que los diez meses dan un total de 295 días y los dos solsticios 67 días. Si sumamos estas dos cantidades llegamos a un total de 362 días. A esta cantidad habrá que agregarle 5 días durante los cuales se dice que la tierra "muere". Tenemos asi un total de 367 días y no de 365 como el calendario occidental.

En nuestro razonamiento, hasta aqui, no hemos tenido en cuenta los conocimientos científicos modernos de astronomía. Nuestro entender es mas bien ella de un campesino que tiene en cuenta las estaciones o el ciclo agricola anual. Es a partir de esta vision como hemos intentado reconstituir el almanaque Andino.

Diferentes trabajos de investigacion sobre el almanaque inca se han encontrado con la dificultad de explicar los datos astronómicos que nos dejaron los cronistas, utilizando en sus explicaciones los conceptos de la astronomia moderna. Los estudios hechos sobre el calendario inca, no toman en cuenta las diferencias climaticas que existen entre la Costa y la Sierra.

Si bien es cierto que a partir del 21 de diciembre es verano en el hemisferio sur, es cierto para toda la Costa, pero no para la Sierra, que a esta misma época tiene un clima de primavera; en cambio a partir del 24 de Febrero al 24 de Mayo, si se puede hablar de un clima de verano, a fines de Mayo es la época en que comienza la cosecha de los granos maduros.

Zuidema, uno de los estudiosos especializados en astronomia inca, nos propone tres almanaques; un almanaque solar de doce meses divididos en 30 o 31 días, un almanaque lunar de 27.5 días por mes y un almanaque sinódico de 29.5 días por cada mes.

Si se tiene en cuenta la diferencia climática de tres meses que existe entre la Costa y la Sierra, el almanaque que propone Zuidema puede ser exacto solo en la zona del Cusco y no en otras regiones de microclimas diferentes.

En lo referente al calendario, estaríamos màs de acuerdo con Zuidema y su proposición de meses sinódicos "la computacion de los meses Sinódicos, concerniente a la observación de la luna con referencia al sol, era importante para las actividades agrícolas. Hemos descubierto que las dos computaciones, la primera de la luna con referencia al sol y la segunda, de la luna con referencia a las estrellas, correspondían a los dos tipos de organización Política".[1]

---

1. Comunicación hecha en el colegio de Francia 1984.

Quisiéramos aclarar el razonamiento de Zuidema en lo concerniente a los meses sinódicos. Nosotros pensamos que el sol era observado todos los días y especialmente en la época de los solsticios de invierno y de verano; la luna era observada también, pero como ésta no es exacta en su recorrido anual, observaban las estrellas fijas con el fín de que el mes lunar sea exacto y coincida con el mes solar. Esta fecha coincide con la conjunción de la luna llena y la estrella "venus" al lado. En consecuencia a esta observación, en la época actual se lleva a cabo la fiesta del QOYLLUR RITI a mediados del mes de Mayo aproximadamente, un mes antes del sosticio de invierno. Esta fiesta de QOILLOR RITI, quiere decir "estrella de invierno o estrella de la época de nieve", que coincide con la fiesta católica de Corpus Cristi. Ambas son fiestas movibles celebradas en el departamento del Cusco.

Según Montesinos[1] a los astrónomos de la época inca se les llamaban Amautas. El inca Pachacutec los reunió y constató con ellos que el sol y la luna seguían cursos diferentes. Después de haberse reunido y puesto de acuerdo entre ellos, decidieron que el año comenzara a partir del 31 de Marzo.

Montesinos nos dice que el verano comenzaba a fines de Marzo. Se puede notar que Montesinos asimila el comienzo del verano al equinoxio de otoño europeo y no al sosticio de verano del hemisferio sur, que comienza el 21 de Diciembre. Guamán Poma y Santa Cruz, Pachacuti coinciden con Montesinos en la medida en que ellos también hacen comenzar el año agrícola entre el mes de Mayo y Junio.

En la época actual los campesinos del Ande continúan guiándose por la luna y las estrellas como lo hacían en la época inca. La luna es observada para determinar la época de siembra sobre las tierras sin irrigación.

En la región de Qanchis (Cusco), las campesinas usan una montera sobre la que se puede observar la división del espacio en cinco partes (cuatro suyos más el centro). La montera representa la inmensidad del espacio y al centro nuestro sistema solar también dividido en cuatro partes; la montera tiene un fondo negro sobre el que se pueden ver dos estrellas en cada división, que coincide con la representación que hace Santa Cruz Pachacuti en su dibujo al igual que Guamán Poma. Podemos decir que estas dos estrellas juegan un rol muy importante en la astronomía y la agricultura andina (ver fotografía).

---

1. Montesinos, op. cit. Cap. x.

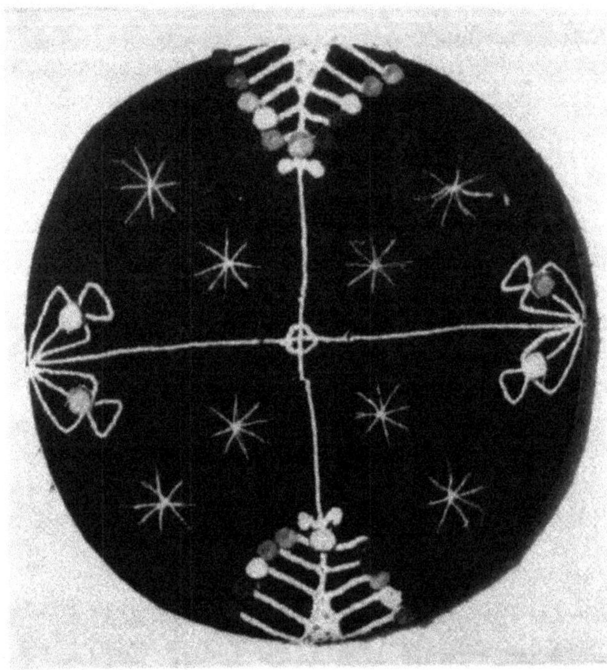

Fig. 8 Montera de Qanchis con la representación del Universo

Otra representacion astronómica y social del hombre y los animales nos muestra un artesano de la región de Sargua (Ayacucho). En su obra nos describe la división del mundo en dos partes: el mundo de los hombres, con sus animales domésticos y el mundo salvaje en el que el mono es el doble del hombre y cada animal doméstico tiene su doble en los animales salvajes. Ejemplo: Perro-Zorro, Pavo-Condor, Gato-Puma etc.

Fig. 9

En el dominio astronómico, cada "mundo" tiene su estrella de verano e invierno. El sol preside el mundo del hombre y sus animales domésticos, del otro lado es la luna la que rige la vida de los animales salvajes. Aquí se puede notar una vez más el dualismo sol-luna, civilizado-salvaje, masculino-femenino. En este cuadro se puede notar al centro, la montaña o divinidad llamada Apu o Wamani que propicia la procreación y la abundancia a los dos mundos.

Conclusión

Hemos podido comprobar a través de los diferentes documentos estudiados que los elementos astronómicos de la época inca continúan en vigencia en las prácticas agrícolas de los indígenas de la época actual, que registran estos conocimientos sobre sus tejidos, monteras y pinturas. En realidad, es una forma de escritura a la que, en la época inca, daban el nombre de QUELLQA.

Se puede subrayar que entre los documentos consultados y la pequeña pieza arqueológica existe cierta coincidencia que no deja de admirarnos.

Con referencia a la astronomía y al calendario, coinciden también las fechas de las fiestas y rituales de la época inca con los de la época actual, lo que nos permite hacer constataciones evidentes y esclarecedoras que nos llevan a deducir que el primer mes del año inca comenzaba el 24 de Junio occidental. La observación astronómica era luni-solar y el calendario estaba regido por meses sinódicos de 29,5 días. El almanaque estaba y es regido de acuerdo al ciclo agrícola.

EL CALENDARIO METROPOLITANO INCA[1]

Mariusz S. Ziólkowski*

1. En la Introducción a este volumen hicimos hincapié sobre varias limitaciones del material factográfico disponible; vale la pena recordar otra vez las principales advertencias en lo referente al estudio de la estructura y del funcionamiento de los calendarios:

- La multitud de zonas ecológicas de distintas características, la diversificación étnica, política y social en el Tawantinsuyu (tanto antes como durante el Incario) suponen la existencia paralela de varios sistemas de cómputo del tiempo, incluso durante el mayor auge del Estado Inca, a pesar del impacto de la ideología imperial sobre las culturas locales;

- Otro problema relacionado con el mencionado anteriormente es el aspecto evolutivo, generalmente pasado por lo alto por los investigadores de la escuela estructuralista. Varios cronistas subrayan que la forma definitiva del calendario imperial (o, mejor dicho, la que observaron los españoles) fue instalada relativamente tarde, por uno de los últimos soberanos Incas, y que se guardaba la memoria de las fases precedentes. John Earls sostiene que esa/s reforma/s eran no màs que etapas finales de un largo proceso de evolución de los sistemas calendáricos andinos, relacionado con los cambios de los sistemas socio-políticos y económicos y, en última instancia, con la formación del Estado interregional de los Incas (Earls, 1976, pass.). Pero es evidente que la trasición de un etapa al otro (dentro de ese proceso evolutivo) no llevaba consigo el olvido y abandono de los sistemas calendáricos antiguos, ya que por ejemplo el cómputo y la programación elaborados por un grupo local para las condiciones de un micro-ambiente ecológico particular no podían ser sustituidos por el calendario estatal, pues este último servía para otros fines;

- De lo expuesto anteriormente resulta que al analizar las informaciones referentes a los sistemas de cómputo del tiempo, hay que considerar cuidadosamente los aspectos siguientes:

+ a qué parte del Tawantinsuyu y a qué étnia o/y grupo social se refiere el dato,

+ si fue anotado antes o después de la reforma gregoriana del calendario cristiano[2].

---

* Universidad de Varsovia

Tomando en cuenta los antecedentes enumerados más arriba, podemos sugerir que entre las noticias acerca de los calendarios utilizados en la región cuzqueña se encontrarán datos referentes a tres clases de sistemas de cómputo del tiempo:

- a un (?o varios?) calendario regional del valle del Cuzco, probablemente de carácter ritual-agrario, utilizado en tiempos preincaicos,

- la versión modificada de este calendario, después de la toma del poder en el Cuzco por los Incas, pero antes de la expansión militarista. En esta fase las manipulaciones incas consistían posiblemente sólo en algunos cambios en el ritual de las fiestas[3].

- El calendario estatal, elaborado para fines de control administrativo-religioso de los terrenos conquistados[4].

2. Pasemos ahora a un análisis de las informaciones etno-historicas.

Casi todos los cronistas proporcionaron algunas informaciones, más o menos valiosas, acerca de los sistemas de cómputo dei tiempo utilizados por los indígenas del Tawantinsuyu; pero las descripciones detalladas de los calendarios (con los nombres de los meses, fiestas, etc.), que podemos considerar de: 1º - originales, o sea elaboradas directamente a base de los datos proporcionados por los informantes indígenas (y no copiadas de otro cronista), y 2º - referentes sin duda a un calendario utilizado en Cuzco, son las siguientes: la de Juan de Betanzos, la de Juan Polo de Ondegardo, la de Cristóbal de Molina "El Cuzqueño" y el "Discurso de la sucesión y gobierno de los Yngas" (Anónimo, 1906). Los tres primeros autores nos parecen los más importantes y fidedignos, por las razones siguientes:

- todos conocían bien el quechua,
- estuvieron mucho tiempo en el Cuzco, donde tuvieron estrechas relaciones con la aristocracia inca; por eso adquirieron la renoma de "especialistas en asuntos indígenas",
- sus relatos fueron escritos más o menos en el mismo período, en un espacio de, a lo más, unos 20 años; o sea documentan prácticamente la misma situación de la cultura incaica[5],
- a primera vista, sus descripciones son parecidas, por lo menos en cuanto a los nombres y carácter de los meses y ceremonias asociadas.

La última de las fuentas mencionadas, a saber el "Discurso de la sucesión ..." es muy interesante y valiosa para el estudio de la evolución de los sistemas de control ecológico, de las observaciones astronómicas llevadas al cabo en el Cuzco, etc.: fue varias veces utilizada por otros autores[6].

Sin embargo, presenta algunos defectos en lo referente a la reconstrucción del calendario y de la secuencia de sus meses:

- no se sabe cuando ni por quién fue escrita (probablemente en fin del siglo XVI); ni quién pudo ser el informante del autor, salta a la vista su particular interés por la región del Collao, quizás era esta una "versión provincial" y no "metropolitana",

- la lista de los meses, aunque similar a la de los tres cronistas mencionados anteriormente, presenta algunas divergencias significativas,

- además es posible de que se trate de la copia (a veces poco exacta) de un documento original. Por estos motivos no la utilicé como fuente principal para la reconstrucción del calendario cuzqueño[7].

Entre otras fuentes que incluyen descripciones completas y detalladas referentes al cómputo de tiempo de los Incas, destaca la importante obra de Guaman Poma de Ayala, en la cual encontramos dos calendarios. Aunque se trate de una visión provincial (y no metropolitana) de la cultura inca (y además posterior de unos 40-50 años a los 3 cronistas que considero como básicos) los datos de Guaman Poma merecen especial atención como importante fuente auxiliar para el tipo de análisis que me propongo realizar[8]. Los otros cronistas o proporcionan datos interesantes, pero incompletos (por ejemplo refiriéndose a los calendarios, no nombran los meses - Cieza de León, Garcilaso, Sarmiento, Los Quipucamayoc de Vaca de Castro[9], y otros) o se contentan de copiar "in extenso" una de las versiones anteriores, especialmente la de Polo de Ondegardo (Cabello Balboa, Murúa, Calancha, Cobo[10]), pero añadiendo a veces informaciones interesantes, sacadas de otras fuentes.

3.1. Empezando la reconstrucción del (o, mejor dicho, los) calendario/s cuzqueño/s, hay que resolver primero el problema del carácter de los meses: ?eran lunares o solares? La mayoría de los cronistas sostienen que los meses incaicos eran lunares contando desde una conjunción de la luna hasta la siguiente; Garcilaso dice al respecto: "Contaron los meses por lunas de una luna nueva a otra, y así llaman al mes quilla, como a la luna; dieron sus nombres a cada mes, contaron los medios meses por la creciente y menguante de ella, contaron las semanas por los cuartos, aunque no tuvieron nombres para los días de la semana"[11]. Estas informaciones son también corroboradas por los términos quechua referentes al mes y sus divisiones, encontrados en los más antiguos diccionarios[12]. Los meses lunares así descritos: "(...) cada mes de una conjunción de la luna a la otra (...)" (Quipucamayoc, p. 21), eran sin duda ninguna meses sinódicos de aproximadamente 29,5 días; por lo tanto una de las hipótesis de R.T. Zuidema acerca de la existencia e importancia ritual de un ciclo compuesto de meses lunares siderales (de 27,3 días) carece totalmente de apoyo en las fuentes[13]. Hay también datos, aunque bastante confusos, acerca de la posible existencia de un año solar compuesto de 12 (?) meses solares; a eso consagraré algunas observaciones en otro párrafo. La estructura y funcionamiento de un calendario luni-solar (o sideral) es bastante simple: el año está compuesto de doce lunaciones, su comienzo es determinado por la primera luna nueva después (o antes) de un evento astronómico fijo; por ejemplo la puesta o salida del sol en un lugar determinado en el horizonte, o la puesta o salida heliacal de una constelación. Gracias a su sencillez, varios variantes locales de ese tipo de calendario eran probablemente utilizados tanto durante el Incario como después, en el período colonial. Pero los meses lunares, aunque ajustados a un evento astronómico fijo, siguen siendo en cierto grado móviles. Precisamente esa característica era la causa de los problemas que tuvieron los españoles al intentar de correlacionar los meses de los indios con los meses cristianos; ?Cómo nombrar (según los criterios europeos) a un mes, que podía comenzar tanto el 15 de mayo como el 4 de junio? He aquí la causa de las aparentes contradicciones en los diccionarios quechua, acerca de los equivalentes españoles de los meses incaicos; por ejemplo Holguín menciona "Raymi. Mes de diziembre, y ciertas fiestas con cantos, y bayles en esse mes." y "Kapac raymi. Ciertas fiestas solenes del del (!sic! - autor) de diziembre", pero en otro lugar de su diccionario dice: "Nouiembre. Kapakraymi ..." (Gonçalez Holguín, 135, 315, 603)[14].

3.2. El problema esencial para la reconstrucción de tal calendario, es el de determinar cómo y cuándo empezaba el año. Según este criterio, podemos dividir a los cronistas en cuatro grupos:

- los que relacionan el comienzo del año con el solsticio de diciembre - Polo de Ondegardo (I), Betanzos, Anello Oliva, Acosta, Cobo, Murúa, Guaman Poma, Cabello Balboa, Calancha y, probablemente, Pachacuti Yamqui[15];

- los que situaban el comienzo del año cerca del solsticio de junio - Molina "El Cuzqueño", Gutierrez de Santa Clara, Diego Fernandez "El Palentino" y, aparentemente, Garcilaso de la Vega[16];

- Polo de Ondegardo (II) en otro lugar sugiere que el año empezaba desde el mes de febrero, mientras al autor anónimo del "Discurso de la sucesión ..." sostiene que desde marzo[17],

- los que, al mencionar la existencia del calendario, no precisan cuando empezaba - Cieza, Sarmiento de Gamboa, Los Quipucamayoc de Vaca de Castro, Bartolomé de las Casas, El Jesuita Anónimo, Antonio Vázquez de Espinosa y otros.

Para los asuntos de la reconstrucción, consideraré especialmente los dos primeros grupos; en el primero de ellos encontramos a Polo de Ondegardo y a Betanzos. Sus respectivos calendarios son similares (véase las tablas I y II) en cuanto a la secuencia de los meses y de algunas fiestas incluidas en ellos (warachiku, citua); pero hay diferencias tanto en lo referente a los nombres de algunos meses, como acerca de las festivadades. Además Polo, aunque menciona, en referencia al calendario, el sistema de sukankas para observación del sol, dice no menos claramente que los meses del año eran lunares: "El año partieron en doze meses por las lunas: y los demás dís que sobran cada año lo consumían con las mismas lunas. Y á cada luna, ó mes tenían puesto su mojón ó pilar al derredor del Cuzco donde llegaua el Sol aquel mes. Y estos pilares eran adoratorios principales, á los cuales ofrecían diuersos sacrificios y todo lo que sobraua de los sacrificios de las Huacas se lleuanua á estos lugares que se llamauan, Sucanca, y el que es principio de Invierno, Puncuy sucanca, y el principio de verano, Chirao sucanca". (Polo, I, 213). En cambio, la descripción de Betanzos parece más ambigua y puede ser interpretada de varios modos: "A los cuales meses Inca Yupanqui nombró en la manera que ya habéis oido y diciendo a estos señores que cada mes destos tenía treinta días, y que el año tenía trescientos y sesenta; y porque andando el tiempo no perdiesen la cuenta de estos meses y los tiempos que había de sembrar y hacer las fiestas, que ya les había dicho que había hecho aquellos pachaunanchac, que dice relojes, los cuales había hecho en estos diez días que se tardo en no les querer declarar lo que ya habéis oído; los cuales relojes es desta manera: Que todas las mañanas o tardes miraba el sol en todos los meses del año mirando los tiempos del sembrar y cojer, y ansimismo cuando el sol se ponía; y ansimismo miraban la luna cuando era nueva o llena o menguante; los cuales relojes hacía hacer encima de los cerros más altos a la parte de el sol salía y a la parte donde se pone ..." (Betanzos, 1968 : 56). Betanzos menciona la importancia de la luna en el calendario, pero sin precisar el carácter de los meses, y el número de días que propone (30 para el mes y 360 para el año) parece referirse más bien a un cómputo solar que lunar. Por esta y otras razones me he limitado a comparar el calendario de Polo de Ondegardo con él de Betanzos (véase las tablas I y II), sin intentar de correlacionar ese último con el calendario juliano. Los otros cronistas pertenecientes a este grupo siguen, en la mayoría, la descripción de Polo; pero Cobo, en su versión, completa los datos de Polo con algunas informaciones valiosas sacadas probablemente de otras fuentes: (...) para que fuese cierta y cabal su cuenta, usaban desta traza que por los cerros y collados que están alrededor del Cuzco tenían puestos dos padrones o pilares al oriente y otros dos al poniente de aquella cuidad, por donde salía y se ponía el sol cuando llegaba a los trópicos de cancro y Capricornio; y al tiempo que salía y se ponía en derecho de los pilares de la banda del sur, mirando desde la dicha ciudad, tenía por principio el año. (...) y cuando más se alejaba por esotro lado del setentrión, salía y se ponía por cima de aquellos pilares, que por aquella parte señalaban su mayor apartamiento; y vuelto de allí al punto de donde partió del trópico de Capricornio y señal de los primeros pilares, concluían el año; al cual llamaban huata en la lengua quichua, y mara, en la aimará. Componíanlo de doce meses y estos contaban por lunas, y así llaman con un mismo nombre al mes y a la luna (...). Todos los meses eran iguales en días, y cada uno tenía su nombre propio: al primero, que correspondía a parte de diciembre, nombraban raymi; el segundo, que comenzaba al valer en 20 de enero, se decía camay (...)" (Cobo, III, Lib. XII, cap. XXXVII : 142). Entonces las características principales del calendario descrito por Polo de Ondegardo (tomando en cuenta los datos complementarios de Cobo) son las siguientes:

- era esto un calendario compuesto de doce meses lunares, ajustados al solsticio de diciembre (el cual se determinaba por medio de la observación de las puestas y salidas del sol);

- el ajustamiento se realizaba de tal forma que el primer mes del año tenía que incluir el dicho solsticio. Ese hecho es confirmado por la fecha en la cual empezaba, más o menos, el segundo mes del año (camay) - 20 de enero; de tal menera el primer mes comenzaba, más o menos, el 21 de diciembre o sea antes del solsticio pues ese evento ocurría para Bernabé Cobo (quien proporciona la fecha de 20 de enero) el 22 de diciembre, conforme al calendario gregoriano. Pero, como los meses eran lunares, podemos precisar esos datos diciendo que el año empezaba probablemente con la primer luna nueva antes del solsticio de diciembre; las fechas de 21 de diciembre y 20 de enero (gregoriano) siendo entonces un "terminus ante quem" de los comienzos del primer y del segundo mes, respectivamente;

- a esa estructura luni-solar era aparentemente sobrepuesta otra, que servía (entre otros) a determinar los períodos solares, por medio de la observación de las puestas y salidas del sol entre los solsticios; es esto sin duda una referencia acerca del sistema de sukankakuna, estudiado por R.T. Zuidema (véase el Apéndice I).

El grupo segundo, de los autores que ubican el comienzo del año cerca del solsticio de junio es menos numeroso, pues cuenta con sólo tres o, quizás, cuatro cronistas[18]. Además las relaciones de Gutierrez de Santa Clara y de Diego Fernández "El Palentino" son casi idénticas, lo que no obliga a considerarlas como una, ya que parece evidente que un autor copió la versión del otro. Como ya lo hemos mencionado, la descripción de Gutierrez/Fernandez "El Palentino" difiere tanto de la de Polo como de la de Molina "El Cuzqueño", por las razones siguientes: según esta versión, el año empezaba en junio: "(...) comenzaba el año dellos desde primero día de Junio, que quiere decir mes de holganzas, que ellos llamaban Auca Ycuxqui Yquiz, y así no trabaxaban estos días a causa que el otro mes venidero habían de trabaxar mucho." (Gutierrez de Santa Clara, BAE t. 166 : 255)[19]. Tanto el nombre del mes, como la ubicación de su comienzo (primer día de junio) y la noticia acerca de las fiestas ("mes de holganzas") permiten identificarlo como el mes que abarcaba el solsticio de junio, y la fiesta de Intip Raymi. Pero aparece una contradicción respecto al sexto mes en esta versión: "El sexto mes, que es el de noviembre, llamaban los indios Layma Yquiz, que quiere decir mes de los regocijos y de grandes fiestas (...). Porque en este mes los Ingas armaban caballeros a los dichos mancebos, en hacellos Ingas, en donde se gastaban los vinos de la chicha que los días atrás se habían hecho (...)" (ibid. : 255). Bueno, la fiesta de warachiku (pues a ella se refiere la citación) según otros cronistas, tenía efectivamente lugar en el mes llamado raymi, y era también vinculada con la fiesta Qhapaq Raymi, con la cual solemnizaban el solsticio de diciembre. Pero contando desde junio, era eso en el mes séptimo y no sexto; porque si el mes primero ("Auca Ycuxqui Yquiz" = Junio) abarcaba el solsticio de junio, eso significa que podía empezar, a lo más tarde, el 8 - 9 de junio[20]. Por consiguiente, el mes sexto (Layme Yquiz" = noviembre) empezaría (también a los más tarde) el 6 de noviembre y acabaría <u>antes</u> del solsticio de diciembre ya que, según la versión Gutierrez/Fernandez "El Palentino", los meses incaicos no tenían más de 30 días (ibid.: 266). Me parece difícil explicar esta contradicción[21].

En cambio, la descripción del calendario incaico, propuesta por Cristóbal de Molina "El Cuzqueño" parece mucho más lógica, y, además, concuerda con los datos de los otros cronistas en lo referente a las ceremonias incaicas. Molina no proporciona demasiadas informaciones acerca del carácter y duración de los meses, pero dice clarmente que el primer mes del año comenzaba con una luna nueva, en mayo; además, de la descripción de los otros meses resulta que los correspondientes a "agosto" y "diciembre" también empezaban con una luna nueva[22].

Parece entonces justificado considerar el calendario de Molina como luni-solar, compuesto de 12 meses lunares sinódicos[23]. Molina describe con bastante precisión cómo se determinaba el comienzo del año: "Y començauan á contar el año mediado Mayo, días más o menos, á primero día de la Luna, el qual mes del principio del año llamauan haocay cusque, en el qual hacían las ceremonias siguientes llamadas intip raymi, que quiere decir fiestas del Sol (...)" (Molina "El Cuzqueño" : 24). Si en el curso del primer mes del año se festejaba la fiesta de Intip raymi, eso significa que este mes tenía que abarcar el solsticio de junio (± el 11 de junio); por lo tanto, como el comienzo del año era considerada la primera luna nueva antes del solsticio. Este hecho permite explicar la expresión de Molina, que "començauan á contar el año mediado Mayo, días más o menos (...); "mediado Mayo", o sea ± de mayo, era el "terminus post quem" del comienzo del año, pues la lunación que empezaba con una luna nueva antes de esta fecha (por ejemplo el 9 de mayo) no abarcaba el solsticio de junio y por lo tanto no podría ser considerada de primer mes del año. Sin embargo, es mucho más fácil de determinar una fecha movible (en este caso: un novilunio), tomando como punto de referencia un evento astronómico fijo <u>antes</u> y no <u>después</u> de ella; surge entonces la pregunta siguiente: ?Cuál era el evento astronómico, que servía para determinar la lunación, que abarcaba el solsticio?

Zuidema está seguramente en lo cierto, diciendo que era esta la salida del sol el día 26 de mayo (gregoriano = 15 de mayo juliano, conforme a la información de Molina), observada desde el templo del Sol de Qorikancha, que era especialmente orientado para este fin (Zuidema, 1982a : 66). Zuidema subraya también la función calendárica y ritual de la salida heliacal de las Pléyades, que ocurría unos diez días más tarde en casi la misma dirección (a 1° de diferencia) siendo considerado como anuncio del solsticio. La observación de las lunas llenas y nuevas que ocurrían en el período de la invisibilidad de las Pléyades (entre ± el 20 de abril y el 25 de mayo - juliano!) en referencia a la fecha del 15 de mayo (juliano) era probablemente realizada en función de la correlación del ciclo sinódico con el solar, por medio de la intercalación de una lunación suplementaria, más o menos cada tres años.

El punto débil de la presente reconstrucción del calendario luni-solar incaico está precisamente vinculado con el supuesto XIII mes suplementario. Prácticamente carecemos de datos etnohistóricos acerca de su existencia, aparte de la bastante enigmática explicación de Polo y de Cobo con respecto al método de correlacionar el año lunar con el solar. "El año partieron en doze meses por las lunas: y los demás diás que sobran cada año lo consumían con las mismas lunas". Al parecer el único método de "consumir con las lunas"[24] los días sobrantes, era él de intercalar un mes lunar suplementario.

Podemos resumir el análisis presentado más arriba en forma de las siguientes conclusiones:

- Tanto la versión de Polo de Ondegardo (I) como la de Cristóbal de Molina "El Cuzqueño" se refieren a un calendario luni-solar de 12 meses lunares sinódicos;

- La correlación con el año solar podría llevarse al cabo

mediante la intercalación de un XIII mes lunar eproximadamente cada 3 años, antes del primer mes ("mayo" - haocay cusqui) del ciclo;

- La diferencia principal entre ambas versiones consiste en la ubicación del comienzo del año; según Polo el primer mes del año empezaba con la primera luna nueva antes del solsticio de diciembre, mientras Molina sostiene que con una luna nueva antes del solsticio de junio.

Pero, ?qué consecuencias prácticas tiene esa diferencia? ?Significa eso que tenemos que rechazar una de las versiones para aceptar la otra? Para contestar a esas preguntas, hemos reconstruido paralelamente ambos ciclos, a base de las fechas de las lunas nuevas[25]. Como vemos, por ejemplo, en los años 1537-1539, los meses de ambos calendarios concuerdan; claro, esta correlación no era perfecta en todos los años, y las discrepancias más importantes (o sea la decalación de los meses en ambos ciclos) pudieron ocurrir especialmente en los períodos precedentes a los supuestos meses intercalados[26]. Pero, en la mayoría de los casos, los meses concordaban; o sea las versiones del calendario luni-solar incaico, propuestas por Polo y Molina "El Cuzqueño" <u>no son contradictorias</u>, por lo menos en lo referente a los nombres y secuencias de los meses y de las fiestas, y de sus posiciones en referencia a los solsticios.

3.3. Pero lo expuesto más arriba no resuelve enteramente el problema del comienzo del año (luni-solar) cuzqueño, ya que algunas fuentes fidedignas señalan otras fechas, no relacionadas con los solsticios.

Entre las informaciones acerca de los calendarios utilizados por los Incas, aparece un dato, propuesto por Polo de Ondegardo en uno de sus "Informes" acerca de un ciclo (aparentemente de carácter administrativo), que empezaba en febrero: "(...) porque también estos indios hazen de doze lunas vn año, y quentanlo dende el mes de hebrero, y tuvieron quenta con el discurso que haze el sol en todas doze lunas; y así en el Cuzco tienen hechos doze mojones, que llaman saybas; adonde llegaua el sol cada mes; en los quales se hazían notables sacrificios, y avía personas que tenían con esto cuento y lo que havían de hazer los indios en cada mes de aquellos; y tienen sus nombres y por estos meses regulavan las fiestas y sacrificios que tenían ordenados; lo qual también se continuó algunos año después de nuestra venida (...)". (Polo, II : 131). La relación de este ciclo con asuntos administrativos se ve confirmada por la siguiente explicación del mismo autor: "(...) todo el año tenía tracto succesiuo y en el acudir con ello de todo el reyno se traya al Cuzco por primero de hebrero, que era la fiesta del Rayme, y en otros tiempos pero no tanto ni vniversalmente como entonces; y no podían entrar con tributo hasta acabada la fiesta que durava vn mes entero, y en aquel mismo tiempo entrava el ganado y rropa necesaria para los sacrificios de todo el año de todo el Reyno" (ibid. : 147). En ese mismo periódo tenía también lugar la destribución de las akllakuna: "(...) las quales (akllakuna) ponían en esta casa en companía de ciertas manaconas viejas que allí residían, donde les enseñaban todo lo necesario que ellos tenían puesto a cargo de las mugeres como hilar y tejer y hacer sus vinos de que ellos usaban, los quales por el mes de hebrero, que es quando hacían las fiestas del raymi en la ciudad del Cuzco, las llevaban a aquella ciudad, conforme a lo que a cada provincia cabía, (...) las cuales juntas las de todas las provincias, que eran en grandísima cantidad, mediado el mes de março, a los que yo puedo collegir por el discurso de sus tiempos, lo repartía el Inga a su lugarteniente (...). Item, así mismo llevaban el ganado que se les mandaba al Cuzco por el dicho mes de Hebrero, en la cantidad que se le señalaba (...)" (Polo, III : 82). O sea el comienzo de este "año" era relacionado con la entrega y destribución del tributo, lo que aparentemente tenía lugar en un período cercano al equinoccio de marzo ("mediado el mes de Março"), pues aunque "se traya (el tributo) al Cuzco por primero de hebrero, que era la fiesta del Rayme (...)" los portadores tenían que esperar "(...) y no podían entrar con tributo hasta acabada la fiesta, que durava vn mes entero (...)". Pero, ?cuál era la "fiesta del Rayme", solemnizada "por primero de hebrero"? Aquí recurriremos otra vez a los recientes trabajos de R.T. Zuidema, el cual subraya la importancia de las observaciones de los pasajes cenitales del Sol sobre el Cuzco, que ocurren, según el calendario gregoriano, el 13 de febrero y el 30 de octubre, o sea aproximadamente el 2 de febrero y el 19 de octubre en tiempos de Polo de Ondegardo, cuando funcionaba todavía el calendario juliano. Entonces la fiesta "del Rayme", mencionada por Polo, podría ser vinculada con la solemnización del pasaje cenital del Sol.

Queda aún para resolver el problema del carácter del ciclo calendárico; Polo sostiene que ese cómputo se realizaba por meses lunares ("hazen de doze lunas vn año, y quéntanlo donde el mes de hebrero"), lo que significaría que era otro ciclo luni-solar, parecido a los analizados en el párrafo anterior.

No se trata aquí de una opinión aislada, ya que el autor anónimo del "Discurso de la sucesión ..." dice claramente que el año inca empezaba desde marzo, o sea desde la segunda fecha mencionada por Polo (Anónimo, 1906 : 156).

Pero hay también noticias acerca de otra correlación; al evocar la importancia de la fecha del pasaje del sol por el Anti-Cenit cuzqueño alrededor del 7 de agosto (!juliano!) para los trabajos agrícolas, R.T. Zuidema sostiene que: "Los Incas empezaron su año lunar con el mes que incluyó la fecha del pasaje del Sol por el Nadir (= Anti-Cenit - M.Z.) en agosto (...)" (Zuidema, Ms 1:3), en apoyo a esta hípotesis se podría citar a Cieza de León el cual, hablando de las fiestas incas, sostenía que la principal, llamada Hatun Raymi, tenía lugar en agosto[27].

3.4. Estamos entonces en presencia de 4 distintas versiones del calendario luni-solar cuzqueño, que difieren no sólo en lo referente a la fecha del comienzo del ciclo sino también en su aspecto funcional. Pero al parecer en vez de ser contradictorios, estos ciclos se revelan complementarios como ya lo demostré con la reconstrucción paralela de los calendarios de Molina "El Cuzqueño" y Polo de Ondegardo:

- los dos ciclos "solsticiales" relacionados aparentemente con asuntos religioso-ceremoniales;

- los dos otros dedicados principalmente a las tareas administrativo-económicas: el que empezaba en febrero con la entrega del tributo en ganadería y akllakuna (o sea con asuntos de pastorero y producción artesanal), mientras el que empezaba en agosto con la producción agrícola.

Podemos sacar la conclusión que en realidad estos 4 ciclos no eran más que uno solo, compuesto de la misma secuencia de 12 meses lunares sinódicos, con 4 "comienzos del año", que permitían 4 "lecturas" distintas, pero sin alterar el orden de los meses ni su posición en referencia a las observaciones del sol en los 4 momentos cruciales de su ruta anual.

Aunque hipotética, esta construcción parece bien adaptada a los conceptos andinos referentes a la cuatripartición de la Pacha y la distribución (real y simbólica) de las atribuciones, tareas, etc. entre los grupos relacionados con las partes de la Pacha, lo que adquirió el mayor grado de elaboración en el sistema de los ceques. Sin embargo, dada la movilidad de los meses lunares sinódicos, tal estructura cuatripartita del calendario luni-solar presentaría importantes problemas de correlación, que se revelaron ya en la tentativa de comparar las secuencias de los meses de los dos ciclos ajustados a los solsticios; por esa razón las principales actividades de cada uno de estos ciclos respectivos tenían lugar en el comienzo del "año" o sea en relación a una fecha determinada por la observación del sol[28].

Si esta solución es viable, entonces la reconstrucción del calendario luni-solar, realizada a base de los dos ciclos "solsticiales", debería también posibilitar las dos otras "lecturas", desde febrero/marzo y desde agosto.

Veamos primero la segunda relación de Polo de Ondegardo, según la cual el año empezaba desde febrero, con la fiesta del "Raymi", que tentativamente identifiqué con las ceremonias relacionadas con el pasaje del sol por el Cenit, el 2 de febrero. Este evento ocurre generalmente durante el mes de hatun pucuy (a veces en fines del mes de Qhapaq raymi camay quilla), el cual empieza con una luna nueva en enero. Vale la pena recordar al respecto, lo que Polo escribió en su primer informe: "(Pachacuti Ynca) hizo que el año començasse desde Diziembre, que es cuando el sol llega a lo último de su curso al Polo Antartico de acá, antes deste Ynga dizen que començaua el año desde enero." (Polo, I : 213). Estas dos noticias permiten sacar la conclusión que el cronista ha descrito un vestigio de la versión primitiva del calendario luni-solar cuzqueño, que fue aparentemente incorporada en la construcción final, mucho más compleja[29]. A esta versión primitiva se refiere posiblemente, también el ciclo luni-solar descrito detalladamente por el Autor Anónimo en su "Discurso de la sucesión ...". Aunque no utilicé esta fuente directamente para la reconstrucción, por las razones expuestas anteriormente[30], sin embargo me parece admisible, en el presente etapa de investigación, hacer una comparación con la reconstrucción, elaborada a base de los datos propuestos por Molina "El Cuzqueño" y Polo de Ondegardo.

El cronista dice que: "El mes de Março tomaron los Yngas por principio e primer mes del año e Luna del año, y le nombrauan Ayriuaquilla, tomando de una conjunción de luna a otra; ansimesmo el mes de April le celebrauan juntamente con el de marzo, y le nombraron Haocaycusqui. Estos dos meses lunares fueron celebrados en uno, porque la luna de Março alcança siempre a la de Abril; las ocupaciones de estos dos meses lo proseguian hasta la postera conjuncion, que era recoger los mantenimientos del maiz y las demas legumbres de todo el año." (Anónimo, 1906 : 156). Primero hay que analizar los nombres de los meses: según la versión de Polo de Ondegardo, el mes de "ayriguaquis" es el mes quinto (contando desde el mes de "raymi", que abarcaba el solsticio de diciembre - véase la Tabla I y Ziółkowski, Sadowski en este volumen), que empieza generalmente con una luna nueva en marzo, lo que concuerda perfectamente con el fragmento citado. Pero según la versión paralela de Molina "El Cuzqueño", el mes de ayriguaquis era el mes sexto (contando también desde el mismo mes de raymi), que empezaba con una luna nueva en abril, mientras que el mes quinto llevaba el nombre de "paucarguara". En cambio, la versión de Molina concuerda con la del cronista anónimo en cuanto al nombre del mes siguiente, llamado "aucaycuzqui", mientras que Polo de Ondegardo da al mes que sucede a "ayriguaquis" el nombre de "hatuncuzqui". A mi modo de ver esta confusión podría resultar del hecho que eran estos los meses que, según la reconstrucción, precedían el supesto XIII mes intercalado cada tres años, aproximadamente; y este procedimiento provacaba seguramente algunas alteraciones[31]. Otra razón de esta divergencia podría ser el emparejamiento ceremonial y funcional de los meses de ayriguaquis y de aucaycuzqui, lo que varias veces subraya, con singular insistencia, el cronista anónimo. Veamos más cerca este asunto: ?Que es lo que constituyó el lazo entre estos dos meses (aparte las tareas económicas) y qué significa la un tanto obscura información que "estos dos meses lunares fueron celebrados en uno"?

A mi parecer este emparejamiento resultaba de las observaciones del sol en el período cercano a su primer pasaje por el Anti-Cenit, el 15 de abril (!juliano!). Como lo ha expuesto R.T. Zuidema, los pasajes del sol por el Anti-Cenit, el 15 de abril y el 7 de agosto, determinaban las fechas-límites del año agrícola inca, siendo por esa razón asociados a importantes ceremonias[32]; eso se ve explicitamente confirmado por los datos citados. Dada la movilidad de los meses lunares, el pasaje por el Anti-Cenit en abril ocurría generalmente en curso del mes de ayrihuaquis (véase la reconstrucción). Pero, como se lo ha expuesto anteriormente, era igualmente importante no sólo el momento exacto del pasaje por el Anti-Cenit, sino también un período de unos 29-30 días; 15 días antes y otros tantos después del evento. Según Zuidema era esto la duración "ideal" de una lunación determinada por la ruta del sol entre los pilares extremos de la sukanka del cerro Picchu. Este período (igual en duración a un mes) enlazaba generalmente el inicio del segundo mes mencionado por el cronista anónimo, el de aucaycuzqui, que empezaba con un novilunio en abril. Eso, a mi modo de ver, era la razón "astronómica" del emparejamiento de los dos primeros meses del ciclo.

Otro caso similar ocurría en octubre-noviembre: "La luna del mes de Otubre llamaban Chaupicusqui, por otro nombre le llamavan Cantarayquilla. La luna del mes de Noviembre llamauan Raymiquilla. Estos dos meses los celebrauan de una manera, porque venían de toda la tierra los más de los principales, trayan ropa lidida, que para estos dos meses se labrauan, a la luna llena de estos dos meses lunares los Yngas acostumbrauan armarse caballeros, y se horadauan las orejas, y se ponían los nombres de sus antepasados con los blasones y hechos de ellos, y les dauan mugeres de la misma generación; y estos dos meses hera ocuparse en estas fiestas y rregozijos, con infinitas ceremonias y sacreficios que hazian al sol y a las guacas (...)" (ibid. : 159). Primero hay que establecer la posición de estos dos meses en la reconstrucción: el mes de "chaupicusqui cantarayquilla" sucede al de "Cituaquilla" o sea debe corresponder al de "omac-rayma", mientras que el mes siguiente, llamado simplemente "Raymiquilla" al de Ayamarca raymi[33]. Esta ecuación se ve confirmada por la posición de estos meses en referencia al solsticio de junio (son estos los meses quinto y sexto, respectivamente). Pero otra vez surge la pregunta: ?Por qué fueron emparejados? Una de las causas era sin duda de carácter ritual: las ceremonias de iniciación de la juventud. Los datos del cronista anónimo reciben un apoyo decisivo de otras fuentes, pues efectivamente durante el mes de "omac-rayma" tenían lugar las ceremonias de warachicu de los "Incas de privilegio" del pueblo de Oma, mientras que durante el mes siguiente:

- se llevaban al cabo las mismas ceremonias de otros "Incas de privilegio", las Ayarmacas;

- empezaban los preparativos para el solemne warachiku de los jóvenes "Incas de sangre" en Cuzco mismo.

Pero, ¿hubo quizás otro motivo, de orden astronómico, para el emparejamiento ritual de estos des meses? Consultando otra vez la reconstrucción constatamos que otro fenómeno astronómico importante ocurría alternativeamente en curso del mes de omac-raymi (Chaupicusqui) o del de ayarmaca raymi (Raymiquilla): se trata del pasaje del sol por el Cenit, el día 20 de octubre[34].

Finalmente veamos la descripción referente al mes de "agosto": "La luna del mes de agosto llamauan Tarpuyquilla. Este mes no entendían en otra cosa más de sembrar, generalmente, ansi el pobre como el rrico, ayudándose vnos con otros. Y este mes de Agosto entraua el Sol por medio de las dos torrecillas, de las quatro que por los Yngas estaua señalado, como se a tratado atras." (ibid. : 158). El cronista hace hincapié sobre esta triple correlación: de la observación del movimiento del sol con la siembra y, por consiguiente, con un determinado mes del ciclo lunar: "y entrando el sol por los dos pilares de en medio era el punto y el tiempo general de sembrar en el Cuzco y era siempre por el mes de Agosto" (ibid. : 151).

La observación de esta posición del sol poniente determinaba la fecha de su segundo pasaje por el Anti-Cenit, el 7 de agosto; según la mencionada anteriormente hipótesis de R.T. Zuidema, el mes lunar que abarcaba este evento iniciaba el "año agrícola" incaico. A esto sin duda se refería el cronista anónimo, subrayando dos veces que la entrada del sol entre los dos pilares centrales de la sukanka tenía lugar "siempre por el mes de Agosto"; tal énfasis tiene sentido sólo en referencia al mes lunar (móvil) de tarpuyquilla, que era el equivalente aproximado del "Agosto" cristiano[35]. Consultando nuestra reconstrucción observamos que una de sus características es que precisamente el mes llamado "moronpassa tarpuyquilla" (que sin duda corresponde al "tarpuyquilla" del cronista anónimo), siempre abarca el pasaje del Sol por el Anti-Cenit, el 7 de agosto[36].

Podemos entonces afirmar que la reconstrucción y correlación del calendario luni-solar cuzqueño, realizada a base de las dos versiones "solsticiales" de Molina "El Cuzqueño" y Polo de Ondegardo permite también otras "lecturas", siendo de tal manera conforme con las fuentes que mencionan otras fechas del comienzo del "año incaico".

Pero quisiera aquí hacer hincapié sobre un hecho generalmente pasado por lo alto por algunos investigadores, especialmente por los estructuralistas: no es suficiente presentar un modelo viable, hay que también demostrar (o por lo menos intentar de hacerlo) que realmente fue utilizado por la sociedad que estudiamos.

Eso es el problema que quisiera discutir en el siguiente párrafo.

3.5. Como ya lo he subrayado, la reconstrucción es desde varios puntos de vista, muy imperfecta; tuve por ejemplo problemas de determinar los nombres de los meses en caso de los novilunios cercanos a los solsticios, de definir desde qué momento hay que contar el mes (?desde el novilunio propiamente dicho, o desde la primera aparición de la luna después de la conjunción?) y varios otros.

Sin embargo, me parece lo suficientemente detallada y precisa, para el objeto de discusión y verificación según el procedimiento siguiente; habría que buscar las descripciones (suficientemente detalladas) de las fiestas y ceremonias que se llevaban todavía al cabo después de la Conquista. Luego mediante un análisis cuidadoso, averiguar si las fechas en las cuales tuvieron lugar concuerdan o no con las que resultan de nuestra reconstrucción del calendario luni-solar.

Según parece, existe una prueba de ese tipo en apoyo a nuestra reconstrucción: es la descripción de una fiesta en Lampaz, en mayo de 1547, descrita por un sacerdote que presenció en ella, su relato fue citado por Cieza de León:

"Y entre otras notables, diré una que pasó en esta provincia, en un pueblo llamado Lampaz, según se contiene en la relación que me dió en el pueblo de Asangaro, repartimiento de Antonio de Quiñones, vecino del Cuzco, un clérigo, contándome lo que le pasó en la conversión de un indio; al cual yo rogué me la diese por escrito de su letra, que sin tirar ni poner cosa alguna es la siguiente: "Márcos Otazo, clérigo, vecino de Valladolid, estando en el pueblo de Lampaz dotrinando los indios à nuestra santa fe cristiana, año de 1547, en el mes de mayo, siendo la luna llena, vinieron á mi todos los caciques y principales a me rogar muy ahincadamente les diese licencia para que hiciesen lo que ellos en aquel tiempo acostumbraban hacer; yo les respondí que habia de estar presente, porque si fuese cosa no lícita en nuestra santa fe católica, de alli adelante no lo hiciesen; ellos lo tuvieron por bien; y así, fueron todos a sus casas, y siendo, a mi ver, el mediodía en punto, comenzaron á tocar en diversas partes muchos atabales con un sólo palo, que así los tocan entre ellos, y luego fueron en la plaza en diversas partes della, echadas por el suelo mantas, á manera de tapices, para se asentar los caciques y principales, muy aderezados y vestidos de sus mejores ropas, los cabellos hechos trenzas hasta abajo, como tienen por costumbre, de cada lado una crizneja de cuatro ramales, tejida. Sentados en sus lugares, vi que salieron derecho por cada cacique un muchacho de edad de doce años, el mas hermoso y dispuesto de todos, muy ricamente vestido á su modo, de las rodillas abajo las piernas á manera de salvaje, cubiertas de borlas coloradas; asimismo los brazos, y en el cuerpo muchas medallas y estampas de oro y plata; traja en la mano derecha una manera de arma como alabarda, y en la izquierda una bolsa de lana, grande, en que ellos echan la coca; y al lado izquierdo venida una muchacha de hasta diez años, muy hermosa, vestida de su mismo traje, salvo que por detrás traía gran falda que no acostumbraban traer las otras mujeres, la cual falda le traía una india mayor, hermosa, de mucha autoridad. Tras esta venían otras muchas indias á manera de dueñas, con mucha mesura y crianza; y aquella niña llevaba en la mano derecha una bolsa de lana, muy rica, llena de muchas estampas de oro y plata; de las espaldas le colgaba un cuero de leon pequeño, que las cubría todas. Tras estas dueñas venian seis indios á manera de labradores, cada uno con su arado en el hombro, y en las cabezas sus diademas y plumas muy hermosas, de muchos colores. Luego venian otros seis como sus mozos, con unos costales de papas, tocando su atambor, y por su órden llegaron hasta un paso del señor. El muchacho y niña ya dichos, y todos los demás, como iban en su órden, le hicieron una muy gran reverencia, bajando sus cabezas, y el cacique y los demás la recibieron inclinando las suyas. Hecho esto cada cual á su cacique, que eran dos parcialidades, por la misma órden que iban el niño y los demás se volvieron hácia tras, sin quitar el rostro dellos, cuanto veinte pasos, por la órden que tengo dicho; y allí los labradores hincaron sus arados en el suelo en renglera, y dellos colgaron aquellos costales de papas, muy escogidas y grandes; lo cual hecho, tocando sus atabales, todos en pié, sin se mudar de un lugar, hacian una manera de baile, alzándose sobre las puntas de los piés, y de rato en rato alzaban hácia arriba aquellas bolsas que en las manos tenían. Solamente hacian estos esto que tengo dicho, que eran los que iban con aquel muchacho y muchacha, con todas sus dueñas, porque todos los caciques y la demás gente estaban por su órden sentados en el suelo con muy gran silencio, escuchando y mirando lo que hacian. Esto hecho, se sentaron y trajeron un cordero de hasta un año, sin ninguna mancha, todo de una color, otros indios se habían ido por él, y adelante del señor principal, cercado de muchos indios al redor porque yo no lo viese, tendido en el suelo vivo, le sacaron por un lado toda la asadura, y esta fué dada a sus agoreros, que ellos llamaban guacamayos, como sacerdotes entre nosotros. Y vi que ciertos indios dellos llevaban apriesa cuanto más podia de la sangre del cordero en las manos y la echaban entre las papas que tenian en los costales. Y en este instante salió un principal que habia pocos dias que se habia vuelto cristiano, como diré abajo, dando voces y llamándoles de perros y otras cosas en su lengua, que no entendí, se fue al pie de una cruz alta que estaba en medio de la plaza, desde donde á mayores voces, sin ningún temor, osadamente reprendía aquel rito diabólico. De manera que con sus dichos y mis amonestaciones se fueron muy temerosos y corridos, sin haber dado fin á su sacrificio, donde pronostican sus sementeras y sucesos de todo el año" (Cieza, I, cap. CXVII : 252-254).

Podemos resumir las características de esa fiesta de la manera siguiente:

- Es una fiesta relacionada con los alimentos; en ese caso con las papas, que se llevan "muy escogidas y grandes" en bolsas especiales;

- En la fiesta actuan personajes con traje e indumentaria de labradores (2 x 6 = 12). Este número puede referirse al de los meses.

- Uno de los puntos culminantes de la ceremonia era la ofrenda de un cordero, mediante la cual se pronosticaba los sucesos del año venidero;

- La festividad tuvo lugar en mayo, durante el plenilunio.

Esas características permiten identificar la ceremonia arriba descrita como una versión local de la fiesta de aymoray. Veamos al respecto otra descripción de esa festividad, proporcionada por Bernabé Cobo: "El sexto mes, que respondía a mayo, se llamaba hatuncuzqui (...). En este mes cogían y encerraban el maíz con cierta fiesta llamada Aymoray, la cual celebraban trayendo desde las chácaras y heredades hasta sus casas el maíz, bailando con ciertos cantares, en que rogaban durase mucho tiempo y no se acabase hasta otra cosecha. Venían juntos en este baile hasta las casas que fueron de Diego de los Ríos, con dos muchachos delante con una figura de pluma en las manos y un carnero de aquellos blancos de la fiesta del Raymi, que se decía napa (...). A los quince días deste mes sacaban en procesión con gran solemnidad cinco aporucos, y los mataban y repartían y comían su carne cruda, cada uno una poca. Después desto las mismas estatuas del sol sacrificaban seis corderos cada uno con diferentes ceremonias: los cuales en nombre del sol ofrecía el principal sacerdote por respeto del maíz del año venidero. Los que se habían armado caballeros salían a cierta chácara llamada sausero, que está camino de San Sebastián, a traer el maíz que en ella se había cogido. Acerreábanlo en unos costales pequeños con un cantar llamado Araví. El primer día lo traían solos los dichos caballeros noveles galanamente vestidos, y los demás días acudía a lo mismo toda la gente del Cuzco. Poco después iban a la mismo chácara con sus arados todos los señores y principales y gran suma de gente con ellos, y la araban; lo cual acabado, volvían a la plaza mayor con gran regocijo, vestidos de las camisetas que habían ganado en la guerra" (Cobo, II, Lib. XIII, cap. XXVII : 214-215). Al comparar esta descripción, proporcionada por Cobo, con la del clérigo Otazo, notamos varias divergencias; sin embargo hay que tomar en cuenta que:

- Cobo describía una festividad cuzqueña, o sea "metropolitana" en su versión inca-aristocrática, mientras Otazo una ceremonia provincial, de la "gente común";

- Cobo relacionaba las diversas ceremonias que tenían lugar a lo largo de todo el mes; en cambio el clérigo presenció sólo a una parte (y eso inconcluida) de las festividades, durante un día;

- Cobo dice que la fiesta era dedicada al maíz, mientras Otazo menciona las papas; pero eso seguramente era un factor que cambiaba según la estructura regional de cultivos. Lo dice claramente Guaman Poma, al referirse a la misma fiesta: "dizen que hallando una masorca que nasen dos juntas, o papas, y de recoger la comida y lleuallo a casa o al depósito para guaradarse en las callunas, chauays, pirua, que son barriles, hazen muy mucha fiesta y borrachera (...). En este mes se uecitan las comunidades y sapci del mays y papas y toda la comida y los ganados comunes y sapci". (Poma, fol. 245). A pesar de esas divergencias, los puntos más importantes concuerdan en ambas festividades:

- la dedicación a los alimentos, con la ofrenda de un cordero para asegurar la prosperidad del año venidero,

- la presencia y actuación de los personajes ricamente vestidos, que llevaban arados,

- el tiempo de la ceremonia - mes de "mayo", etc.

Por estas razones no sería demasiado arriesgado sugerir (como lo hice) que estas descripciones se refieren a dos versiones (metropolitana y provincial) de la misma fiesta. Tomando como base esta identificación (todavía hipotética), analicemos ahora el asunto de las fechas. Según la descripción de Cobo, la parte de la fiesta durante la cual era realizada la ofrenda para asegurar la prosperidad del "año venidero" anticipaba la sucesiva labranza; y eso tenía lugar "a los quince días deste mes (...)". Según la reconstrucción del calendario, en 1547 el mes de Hatun Cuzqui Aymoray (ayriguay) empezó el día 19 de abril, más o menos); añadiendo 15 días, obtenemos la fecha del 4 de mayo, aproximadamente, como la relacionada a la principal ofrenda y, después, labranza ritual. Según el relato del clérigo Marcos Otazo, la fiesta a la cual presenció en Lampaz tuvo lugar "en el mes de mayo, siendo la luna llena". Consultando al respecto las tablas de las lunas llenas para ese período (véase Sadowski, en este volumen) constatamos que en 1547 en el mes de mayo hubo una sóla luna llena, el día 4 de mayo, por la tarde; lo que concuerda exactamente con la fecha propuesta a base de nuestra reconstrucción de este calendario luni-solar.

No considero este resultado como prueba irrefutable y definitiva en apoyo al modelo hipotético presentado; sin embargo parece que eso es un buen argumento a favor.

4. Pasemos ahora al análisis del problema relacionado con el supuesto año de meses solares.

- Según los resultados de los trabajos de R.T. Zuidema y A.F. Aveni los Incas realizaban en el Cuzco 8 observaciones del Sol a lo largo del año, utilizando para eso, entre otros, el sistema de las "saybas" o "torres", ubicadas en los cerros y colinas circundantes (Zuidema, 1981, 19821; Aveni, 1981). Las fechas establecidas por medio de estas observaciones generaban una supuesta división octopartida del Mundo-Tiempo con su comentario en forma de mitos y rituales asociados y, finalmente tenían a veces una importante función económico-productiva, especialmente la sukanka ubicada en el cerro Picchu. Pero, existió o no un sistema de cómputo de tiempo compuesto de 12 (?) meses solares? Aparentemente la respuesta es fácil: "alrededor de la ciudad del Cuzco tenían puestos por su orden doce pilarejos en tal distancia y postura que en cada mes señalaban cada uno donde el sol salía y donde se ponía". (Acosta, fol. 400 : 184). Sin embargo, como lo han expuesto otros autores, estos pilares servían para las observaciones astronómicas mecionadas más arriba, o sea para determinar las fechas de los solsticios, pasajes del sol por el Cenit y por el Anti-Cenit y, posiblemente para los equinoccios, pero no para dividir el año en 12 partes = meses; además para tal fin se necesitarían no 12 sino 14 pilares[37]. Se consideraba como otro argumento a favor de la existencia de un año compuesto de meses solares las informaciones porpuestas por algunos cronistas acerca del múmero fijo de días de los meses incaicos: "(...) cada mes destos tenía treinta días, y que el año tenía trescientos y sesenta (...)" (Betanzos, 1968 : 58). Guaman Poma parece corroborar estos datos, diciendo: "(...) los filósofos y astrólogos antigos contauan la semana dies días y treinta días un mes." (op. cit., fol. 255).

Un año de 360 días (compuesto de 12 meses de 30 días), sería más bien solar que luni-solar; sin embargo faltan datos acerca de cómo se lo ajustaba al año solar astronómico; lo que en ese caso debería ejectuarse mediante la intercalación de un período de 5 días suplementarios. La única información, que pudiera eventualmente referirse a ese supuesto período de días complementarios, es un término, anotado en el diccionario de Gonçalez Holguín: "Dias interpolados. Allca allca punchau cuna." (Gonçalez Holguín : 487). Desgraciadamente el autor no precisa el número de esos días. Otro método de llevar al cabo esta correlación consistiría en aumentar el número de días de algunos meses, lo que, aunque en contradicción con los datos de Betanzos, tendría aparentemente apoyo en un fragmento de la crónica de Guaman Poma: "Como dicho es, todos los meses y año contauan estos meses y los días. De un día hasta dies días una semana; llegauan a treynta días o treynta un día o dos, conforme el menguante. Desde menguante aquello tenía por orden del creciente de la luna." (Guaman Poma, 1980, fol. 260).

Guaman Poma relaciona entonces la prolongación de los meses con las fases de la Luna, y no con asuntos de correlación.

La idea de un mes lunar de hasta 32 días parece un tanto extraña, del punto de vista estrictamente astronómico, pero, como ya lo mencioné anteriormente, todo depende de como se contaban los días de la lunación[38].

Volviendo a Betanzos constatamos que él tampoco parece explícito en cuanto al carácter de los meses, ya que dice sólo que eran "iguales en días" pero al mismo tiempo:

- tienen los mismos nombres (o casi) que los meses indudablemente lunares-sinódicos de las versiones de Polo y Molina "El Cuzqueño",

- están correlacionados pero también en cierto grado independientes de las observaciones solares: "(Inka Uypanki) ansimesmo había pensado de hacer cierta cosa que él llamó Pachaunanchango, que quiere decir "conocedor de tiempo" - que podemos presumir por relox - por el cual ellos y sus descendientes, ya que perdiesen la cuenta de los meses, para que le entendieden cuando era el tiempo de sembrar, e laborar, e aderezar sus tierras." (Betanzos, 1968 : 45 - enfasis mía - M.Z.). De la descripción que sigue (ibid. : 46, 56) resulta que el observatorio era idéntico a la sukanka del cerro Picchu, mientras que la advertencia, varias veces repetida, acerca de que "no se perdiese la cuenta de los meses" supone que era eso un calendario sujeto a cambios temporales, o sea, lo más probablemente, lunar-sinódico, idéntico al ciclo descrito por Polo y Molina.

Resumiendo las pocas (y vagas) noticias acerca del supuesto calendario de meses solares constatamos que no existe una clara descripción de tal sistema de cómputo del tiempo, pues incluso la un tanto ambigua información de Betanzos parece finalmente referirse al calendario luni-solar de meses sinódicos.

Como lo han probado R.T. Zuidema y A.F. Aveni, las principales observaciones solares realizadas en el Cuzco generaban una división del año en 8 (y no 12) partes, sin embargo no se revela todavía claro si esta estructura puede ser considerada de sistema de cómputo del tiempo en el sentido preciso de la palabra.

5. Conclusiones

Como ya lo expuse al iniciar este trabajo, en cada estudio de los calendarios prehispánicos andinos hay que tomar en cuenta la diversificación espacial y temporal de los sistemas nativos de cómputo del tiempo, y por lo tanto, el caráter eclético del conjunto de datos etnohistóricos disponibles. Paralelamente a la evolución de los sistemas socio-políticos e ideológicos, se efectuaba un progreso en la estructura y atribuciones de los calendarios y sistemas de cómputo del tiempo. En el momento de la llegada de los españoles, la última remodelación del calendario imperial incaico que, jerarquícamente y funcionalmente, ocupaba la suprema posición en el Estado Inca, era una cosa relativamente reciente, y todavía se guardaba la memoria de las etapas precedentes. Más aún, estas versiones "primitivas" podían seguir funcionando en determinadas áreas, siendo incorporadas a la estructura más compleja del calendario estatal, elaborado para solucionar los problemas de control administrativo y religioso (ideológico) a escala pan-andina.

Según parece, los Incas aprovecharon como material para su futuro calendario imperial un calendario luni-solar, compuesto de meses lunares sinódicos, utilizado en la región del Cuzco antes de la conquista inca. A base de eso elaboraron una estructura más compleja, compuesta de los partes principales:

- de una secuencia de 12 meses lunares sinódicos, ajustada al año solar mediante la intercalación (!supuesta!) de un mes suplementario más o menos cada tres años. Esta estructura permitía por lo menos 4 "lecturas" distintas, o sea 4 "comienzos del año" diferentes;

- de un "armazón", basado en la observación de los momentos críticos de la ruta anual del sol, que generaba una división octopartita del año solar, sirviendo a la vez de punto de referencia para las diversas posibles "lecturas" del ciclo luni-solar.

El calendario luni-solar cuzqueño estaba a su vez compuesto de dos partes principales:

- una de carácter esencialmente ceremonial-religioso, constituída por los dos ciclos solsticiales, descritos por Molina "El Cuzqueño" y Polo de Ondegardo;

- la otra relacionada más bien con los asuntos administrativo-económicos, dividada secundariamente en dos ciclos: uno principalmente agrario, ajustado al pasaje del sol por el Anti-Cenit cuzqueño en agosto - y el otro asociado a la entrega del tributo en "ganado y mujeres", ajustado al pasaje del sol por el Cenit de Cuzco y/o al equinoccio de marzo.

La parte "solsticial" de este hipotético ciclo cuatripartito, bastante bien documentada, sirvió de base a una reconstrucción y correlación tentativa con el calendario juliano (véase Ziolkowski, Sadowski en este volumen). Como lo demostré más arriba, el modelo así elaborado concuerda también con los mucho más escasos datos referentes a la otra parte, "cenital y anti-cenital".

Como se trata de una reconstrucción tentativa, propuse un método de verificación, que consiste en la averiguación si las fiestas nativas, observadas después de la llegada de los españoles, tuvieron (o no) lugar en las fechas que resultan de la correlación que propongo. La concordancia exacta de la fecha de la ceremonia de aymoray, observada en Lampaz en mayo de 1547 (Cieza, I, cap. CXVII : 252), con la que resulta de la lectura de la correlación, constituye, a mi parecer, un buen argumento a favor de la reconstrucción presentada[39].

Algunos autores, tanto antiguos como modernos, sugerían la posible existencia de otro calendario inca, compuesto de 12 meses solares, pero, como lo demostré más arriba, la base factográfica de esta hipótesis es poco convincente.

Mucho más interesante se revela la hipótesis de R.T. Zuidema acerca de la posible utilización del sistema de los ceques como gigantesco "kipu-calendario". Sin embargo, el modelo propuesto por este conocido investigador está basado en premisas contradictorias, lo que se ha demostrado mediante la consecuente aplicación del procedimiento seguido por R.T. Zuidema en su análisis. Por lo tanto esta hipótesis debe ser, por lo menos temporalmente, rechazada, ya que los principales datos que sirven de argumentos a su favor pueden ser explanados dentro del cuadro de un modelo más sencillo, basado en el concepto de oposición y completmentaridad de los sectores del Espacio/ Tiempo (véase el Apéndice a este volumen).

Además de los calendarios "anuales", los Incas utilizaban varios ciclos multianuales, de distintas funciones. Siguiendo la interesante sugerencia de G. Urton, hay que llamar la atención sobre la posible importancia ceremonial y administrativa de un ciclo de 15/16 años solares, en cual se encajarían los ciclos de menor duración (Urton, 1981). Este ciclo serviría también para establecer importantes correlaciones astronómicas del ciclo sinódico de Venus, con las lunaciones y del año solar; siendo de esta manera el período básico para la integración de los ciclos astronómicos con las actividades socio-económicas y religiosas, asociado a todo un sub-siguiente comentario simbólico-mitológico etc. Desgraciadamente sólo una fuente menciona (y eso de manera poco explícita) la existencia de tal ciclo;

mientras carecemos totalmente de informaciones acerca de los métodos de correlacionar consigo los diversos ciclos multianuales.

Eran éstos, a mi modo de ver, los principales elementos del sistema del cómputo del tiempo utilizado en el Cuzco incaico, que a la vez constituían la base del calendario imperial.

El principal objetivo de esta muy compleja estructura era el de correlacionar los calendarios y/o ciclos ecológicos regionales con los cuzqueños. Para esto servían los centros administrativo-religiosos, implantados en territorios conquistados, que constituían cierto tipo de "representaciones" y delegaciones "ad partibus barbarorum" del sistema metropolitano. Pero, dada la jerarquización y centralización informativa religioso-ideológica, los centros ceremoniales provinciales no podían ser sino representaciones fragmentarias del sistema metropolitano, conteniendo sólo estos elementos que eran indispensables para establecer el lazo con el sistema local de una provincia determinada. Al hablar del sistema de control ecológico establecido por los Incas para la programación de las actividades agrícolas, el cronista anónimo dice: "Ansimemso tenía mandado el Inka, como por horden Real, que en todas las provincias y pueblos de la serranía tuuiesen la misma horden los Gouernadores, cada vno en su partido, computando el Sol <u>conforme la costelación y temples de los valles y lugares</u> de las prouincias adonde gouernaua cada vno; ansí se cumplía esta horden y muy puntualmente en todo este Reino." (Anónimo, 1906 : 152 - énfasis mía). De este fragmento podemos sacar la conclusión que en los centros administrativos regionales se realizaban las observaciones del Sol ("computando el Sol") para;

- establecer un sistema de programación de actividades (principalmente agrícolas) conforme a las condiciones del microambiente local,

- correlacionar este sistema con el metropolitano.

Por eso se revelan sumamente interesantes las investigaciones arqueoastronómicas en las centros ceremoniales y administrativos incas, situados en las pronvincias conquistadas, puesto que los resultados de estas pesquisas pudiesen darnos una idea más exacta acerca del funcionamiento de estos centros (especialmente en cuanto al aspecto calendárico) y, por consiguiente, permitiesen apreciar el supuesto impacto de los sistemas metropolitanos sobre las culturas locales[40].

Obviamente quedan otros problemas, igualmente importantes, que por razón tanto de los estrictos límites temáticos impuestos a este estudio, como por causa de la escasez de datos a disposición han sido sólo mencionados y/o esborzados o totalmente omitidos. La presentación de las más importantes cuestiones que siguen siendo pendientes podría señalar el camino de las futuras investigaciones:

- De mi punto de vista el primer y más importante problema relacionado con el calendario estatel de los Incas es él (ya mencionado) de examinar la exactitud (y la fiabilidad) de la reconstrucción tentativa, que he presentado en este estudio. Ante todo se necesitaría una averiguación rigurosa si las ceremonias incaicas, observadas todavía durante algunos años después de la Conquista, ocurrían (o no) en las fechas que resultan de nuestro esquema.

- Segundo, merece un estudio más detallado la hipótesis acerca de los "4 comienzos del año", encajados en la secuencia básica de los 12/13 meses lunares. Según mi hipótesis cada uno de estos "comienzos del año" iniciaba un ciclo calendárico de específica función, asociado probablemente a las actividades de distintos grupos sociales y/o étnicos[41]. Con este va de par otro aspecto, sólo esborzado por R.T. Zuidema, o sea él de la asignación de los 12 meses del año a otras tantas "parcialidades" de los Incas de Cuzco. Las recientes investigaciones no dieron respuesta satisfactoria acerca de las obligaciones que resultaban de esta asignación, ni siquiera acerca de la identificación de los pares "parcialidad - mes" respectivos[42].

- Queda también para analizar la hipótesis de la existencia del supuesto ciclo elitista, estrechamente relacionado con algunos adoratorios del sistema de los ceques del Cuzco, y accesible sólo a la suprema élite gobernante del Tawantinsuyu. En mi estudio he logrado identificar sólo algunas de las ceremonias que posiblemente constituían este ciclo; habría que buscar otras evidencias en pro (o en contra) de esta hipótesis.

- Otro problema que se deduce de los anteriormente señalados puede formularse como una pregunta: ?Cuáles eran las actividades (religiosas, administrativas, económicas, etc.) coordenadas directamente por el calendario estatal? Tanto la existencia de calendarios regionales, paralelamente al calendario estatal, como la tantas veces evocada "jerarquía informativa" vigente en el Tawantinsuyu, suponen que el calendario estatal servía para administrar no todos sino sólo algunos aspectos escogidos del funcionamiento del sistema social, los que eran de principal interés para el Estado. A título de sugerencia podemos postular que eran estos (al menos) los siguientes:

a) las ceremonias del sistema mágico-religioso imperial,

b) la entrega en la capital de varias clases de "tributo", no sólo en especie sino también en forma del trabajo dentro del sistema de la mit'a, etc.,

c) posiblemente también una parte de la producción agrícola, especialmente la del maíz en las zonas templadas, de condiciones climático-ecológicas más o menos parecidas a las de la región de Cuzco. En lo referente a este aspecto habría que investigar la posible relación entre el calendario estatal y los supuestos "laboratorios ecológicos" estatales, como los famosos andenes hundidos de Moray. Recordemos a propósito que, según J. Earls este sitio fue un modelo, a escala reducida, de las condiciones, ecológicas en varios pisos constituyentes la zona templada, y eso con el fin de pronosticar en cada año el crecimiento (y, por consiguiente, la cosecha) del maíz (véase Earls, 1977).

d) al menos parte de las actividades del ejército imperial. Ya hemos visto que la "aprobación" militar de los jóvenes incas, lo que significaba su asignación a las tropas de élite, se realizaba en el ciclo ceremonial de "warachiku", regido calendaricamente. Tenemos otros testimonios acerca de la periodización de ciertas actividades militares conforme con el calendario: el abastecimiento de las tropas de los "orejones" se llevaba a cabo cada diez días[43], las operaciones bélicas debían cesar durante el novilunio, mientras que tenían su culminación durante el plenilunio, etc. Como también la realidad climático-ecológica (al menos en la Sierra) imponía sus relgas, resulta obvio que algunos períodos del año (p.ej. la estación seca) eran más propicios para las actividades bélicas que otras, lo que pudo haberse reflejado en las ceremonias calendáricas.

Después de haber confirmado (lo que ambiciono) la fiabilidad de mi reconstrucción del calendario estatal inca, se lo pudiese utilizar (gracias a la correlación con el calendario juliano) como esquema de referencias temporales para situar los acontecimientos históricos prehispánicos, mencionados en las crónicas; lo que a mi parecer, significaría un importante progreso en la investigación sensu stricto histórica del período prehispánico.

Estos son sólo algunos de los posibles derroteros para futuras investigaciones; y este inventario (aúnque incompleto) evidencia claramente que el trabajo que presenté en esta tesis no es más que una etapa, por seguro preliminar y deficiente en su acabado. Sin embargo, este estudio me parece lo suficientemente detallado y manifiesto, para ser objeto de discusión y crítica; de toda manera estoy convencido que la presentación de opiniones controvertibles y la discusión a base de ellas facilitan el progreso de la investigación.

NOTAS

1. En este estudio utilicé "in extenso" amplias partes de un trabajo mío, escrito en colaboración con R.M. Sadowski (Ziolkowski, Sadowski, 1982-84). El texto mencionado obtuvo el premio del XLIV Congreso Internacional de Americanistas en Manchester (Inglaterra), en 1982.

2. Será quizás superfluo de recordar que uno de los efectos (y fines) de la reforma fue el cambio de las fechas calendáricas de los eventos astronómicos, por ejemplo para Cieza de León, el solsticio de verano ocurría el día 11 de junio, y los equinoccios el 11 de marzo y 13 de septiembre; pero para Cobo o Garcilaso de la Vega esos eventos tenían lugar aproximadamente 10 días más tarde, o sea el 21 de junio, el 21 de marzo y el 23 de septiembre, respectivamente. Por eso un "mes de mayo" (o cualquier otro) tenía distintas significaciones (del punto de vista astronómico) para un cronista de, por ejemplo, la primera mitad del siglo XVI, que para otro, del siglo XVII; hay que tomar en cuenta ese hecho, especialmente si para una reconstrucción calendárica o correlación utilizamos datos anotadas en distantas épocas.

3. Posiblemente los cambios tuvieron el fin de recalcar (en el ritual) el papel preponderante de los Incas y de su patron celestial, pero todavía a escala de un estado regional. Quizás con este propósito se ha instituido distintas fechas de la ceremonia del warachiku para los "Incas de sangre" y los "Incas de privilegio", cambiado la fecha del comienzo del año (de "enero" a "diciembre", o mejor dicho, a sus equivalentes lunares andinos) etc. Sin embargo, se ha conservado la estructura anterior (por lo menos los principales elementos) preinca, adaptada a las condiciones ecológicas del valle del Cuzco y de su comarca.

4. El cronista anónimo relaciona la instalación de un nuevo calendario con la necesidad de programar la siembra (y, por consiguiente, la cosecha) en diversos pisos ecológicos (Anónimo, 1906 : 150-152), lo que coincide probablemente con el período expansionista en la historia del Estado Inca (Earls, 1976, pass.). Pero tanto este cronista, como por ejemplo Betanzos, hacen una marcada y bien clara distinción entre el calendario propiamente dicho, compuesto de una secuencia de meses lunares ajustada al año solar, y el dispositivo para observaciones astronómicas (sukanka) que servían para determinar los períodos fijos de la siembra y cosecha en los diversos pisos ecológicos (Anónimo, loc. cit.; Betanzos, 1968 : 45-46).

5. Polo de Ondegardo escribió su primera relación (Polo, I) en 1559, Betanzos la suya en 1551 y Molina "El Cuzqueño alrededor de 1573.

6. Véase entre otros: Earls, 1976; Zuidema, 1981; Aveni, 1981.

7. En mi conocimiento nunca se hizo una crítica de la única edición de esta importante fuente, tampoco se ha realizado un alálisis del manuscrito original.

8. La crónica de Guaman Poma contiene varias informaciones acerca de los sistemas de cómputo del tiempo y los conocimientos astronómicos andinos (véase entre otros Guaman Poma, 1980, fol. 72, 68, 187, 216, 884-885), entre las cuales destacan las descripciones bastante detalladas de dos calendarios:

   - uno "de los Incas", o sea posiblemente de origen prehispánico (ibid., fol. 235-268),

   - otro deliberamente sincrético, designado para el propósito de programar las tareas agrícolas, que representa una curiosa mezcla de elementos andinos y europeos (ibid., fol. 1130-1167).

   Ambos estos ciclos merecen un estudio detallado, que me propongo realizar en el futuro; pero es esto un asunto que transcende el cuadro temático del presente trabajo.

9. Cieza de León, II, cap. XXVI : 90; Garcilaso de la Vega, I, Lib. II, cap. XII : 73; Quipucamayoc : 21; Sarmiento de Gamboa : 236.

10. Cabello Balboa,, 1951 : 349, 352; Calancha : 375; Cobo, 1964, II, Lib. XII, cap. XXXVII : 141-143; Lib. XIII, cap. XXV-XXX : 207-220; Murúa, 1964, Lib. II, cap. 38; 133 y ss.

11. Garcilaso, I, Lib. II, cap. XXIII : 74. Hay muchos datos acerca de que los indios contaban sus meses por lunas p.ej. ibid. : 61, 176, 200, 208, 214, 227, 241, 261; Cieza, II, cap. XXIV : 85; cap. XXVI : 90, etc. En cambio, la división del mes lunar "en semanas" por los cuartos parece dudosa.

12. Véase Ziolkowski, 1985, Apéndice I, párrafo "Luna - mes".

13. Zuidema, 1977 : 226, 233. Pero ultimamente parece haber abandonado esta idea (Zuidema, 1982a : 61, 75, Zuidema, comunicación personal en agosto de 1983), a favor de otra, referente a la importancia de un ciclo de 328 noches <u>equivalente</u> a 12 meses lunares siderales, pero subdividido por los Incas en 12 partes de distintas duraciones, desde 22 hasta 33 noches (Zuidema, 1982a : 75, véase también el Apéndice I en este volumen).

14. Véase Ziolkowski, 1985, Apéndice I.

15. Este último autor no habla directamente del calendario inca, sin embargo sostiene que la principal fiesta era la de Qhapaq Raymi (Pachacuti Yamqui, 1968 : 290, 302).

16. Garcilaso tampoco describe el calendario inca de una manera detallada, pero repite varias veces que la fiesta principal era la de Intip Raymi en junio (Garcilaso, I, Lib. VI, cap. XX-XXIII : 218-224.

17. Polo, II : 131, 147; Anónimo, 1906 : 156. La relación mencionada es posterior a la de 1559, en la cual Polo describió un año inca que comenzaba en diciembre.

18. Véase la nota 16.

19. Compárese con Fernandez "El Palentino" : 86-87, ?quizás ambos autores utilizaron la misma fuente?

20. Según el calendario juliano, como todas las fechas en este artículo, salvo advertencias especiales.

21. No se trata de una confusión entre la fiesta de warachiku cuzqueña, en diciembre, con la misma ceremonia pero llevada al cabo por los "Incas de privilegio", en octubre-noviembre, pues tampoco concuerdan las fechas de otras fiestas, p.ej. la de Cituya Yquiz de Gutierrez (citua) resulta también demasiado temprana, comparando p.ej. con la secuencia propuesta por Molina "El Cuzqueño".

22. "El día de la conjunción de la Luna, a medio día, yba el ynca con todas las personas y los más principales yncas a Curicancha (...) a donde hasían su cauildo, tratando de que manera se haría la dicha fiesta (de citua), porque en vnos años añadian o quitauan de la fiesta lo que los parecia conuenia para la fiesta." (Molina "El Cuzqueño", 1916 : 35). Otro dato parecido se refiere al comienzo del mes posterior al de Qhapaq Raymi: "Llamauan al mes de diciembre Camay Quilla en el qual el primero día de la Luna, los que se hauían armado caballeros, (...) de anancuzco contra los de Hurincuzco se tirauan hondaços ..." (ibid. : 78). En la Tabla III se ha puesto los equivalentes julianos aproximados de los meses cuzqueños, descritos por Molina.

23. R.T. Zuidema escribe que el calendario descrito por Molina era compuesto de 11 meses lunares sinódicos (?), mientras que el de "Capac raymi" contaba sólo 23 días (Zuidema y Urton, 1976 : 93-95).

24. Polo (I : 213). No se podía llevar al cabo esta corrección, añadiendo un "mes" suplementario de dos cuadras cada año (véase Velasco, II : 152), porque en este caso el primer mes del año siguiente empezaría con un plenilunio, lo que sería totalmente inadmisible a la luz de los datos etnohistóricos citados anteriormente.

25. Véase la reconstrucción en Ziólkowski, Sadowski, 1982-84 y en este volumen.

26. Para la versión de Molina, hemos sugerido que el mes suplementario podría ser intercalado antes del primer mes del ciclo, haocay cusqui. Se revela mucho más difícil el asunto de la eventual corrección en la versión de Polo de Ondegardo: ?Se trataba también de otra intercalación (independiente de la precedente) de un mes suplementario, más o menos cada tres años, antes del primer mes del ciclo, o sea antes del solsticio de diciembre? ?O la corrección era la misma para ambas versiones -

la intercalación de un sólo mes suplementario, antes del solsticio de junio?

Soy partidario de esta segunda solución, de una sola corrección para ambas versiones (o, mejor dicho, para las 4 versiones, según lo he expuesto más abajo). Pero en este caso occurían a veces decalaciones entre el modelo ideal y la realidad, p.ej. el primer mes abarcaba todavía al solsticio de junio, pero el mes de Qhapaq Raymi ya no alcanzaba al solsticio de diciembre (véase en la reconstrucción los años 1542, 1547). A mi modo de ver, la atribución de dos meses a las festividades en torno al solsticio de diciembre resultaba (aparte de los motivos ideológico-religiosos) de la necesidad de solucionar este problema. En una situación como la del año 1547, se podía "prolongar" el mes de Qhapaq Raymi, asignándole los primeros días (el novilunio propiamente dicho más posiblemente los primeros días de la luna visible) del mes siguiente, el de "Capac raymi camay quilla", para que el solsticio caese en "su mes". Esto no constituiría un importante alteración de las ceremonias, puesto que ambos estos meses eran designados para festejar el mismo evento, o sea el solsticio de diciembre. Posiblemente a tal procedimiento se refería Guaman Poma, hablando de un mes lunar excesivamente largo: "De un hía hasta dies días una semana; llegauan a treynta días o treynta un o dos, conforme el menguante. Desde menguante aquello tenía por orden del creciente de la luna." (Guaman Poma, 1980, fol. 260). R.T. Zuidema también sugiere que el mes de Capac Raymi era más largo, pero le atribuye una duración fija, de 33 días, en el cuadro de su modelo de "kipu-calendario" (Zuidema, 1982a : 86-89, véase también el Apéndice I en este volumen), mientras yo creo que la "prolongación" ocurría sólo ocasionalmente.

27. "Muchas fiestas tenían en el año los Incas, en las cuales hacían grandes sacrificios conforme a la costumbre dellos. (...) solamente porné la fiesta de Hatun Raimi, porque es muy nombrada. en muchas provincias se guardaba y era la principal de todo el año y en que más los Incas se regocijaban y más sacrificios se hacían; y esta fiesta celebraban por fin de agosto, cuando ya habían cogido sus maíces, papas, quinua, oca y las demás semillas que siembran. Y llaman a esta fiesta, como de dicho Hatun Raimi, que en nuestra lengua quiere decir fiesta muy solene, porque en ella se habían de rendir gracias y lores al gran Dios Hacedor de los cielos y la tierra, a quien llamaban, como muchas veces he dicho, Ticiviracocha, y al Sol, y a la Luna y los otros dioses suyos, por les haber dado buen año de cosechas para su mantenimiento". (Cieza, II, cap. XXX : 103).

No es cierto el nombre de la fiesta, pues el de "Hatun Raimi" resulta de una interpretación de la palabra "Atrinlaisme" anotada en el manuscrito del Escorial.

28. Traté del aspecto simbólico y de las connotaciones ideológico-religiosas de estas divisiones en el capítulo II de mi tesis de doctorado (Ziólkowski, 1985). Quisiera entre tanto sólo recordar que las divisiones de la Pacha (Espacio-Tiempo) se basan en el principio de oposición y complementaridad, lo que observamos a

diversos niveles del análisis. El simbolismo de la oposición entre los solsticios de junio y de diciembre fue ya ampliamente discutido, por lo tanto prefiero sólo hacer algunas observaciones generales referentes a las relaciones entre las dos otras lecturas, desde "agosto" y "febrero".

La oposición simbólica entre los dos comienzos del año se revela en varios aspectos:

- se trata de fenómenos astronómicos opuestos (el pasaje del sol por el Cenit y por el Anti-Cenit), que son a la vez inter-dependientes; dividen el año en dos mitades, como los solsticios.

- uno de los ciclos (el "Cenital", que empieza en febrero) está relacionado con la entrega del tributo, en ganado y mujeres o sea con los asuntos de "pastoreo" (que las Lectoras disculpen esta generalización poco pulida), mientras que el otro con la agrìcultura (comienzo del ciclo agrario); de tal manera representan la oposición socio-económica entre pastores y agricultores, biológica entre lo animal y lo vegetal, etc.,

- una interestante oposición es la espacial entre el movimento "adentro" y "afuera", pues en febrero se observaba la salida del sol, que anticipaba su pasaje por el Cenit de Cuzco, cuando el sol a mediodía, se "asentaba derecho" en la plaza. Esto lleva consigo la connotación del movimiento "adentro" emparejado con la llegada al Cuzco del tributo de las provincias sujetas, etc. En cambio, en agosto se observaba la puesta del sol, que anticipaba se pasaje nocturno por el Nadir, lo que llevaba consigo la noción simbólica de un movimiento "afuera", bien relacionado con los trabajos agrícolas, llevados al cabo en las chacras, afuera de la cuidad, etc.,

- observamos también una oposición en el aspecto ceremonial, pues los pasajes por el Cenit (o mejor dicho las salidas del sol en estos días) fueron observados desde el templo del "Sol de la guerra", Muyucmarca en Sacsayhuaman, mientras que la puesta del sol el día de su pasaje por el Anti-Cenit era observada desde el ushnu. Para más detalles acerca del simbolismo de los pasajes del sol por el Cenit y el Anti-Cenit véase entre etros Zuidema, 1981, pass.

29. Véase también la nota 3.

30. Véase la nota 7.

31. Véase la nota 26.

32. Fechas según el calendario juliano (Zuidema y Aveni en sus trabajos determinan las fechas según el calendario gregoriano); en lo referente a la importancia ceremonial y económica atribuida a estos eventos, véase Zuidema 1981, 1982a, 1982b.

33. Observamos aquí una discrepancia parecida a la referente a los nombres kichwa de los meses de "Marzo" y "Abril"; puesto que el cronista anónimo dice que el mes incaico de "octubre" se llamaba por otro nombre "Cantarayquilla". Este nombre está también mencionado en otras fuentes, pero en referencia al mes de "Noviembre" (Polo, I : 217; Betanzos, 1968 : 56).

34. Fecha según el calendario juliano. Según la argumentación de Zuidema, los puntos de puesta y salida del sol alrededor de la fecha de su pasaje por el Anti-Cenit eran determinados mediante la reversión de las direcciones "cenitales". Pero la "reversión" no era ideal, ya que junto con el momento del pasaje por el Anti-Cenit se observaba el período de 29-30 días (15 días antes y otros tantos después del evento), mientras que carecemos de referencias acerca de un procedimiento parecido alrededor de los pasajes por el Cenit, en febrero y octubre. Tal período (si existiese) serviría mejor para el propósito de "enlazar" los meses de Chaupicusqui y Raymiquilla, que el pasaje por el Cenit sólo.

35. Los fenómenos solares tenían una posición prácticamente fija (pero hay que tomar en cuenta el asunto de la reforma gregoriana) dentro del calendario cristiano, por lo tanto la énfasis sobre el hecho que en evento solar ocurre siempre en agosto (cristiano) resultaría un tanto exagerada. Sería como si alguien subrayase repetidamente que el solsticio de diciembre tiene lugar en diciembre.

36. Véase Ziólowski, Sadowski en este volumen. Pero persisten algunas discrepancias respecto a la secuencia de meses y de las fiestas asociadas, según el relato del Anónimo. Resulta p. ej. difícil determinar la posición de la fiesta cuzqueña de Qhapaq Raymi con la ceremonia de warachiku de los "Incas de sangre". Parece que las informaciones anotadas por el autor Anónimo le fueron propuestas por informantes no incas (?quizás Collas? - !No se olvide el interés particular del cronista por el Collasuyu!).

37. En otro lugar Cobo menciona 14 "pilares" o "adoratorios" (Cobo, II, Lib. XIII, cap. V : 158). El problema del número de estos "pilares", "mojones" o "torres" para las observaciones astronómicas es bastante enredado, véase la discusión al respecto en Zuidema, 1982a : 72-74 y en Ziolkowski, 1985, cap. III.

38. Véase la nota 26.

39. Sin embargo, este argumento tiene también sus debilidades. La principal es que la ceremonia no ha sido observada en Cuzco o en sus vecinidades inmediatas (conforme a los postulados que ha presentado anteriormente sino en una localidad a más de 150km de distancia, ya en la parte perteneciente al Collasuyu (Qullasuyu). Es esta una falla importante, pero que no desacredita mi argumento puesto que:

- la región mencionada (repartimiento de Azángaro) era una de las áreas de la más temprana expansión inca; según la tradición sería esta también la región del origen mítico de los Incas (al menos una región con la cual tuvieron estrechas relaciones culturales);

- tanto en Cuzco como en Lampaz se trataba de la descripción de una festividad común, muy difundida, y no de una ceremonia elitista, de acceso restringido a un pequeño grupo de oficiantes.

Por lo tanto considero que la identificación que hice presenta un razonable nivel de probabilidad. Pero para mayor certitud, se necesitarían identificaciones parecidas de algunas festividades llevadas a cabo en la zona metropolitana misma.

40. Aparte las investigaciones de Dearborn y White en los centros del valle de Urubamba) que pertenecen a la región metropolitana existe (a mi conocer) sólo un estudio arqueoastronómico de un centro administrativio provincial inca: se trata de Ingapirca en la provincia de Cañar (Ecuador). Las investigaciones que hicimos en este sitio, en dos temporadas, permiten sacar la conclusión preliminar de que en la parte ceremonial de Ingapirca se realizaban observaciones astronómicas (solares) que servían para determinar los períodos circum-solsticiales y también una fecha (3-4 de agosto gregoriano) asociada probablemente al comienzo del ciclo agrícola de orígen cuzqueño. Sería esta la fecha de la "entrada del sol" detrás del primer pilar de la sukanka del cerro Picchu, en Cuzco (la que precedía de 15 días el pasaje del sol por el Anti-Cenit) - compárese entre otros Zuidema, 1981, 1982a.

41. Quizás los dos ciclos solsticiales eran atribuidos a los "Incas de sangre" del Cuzco mismo, mientras que los dos ciclos administrativo-económicos estaban asignados a algunos grupos de los "Incas de privilegio" de la región del Cuzco. Se sabe que cada "parcialidad" de estos "Incas de privilegio" tenía una determinada posición y tarea en la administración imperial: véase Guaman Poma, fol. 343 y ss.; 1981 : 314 y ss., también el interesante estudio de Zuidema, 1983a.

42. Zuidema ha analizado con más detalles la supuesta asociación de la panaka de Tupaq Yupanki (Capac ayllu) con las festivadades de Qhapaq Raymi - véase Zuidema, 1982a : 89 y también el Apéndice a este volumen.

43. Al menos así dice Murúa, al relacionar las guerras de Quito; el quebramiento por el Inka de esta regla ha sido una de las causas del motín encabezado por el "capitan Mihi Huayca Mata" (Murúa, 1962, Lib. I, Cap. 34 : 91).

Tabla I

El calendario inca según la versión de Juan de Betanzos (1551). El editor de la obra corrigió los nombres de los meses y de algunas fiestas, he puesto entre paréntesis los nombres originales (según el manuscrito)

	Nombres del mes incaico	Equivalente juliano	Fiestas, ceremonias y otros informaciones
1	Pucuy quillaimi (Pucorquilame)	diciembre	comienza el año, fiesta de "armar caballeros"
2	Coyquis	enero	
3	Ccollapoccoyquis	febrero	
4	Pachapocoyquis	marzo	
5	Ayriguaquis (Ayngaquis)	abril	
6	Aymorayquis	mayo	fiesta "muy solemne" al Sol, comenzaba desde que empezaba la cosecha del maíz y duraba hasta fin de junio
7	Hatun cosqui quillan	junio	fin del ayuno de los muchachos que fueron armados caballeros el diciembre pasado; participan, ricamente vestidos, a la fiesta del Sol que había comenzado en mayo, llamada Yahuarincha aymoray (Yagauricha ymaray), en la plaza de Rimacpampa
8	Cahuarquis (Caguaquil)	julio	empezaba la siembra del maíz, de las papas y de quinua
9	Capacsiquis (Carpasiquis)	agosto	
10	Cituaiquis (Situayquis)	septiembre	dos fiestas: una nocturna - los participantes se lavaban desde medianoche hasta la madrugada, llevaban hachos encendidos. Otro ceremonia - Purappucquiu (Porapuipia) ofrenda de ropa y carneros a las aguas

11	Omaraimiquis (Omaririmequis)	octubre	fiesta de horadar las orejas en Oma
12	Cantarayquis (Cataraquis)	noviembre	empezaban de preparar la chicha para las ceremonias del mes siguiente

Tabla II

El calendario inca según la versión de Juan Polo de Ondegardo/I

	Nombre del mes incaico	Equivalente juliano	Fiestas, ceremonias y otras informaciones
1	Raymi	diciembre	fiesta de Capacraymi, iniciación de los jóvenes incas
2	Camay	enero	ceremonia de hechar las cenizas al río
3	Hatun pucuy	febrero	ofrenda de 100 carneros, "como los otros meses"
4	Pacha pucuy	marzo	ofrenda de 100 cerneros negros
5	Arihuaquis	abril	ofrenda de 100 carneros, "moro-moros o pintados"
6	Hatuncuzqui aymoray	mayo	ofrenda de 100 carneros de "todos colores", fiesta Aymoray
7	Aucay Cuzqui, Intiraymi	junio	ofrenda de 100 carneros "guanacos", fiesta de Intiraymi
8	Chahua huarquis	julio	ofrenda de 100 carneros pardos
9	Yapaquis	"parece que responde a Agosto"	ofrenda de 100 carneros pardos y 1000 cuyes para la protección de las chacras
10	Coya raymi	septiembre	fiesta de Citua "cuando salía la luna el primer día", ofrenda de 100 carneros blancos ceremonia con "hachos de fuego" llamada Panconcos, "lauatorios generales", consumo de los "bollos hechos con sangre"
11	Homa raymi puchayquis	octubre	ofrenda de 100 carneros, si faltaba agua ataban un carnero negro al cual no daban de comer hasta que lloviese
12	Ayamarca	noviembre	ofrenda de 100 carneros, la fiesta de Raymi Cantarayquis, preparación de los muchachos para las ceremonias del mes siguiente, fiesta de Itu Raymi (?)

Tabla III

El calendario inca según la versión de Cristobal de Molina "El Cuzqueño". Según este cronista, el primer mes (haocay cusque) empezaba "mediado mayo (...) a primero día de la Luna", por lo tanto los equivalentes europeos de los meses incaicos no son exactos, el primer mes equivalía o a parte de mayo y junio, o a junio (véase la tabla III). Hemos puesto entre paréntesis los equivalentes aproximados

	Nombre del mes incaico	Equivalente juliano	Fiestas, ceremonias y otras informaciones
1	haocay cusque	mayo (mayo-junio)	Fiesta de Intip raymi, ofrenda de carneros de todos colores
2	Cauay, Chachua-rhuay	julio (junio-julio)	"regaban las chacras"
3	moronpassa tarpuiquilla	julio (julio-agosto	Fiesta de yahuasira (pedían comidas al Hacedor), siembra
4	Coyaraymi	agosto (agosto-septiembre	Fiesta de citua, preparativos en Coricancha, "el día de la conjunción de la Luna"
5	omac rayma	septiembre (septiembre-octubre)	Fiesta de "huarachico" en Orco, 2 leguas de Cuzco
6	Ayarmaca-raymi	octubre (octubre-noviembre	"Llamauanse así porque los yndios del pueblo de Ayamarca hacían las fiestas del guarachico"
7	Capac Raymi	noviembre (noviembre-diciembre)	Fiesta de Capac Raymi ("fiesta del señor Ynca vn de (...) las tres fiestas que ellos hacían"
8	Camay Quilla	diciembre (diciembre-enero)	Pelea ritual, con hondas, entre Hanan Cuzco y Hurin Cuzco
9	Atun pucuy	enero (enero-febrero)	"no tenían fiesta"
10	pacha puco	febrero (febrero-marzo)	

11	Paucarguara	marzo (marzo-abril)	
12	Ayri Guay	abril (abril-mayo)	"coxían las chacaras en el y también las encerrauan y rrecojían, a lo qual llamauan aymoray (...). Y asi se acauaua el año por orden dicho y boluia el mes de mayo, empeçando la fiesta del Sol".

BIBLIOGRAFIA CITADA

Abreviaciones:

AA - "Archaeoastronomy in the Americas", R.A. Williamson (ed). A. Ballena Press - Center for Archaeoastronomy Cooperative Publication, 1981.

BAE - Biblioteca de Autores Españoles, Madrid.

CLDRHP - Colección de Libros y Documentos Referentes a la Historia del Perú, Lima.

JSA - Journal de la Société des Américanistes, Paris.

RMN - Revista del Museo Nacional Lima.

Acosta, José de, (1954) "Historia Natural y Moral de las Indias", BAE t. 73, Madrid.

Anónimo, (1906) "Discurso de la sucesión y gobierno de los Yngas", en: "Juicio de límites entre el Perú y Bolivia", ed. Victor Maurtúa vol. 8, pp. 149-165, Lima.

Aveni, Anthony F., (1981) "Horizon Astronomy in Incaic Cuzco", en: AA, pp. 305-318.

Betanzos, Juan de, (1880) "Suma y narración de los Incas que los indios llamaron Capaccuna ...", publicada por Márcos Jimenez de la Espada, Biblioteca Hispana-Ultramarina, Madrid.

Betanzos, Juan de, (1968) op. cit., en: BAE t. 209, Madrid.

Cabello Valboa, Miguel, (1951) "Miscelánea antártica. Una historia del Perú antiguo", Universidad Nacional Mayor de San Marcos, Fac. de Letras, Instituto de Etnología, Lima.

Calancha, Fray Antonio de la, (1639) "Coronica Moralizada del Orden de San Avgvstin en el Perv (...)", Barcelona.

Ciezo de León, Pedro

I - "La cronica del Perú", Biblioteca peruana 1, Lima 1973
II - "El señorio de los Incas", Instituto de Estudios Peruanos, Lima 1967.

Cobo, Bernabe, (1964) "Historia del Nuevo Mundo", t. II, BAE t. 92.

Dearborn, David S.P. y White, Raymond E., (1983) "The Torreón at Machu Picchu as a Solar Observatory", en: Archaeoastronomy n° 5, supplement to the Journal for the History of Astronomy, vol. 14, pp. 37-49.

Earls, John, (1976) "La evolución de la administración ecológica inca", en: RMN t. 42, pp. 207-245.

Fernandez "El Palentino", Diego, (1963) "Historia del Perú", BAE t. 165, Madrid.

Garcilaso del la Vega, "El Inca"

I - "Comentarios reales de los Incas. Primera parte", BAE t. 133.
II - "Comentarios reales de los Incas. Segunda parte", BAE t. 134.

Gonçalez Holguín, Diego, (1952) "Vocabulario de la lengua de todo el Perú llamada Lengua Quichua o del Inca. Lima 1609", ed. facs., Lima.

Guaman Poma de Ayala, Phelipe, (1936) "Nueva Coronica y Buen Gobierno", Institut d'Ethnologie, Paris.

Guaman Poma de Ayala, Phelipe, (1980) "El Primer Nueva Coronica y Buen Gobierno", edición crítica de John V. Murra y Rolena Adorno Siglo Vientiuno Editores, México.

Gutierrez de Santa Clara, Pedro, (1963) "Quinquenarios o historia de las guerras civiles del Perú", BAE t. 166, Madrid.

Jesuita Anónimo, (1968) "Relación de las costumbres de los naturales del Perú", BAE t. 209.

Las Casas, Fray Barolomé de, (1958) "Apologética historia sumaria", BAE t. 105, 106, Madrid.

Molina "El Cuzqueño", Cristóbal de, (1916) "Relación de las fábulas y ritos de los Ingas", CLDRHP t. VI.

Murúa, Fray Martín de, (1946) "Historia del origen y genealogía real de los Reyes Incas del Perú", Biblioteca "Missionalia Hispanica", vol. II, Madrid.

Murúa, Fray Martín de, (1962) "Historia General del Perú. Origen y Descendencia de los Incas ...", Colección Joyas Bibliográficas, Bibliotheca Americana Vetus, vol. I, Madrid.

Murúa, Fray Martín de, (1964) vol. II.

Oliva, Anello, (1895) "Historia del Perú y varones insignes en santidad de la Compania de Jesus", Imprenta y Librería de San Pedro, Lima.

Pachacuti Yamqui Salcamayhua, Don Joan de Santa Cruz, (1968) "Relación de antiguedades deste Reyno del Perú", BAE t. 209.

Polo de Ondegardo, Juan,

I - "Los errores y svpersticiones de los indios, sacadas del tratado y aueriguación que hizo el Licenciado Polo", en: Revista Histórica, I, Lima 1906.

II - "Informe al Licenciado Briviesca de Muñatones sobre la perpetuidad de las encomiendas del Perú", en: Revista Histórica, XIII, Lima 1940, pp. 125-196.

Quipucamayos (1974) "Relación de las descendencia, gobierno y conquista de los Incas, por Collapiño, Supno y otros Quipucamayos" (Relación de los Quipucamayos a Vaca de Castro), Ediciones de la Biblioteca Universitaria, Lima.

Sarmiento de Gamboa, Pedro, (1965) "Historia Indica", en: Obras del Inca Garcilaso de la Vega, vol. IV, BAE t. 135, pp. 159-279.

Urton, Gary, (1981) "At the Crossroads of the Earth and the Sky", University of Texas Press, Austin.

Vázquez de Espinosa, Antonio, (1948) "Compendio y descripción de las Indias Occidentales", transcrito por Charles Upson Clark, Smithsonian Miscellaneous Collections vol. 108, New York.

Velasco, Juan de, (1978) "Historia del Reino de Quito en la América Meridional. Historia Antigua. Tomo II", Edit. Casa de la Cultura Ecuatoriana, Quito 1978.

Ziółkowski, Mariusz S., (1985) "Pachap unanchaq. El calendario metropolitano del Estado Inca", tésis de doctorado, Universidad de Varsovia (manuscrito).

Ziółkowski, Mariusz S. y Sadowski, Robert M., (1982-1984) "Los problemas de la reconstrucción de los calendarios prehispánicos andinos", en: Estudios Latinoamericanos t. 9, Varsovia, pp. 45-87.

Zuidema, R. Tom, (1981) "Inca Observations of the Solar and Lunar Passages Through Zenith and Anti-Zenith at Cuzco", en: AA, pp. 319-342.

Zuidema, R. Tom, (1982a) "The sideral lunar calendar of the Incas", en: "Archaeoastronomy in the New World", A.F. Aveni (editor), Cambridge University Press, Cambridge-London-New York, pp. 59-107.

Zuidema, R. Tom, (1982b) "Catachillay. The Role of the Pleiades and the Southern Cross and α and β Centauri in the Calendar of the Incas", en: "Ethnoastronomy and Archaeoastronomy in the American Tropics", A.F. Aveni y G. Urton (editors), Annals of the New York Academy of Sciences, vol. 385, New York, pp. 203-229.

Zuidema, R. Tom, (1983a) "Hierarchy and space in incaic social organization", en: Ethnohistory 30(2), pp. 49-75.

Zuidema, R. Tom, (1983b) "Masks in the incaic solstice and equinoctial rituals", en: "The power of symbols. Masks and Masquerade in the Americas" N. Ross Crumrine and Marjorie Halpin (editors), University of British Columbia Press, Vancouver, pp. 149-162.

sf - "El Ushnu" (manuscrito)

Zuidema, R. Tom; Urton, Gary, (1976) "La constelación del la Llama en los Andes Peruanos", en: Allpanchis Phuturinqa vol. 9, Cusco, pp. 59-119.

THE RECONSTRUCTION OF THE METROPOLITAN CALENDAR OF THE INCAS IN THE PERIOD 1500 - 1572 AD

Mariusz S. Ziólkowski and Robert M. Sadowski

We present here a tentative reconstruction of the Incaic metropolitan calendar, or rather its ceremonial-religious part. This calendar had been discussed in detail in Ziólkowski, Sadowski 1982-84, Ziólkowski 1985 and Ziólkowski in the present volume.

It is worthwhile to remind the reader here that in our opinion the Incaic metropolitan calendar was a luni-solar one, consisting of the 12 synodic months and correlated to the true (tropical) solar year. The "solar framework" was formed most probably by the observations of the 8 critical moments in the annual movement of the Sun (see below) made with the help of system of the sukankas around Cuzco (Aveni 1981, Zuidema 1981-82a). For a calendar of that kind it was possible to start at four different moments at least within the annual cycle (cf. Ziólkowski in the present volume).

As to our reconstruction presented below, it is well to remember its limitations, and especially its tentative and hypothetical character. In the course of our work we have met numerous problems, and we mention the most important of them here.

1. From which moment did the Incas count the lunar month and how did they determine its duration? Almost all the chroniclers who have dealt with that problem have said

> "(they) counted the months after the moons from the one new moon up to another (...)".

The most popular explanation of this method is that the natives counted the months beginning from the first apparition of the moon after its conjunction, the precise moment of that astronomical phenomenon not being known to them. However, it is also possible to count the days of lunation beginning from the disappearance of the moon <u>before</u> the conjunction and "to prolong" such a month (or months) by counting it up to the apparition of the next new moon. Perhaps a rather enigmatic remark of Guaman Poma refers to such a procedure:

> "De un día hasta dies días una semana; ollegauan a treynta días o treynta un o dos, conforme al menguante. Desde menguante aquello tenía por orden del creciente de la luna" (1980 : fol. 260).

As the problem of exact calculation of the moment of first apparition of the moon after the conjunction is rather complicated, we have preferred to build up our reconstruction on the base of the dates of conjunctions themselves, calculated with an error $\pm$ 30 min.

The new moon appears one or two days after the astronomical conjunction and this very day we call "the first day of the month". However, what was the date of new moon if the moon stayed invisible during two succeeding nights? We have called such days "day 0" as it is not clear whether or not they were included to the preceding month.

The letters "a-d" attached to the dates of the new moon give approximate information as to the part of the day when the conjunction occured:

a - 0-6^h, b - 6-12^h, c- 12-18^h, d - 18-24^h.

It seemed to us more honest than giving precise moments (for these see Ziółkowski, Sadowski 1982-84: Apéndice II), as such accuracy certainly could not have been achieved by the Incas.

2. The other problem is how (or rather, how accurately) did the Incas determine the solstices? Guaman Poma suggests that by the observation of the rising and setting points of th sun on the horizon the Incas came to the conclusion that the sun ascends the throne (= solstitial position) and rests there for three days each time. It corresponds quite well with the astronomical reality as at the latitude of Cuzco the azimuth of the sun (at rising as well as at the setting) does not change visibly within 3-4 days around the solstices, in other words "the sun does not move". However, we still do not know whether for the Incas the solstice was marked by one of these 3-4 days or by all that period?

3. In addition to the two points mentioned above another problem arises: how was the beginning of the year determined in case of the new moon falling close to the solstices (or rather, within the periods of solar immobility)? For example, in 1534 the new moon fell on June 11, and therefore the lunar crescent could appear on June 12 or 13, while the sun "did not move" approximately from June 10 up to 14. Did the first month of the year (haocay cusque) begin therefore with the <u>preceding</u> new moon on May 12, or did it coincide with that on June 11?

In such cases we have preferred to put an interrogation mark rather than to give an arbitrary solution.

4. From the structure of both versions of the calendar it may be seen that the first month of the year included a solstice (that of June, according to Molina, or that of December, according to Polo de Ondegardo), and the other solstice should fall on the seventh month (capac raymi according to Molina, and aucay cuzqui according to Polo); this is in good agreement with the names of the months as well as with the names of the festivities. However, it happens sometimes that the seventh month does not include the other solstice, as occurred in our reconstruction in 1539 and 1542.

May it be therefore that both versions are in reality nothing else but the same calendar, describing separately each other half of the year? In such a case Molina's version would have been used for determining the months of the one half of the year, while Polo's version served the same purpose in the period from December to May.

5. As it is said elsewhere (Ziólkowski, Sadowski 1982-84 Ziólkowski, this volume) our main problem was to correlate the lunar cycle to the solar year. We have solved it by intercalation a hypothetical 13th lunar month every three years approximately. We have based this on the version of Molina "El Cuzqueño" who put the 13th month in May, immediately before haocay cusque, the first month of the year, because only Molina describes in detail the beginning of the year which offers us terminus ante quem for the intercalation.

Our reconstruction consists basically of two parts: part one being an exact reconstruction of the metropolitan calendar for the period 1532-33 with emphasis put on the feasts. The choice of such a period was due to its special role in the history of the Inca state - as has already been suggested (Ziólkowski 1985a), some aspects of Inca behaviour during the invasion by the Spaniards might have been due to some calendric-ceremonial reasons - as well to a very simple reason, namely that for those two years no intercalation was necessary, which is always connected with possible confusion in calculation of the dates of the feasts; part two being a simplified reconstruction, consisting only of the Incaic months in relation to the Christian calendar, according to both versions: that of Molina "Cuzqueño" and of Polo de Ondegardo.

We have confined ourselves to an exact reconstruction of so short a period because of editorial limitations; nevertheless, anyone interested in the situation at other times may simply extrapolate the scheme presented in part one as far as he wishes.

Part 1: Apart of the names of the months in the table there were also marked the principal religious festivities of the Inca ritual calendar. Therefore it is worth stressing here that for the various reasons, explained elsewhere (see Ziólkowski 1985a, chap. V), we consider that within the frames of these festivities the different ceremonies were celebrated, each for the different group of participants, and such were at least as follows:

<u>The feast of Intip Raymi</u>

IR-1 - The solemn reception by Sapan Inka in Cuzco of the curacas and the "capitanes de guerre" (not Incas) of all (?) the empire.

IR-2 - The pilgrimage of the priests "tarpuntaes" to the temple in Vilcanota with offerings for the huacas made during the journey.

IR-3 - The "exclusive" ceremonies (for the nobility of Cuzco only) held by Sapan Inka in the temple of Chuquimarca, situated on the mountain of Mantocalla in the vicinity of Cuzco.

The feast of Sitwa (citua)

S-1 - The "great feast of the moon", celebrated mostly by the women. Information on this ceremony is rather scarce and it is possible that part of it coincided with the four days of the ceremony S-2.

S-2 - The ritual purification of Cuzco and its region.

The feast of Qhapaq Raymi

QR-1 - The celebration of the December solstice, dedicated principally to the sun and Wiraqucha.

QR-2 - The "warachiku" or the initiation of Cuzco youths. Some of its rituals may probably coincide with QR-1.

QR-3 - The ceremonies held by "non-Incas", connected probably with paying tribute (in garments?) "for religion".

The month and festivities of Camay quilla

KQ-1 - The continuation and final part of the ceremonies of Qhapaq Raymi, and among others the ritual battle of the "initiated".

KQ-2 - The nocturnal ceremony held on the full moon, on which occasion the rope-snake called "mororurco" was displayed publicly.

KQ-3 - Mayuqati (mayocati), the offering for the waters held during the third quarter of the moon of that month.

The detailed description of these and other ceremonies may be found in: Ziòlkowski 1985a, chap. V.

In the last column of the table, headed "the astronomical phenomena", the dates of the new moon and of principal solar phenomena are given (Julian dates!)

SJ - June solstice

NA - The nadir or antizenith passage of the sun in Cuzco (cf. Zuidema 1981 pass.) on August 7

ES - September equinox

CO - The zenith passage of the sun in Cuzco on October 20

SD - December solstice

CF - Second zenith passage of the sun in Cuzco on February 2

EM - March equinox

NB - Second antizenith passage of the sun in Cuzco on April 15

There were also marked the periods of visibility (in Cajamarca) of the two "comets of Atawallpa" in the years 1532 and 1533 (see Ziólkowski 1985).

No	Name	The Incaic month Ceremonies and other activities			Julian calendar Day	Date	Astronomical phenomenon
					0	3.VI.1532	New moon (b)
I/7	haocay cusque (the feast of Intipraymi)	IR-1	IR-2		1	4.VI.	
					8	11.VI.	SJ
		End		IR-3?	9	12.VI.	
			Vilca-		10	13.VI.	
			nota		15	18.VI.	
			End		22	25.VI.	
				End	28	1.VII.	
					0	2.VII.	New moon (d)
II/8	cauay	Offerings for the waka Tocoripuquio (Ch-Extra 2)			1?	3.VII.	
					15	17.VII.	
					21	23.VII.	
					29	31.VII.	
					0	1.VIII.	New moon
III/9	moronpassa				1	2.VIII.	
	tarpuyquilla	The "guayara" feast held in the farm of Sausero - the ritual ploughing and beginning of the agricultural year			6	7.VIII.	NA
					15	16.VIII.	
					21	22.VIII.	
					28	29.VIII.	
	Sitwa	The counsel in Qurikancha, the race to bring the evil off the city, night feast (between the days 0 and 1)			0	30.VIII.	New moon (d)
IV/10	Coyaraymi	S-2			1?	31.VIII.	
			S-1 (?)		5?	4.IX.	
				S-3	6?	5.IX.	
		End	?	End	7?	6.IX.	
		Night feast with hachos?			14	13.IX	ES
					15	14.IX.	
			End		16	15.IX.	
					21	20.IX.	
			?		29	28.IX.	
					0	29.IX.	New moon (b)
V/11	omac raymi				1	30.IX.	
					15	14.X.	
					21	20.X.	CO
					29	28.X.	
					0	29.X.	New moon (a)

VI/20 ayasmaca raymi				1	30.X.	
(all month	Preparations for			2	31.X.	The approxi-
feast of the	warachiku in					mate period
deads)	Wanakawri					of visibility
	The Itu feast (?)			3	1.XI.	of the comet
				4	2.XI.	of the year
	End			5	3.XI.	1532
				15	13.XI.	
				21	19.XI.	
				28	26.XI.	
				0	27.XI.	New moon (c)
VII/1 Raymi	QR-1	QR-2	QR-3	1	28.XI.	
				14	11.XII.	SD
				15	12.XII.	
		End		22	19.XII.	
	In Puquin cancha		Return to Cuzco	23	20.XII.	
	Return to Cuzco		End	29	26.XII.	
				0	27.XII.	New moon (a)
	Offerings in the square					
VIII/2 Camay	KQ-1			1	28.XII.	
quilla	End			2	29.XII.	
	KQ-2			15	11.I.1533	
	End			17	13.I.	
	KQ-3 (?)			18	14.I.	
	End			22	18.I.	
				28	24.I.	
				0	25.I.	New moon (c)
IX/3 hatan pucuy				1	26.I.	
	The feast of "Raymi"?			8	2.II	CF
				15	9.II	
				21	15.II.	
				29	23.II.	
				0	24.II.	New moon (a)
X/4 Pacha pucuy				1	25.II.	
	Paying the tribute?			14	10.III.	EM
				15	11.III.	
				21	17.III.	
				28	24.III.	
				0	25.III.	New moon (c)
XI/5 Paucar guara				1	26.III.	
				14	9.IV.	
				21	15.IV.	NB
				29	23.IV.	
XII/6 Ayriguay	The aymoray feast			0	24.IV.	New moon (b)
	Offerings at Sausero, the ritual ploughing			15	10.V.	
				21	16.V.	
				27	22.V.	
				0	23.V.	New moon (d)

I/7	haocay cusque (the Intiraymi	IR-1	IR-2		1	24.V.	
	feast)	End		IR-3	9	1.VI.	
			Vilcanota		10	2.VI.	
					20	12.VI.	SJ
			End		22	14.VI.	
				End	29	21.VI.	
					0	22.VI.	New moon (b)
II/8	cauay				1	23.VI.	The approxi- mate period
					15	7.VII.	of visibility
					21	13.VII.	of the comet
					28	20.VII.	of the year
					0	21.VII.	1533
III/9	moronpassa tarpuyquilla	Beginning of the agri- cultural year, the			1	22.VII.	
		ritual ploughing in			15	5.VIII.	
		the farm of Sausero			17	7.VIII.	NA
					21	11.VIII.	
					29	19.VIII.	
	Sitwa - the counsel in Qurikancha and the night feast (days 0/1)				0	20.VIII.	New moon (b)
IV/10	Coyaraymi	S-2			1?	21.VIII.	
			S-1(?)		5?	25.VIII.	
				S-3	6?	26.VIII.	
		End	?	End	7?	27.VIII.	
		Night feast with hachos?			14	3.IX.	
					15	4.IX.	
			End		16	5.IX.	
					21	10.IX.	
					24	13.IX.	ES
					28	17.IX.	
					0	18.IX.	New moon (d)
V/11	omac raymi				1	19.IX.	
					15	3.X.	
					21	9.X.	
					29	17.X.	
					0	18.X.	New moon (b)
VI/12	ayasmaca raymi				1	19.X.	
	(all month feast of the deads)	Preparations for warachiku in Wanakawri			2	20.X.	CO
		The Itu feast (?)			3	31.X.	
		Final (?)			5	23.X.	
					15	2.XI.	
					21	8.XI.	
					28	15.XI.	
					0	16.XI.	New moon (d)

VII/1 Raymi	QR-1	QR-2	QR-3	1	17.XI.	
				15	1.XII.	
		End		22	8.XII.	
	In Puquin-cancha		Return to Cuzco	23	9.XII.	
				26	12.XII.	SD
	Return to Cuzco		End	29	15.XII.	
	Offerings in the square			0	16.XII.	New moon (b)
VIII/2 Camay quilla	KQ-1			1	17.XII.	
	End			2	18.XII.	
	KQ-2			13	31.XII.	
	End			17	2.I.1534	
	KQ-3 (?)			18	3.I.	
	End			22	7.I.	
				28	13.I.	
				0	14.I.	New moon (d)

Part 2: The correlation of the Incaic month with the Julian Calendar in the period 1500 - 1572 AD

Julian calendar			The Incaic month	
Year	New Moon Day/Month	Part of a day	after C. de Molina "El Cuzqueño"	after J. Polo de Ondegardo
1500	28 IV	a		
	27 V	d	haocay cusque (feast of intiraymi)	
	26 VI	a	cauay	
	25 VII	c	moronpassa tarpuiquilla	
	24 VIII	a	Coyaraymi	
	22 IX	d	omac raymi	
	22 X	b	Ayarmaca-raymi	
	20 XI	d	Capac Raymi	Raymi
	20 XII	b	Camay Quilla	Camay
1501	18 I	d	Atun Pucuy	Hatan pucuy
	17 II	b	pacha pucuy	Pacha pucuy
	18 III	d	Paucarguara	Arihuaquiz
	17 IV	b	ayriguay (feast of aymoray)	Hatun Cuzqui aymoray
	16 V	d	haocay cusque (feast of intiraymi)	Aucay Cuzqui, Intiraymi
	15 VI	b	cauay	hahua huarquis
	15 VII	a	moronpassa tarpuiquilla	Yapaquis
	13 VIII	c	Coyaraymi (feast of citua)	Coya raymi (feast of citua)
	12 IX	a	omac rayma	Homa raymi puchayquis
	11 X	c	Ayarmaca-raymi?	?
	10 XI	a	Capac Raymi?	?
	9 XII	c	Camay Quilla?	?
1502	8 I	a	Atun Pucuy?	?
	6 II	c	pacha pucuy	?
	8 III	b	Paucarguara	?
	7 IV	a	ayriguay (feast of aymoray?)	?
	6 V	b	XIII	?
	4 VI	d	haocay cusque (feast of intiraymi)	Aucay Cuzqui, Intiraymi
	4 VII	b	cauay	Chahua huarquis
	2 VIII	d	moronpassa tarpuiquilla	Yapaquis
	1 IX	c	Coyaraymi (feast (of citua)	Coya raymi (feast of citua)
	1 X	a	omac rayma	Homa raymi puchayquis
	30 X	c	Ayarmaca-raymi	Ayamarca
	29 XI	a	Capac Raymi	Raymi
	28 XII	c	Camay Quilla	Camay

1503	27 I	a	Atun Pucuy	Hatun Pucuy
	25 II	c	pacha pucuy	Pacha pucuy
	27 III	a	Paucarguara	Arihuaquiz
	26 IV	a	ayriguay (feast of aymoray)	Hatun Cuzqui, aymoray
	25 V	b	haocay cusque (feast of intiraymi)	Aucay Cuzqui, Intiraymi
	23 VI	c	cauay	Chaua huarquis
	23 VII	a	moronpassa tarpuiquilla	Yapaquis
	21 VIII	c	Coyaraymi (feast of citua)	Coya raymi (feast of citua)
	20 IX	b	omac rayma	Homa raymi puchayquis
	19 X	d	Ayarmaca-raymi	Ayarmaca
	18 XI	b	Capac Raymi	Raymi
	17 XII	d	Camay Quilla	Camay
1504	16 I	b	Atun Pucuy	Hatun Pucuy
	14 II	d	pacha pucuy	Pacha pucuy
	15 III	b	Paucarguara	Ayrihuaquiz
	14 IV	d	ayriguay (feast of aymoray)?	Hatun Cuzqui, aymoray
	14 V	a	haocay cusque (feast of intiraymi)?	Aucay Cuzqui, Intiraymi
	12 VI	b	cauay?	Chahua huarquis
	11 VII	d	moronpassa tarpuiquilla	Yapaquis
	10 VIII	b	Coyaraymi (feast of citua)?	coya raymi (feast of citua)
	8 IX	d	omac rayma?	?
	8 X	b	Ayarmaca-raymi?	?
	7 XI	a	Capac Raymi?	?
	6 XII	c	Camay Quilla?	Raymi
1505	5 I	a	Atun Pucuy?	Camay
	3 II	c	pacha pucuy?	Hatun Pucuy
	5 III	a	Paucarguara?	Pacha pucuy
	4 IV	b	ayriguay? (feast of aymoray)	Ayrihuaquiz
	3 V	c	XIII	Hatun Cuzqui, aymoray
	2 VI	a	haocay cusque (feast of intiraymi)	Aucay Cuzqui, Intiraymi
	I VII	c	cauay	Chahua huarquis
	31 VII	a	moronpassa	Yalpaquis
	29 VIII	c	Coyaraymi (feast of citua)	Coya raymi (feast of citua)
	28 IX	a	omac rayma	Homa raymi puchayquis
	27 X	c	Ayarmaca-raymi	Ayamarca
	26 XI	a	Capac Raymi	Raymi
	25 XII	d	Camay Quilla	Camay
1506	24 I	b	Atun Pucuy	Hatun Pucuy
	22 II	d	pacha pucuy	Pacha pucuy
	24 III	b	Paucarguara	Arihuaquiz
	25 IV	a	ayriguay (feast of aymoray)	Hatun Cuzqui, aymoray

	22 V	c	haocay cusque (feast of intiraymi)	Aucay Cuzqui, Intiraymi
	21 VI	a	cauay	Chahua huarquis
	20 VII	c	moronpassa tarpuiquilla	Yapaquis
	19 VIII	a	Coyaraymi (feast of citua)	Coya raymi
	17 IX	c	oma rayma	Homa raymi puchayquis
	17 X	a	Ayarmaca-raymi	Ayamarca
	15 XI	c	Capac Raymi	Raymi
	15 XII	a	Camay Quilla	Camay
1507	13 I	c	Atun Pucuy	Hatun Pucuy
	12 II	b	pacha pucuy	Pacha pucuy
	13 III	d	Paucarguara	Arihuaquiz
	12 IV	a	ayriguay (feast of aymoray)?	Hatun Cuzqui, aymoray
	11 V	d	haocay cusqui? (feast of intiraymi)	Aucay Cuzqui, Intiraymi?
	10 VI	b	cauay?	?
	9 VII	d	moronpassa tarpuiquilla?	?
	8 VIII	b	Coyaraymi (feast of citua)?	?
	7 IX	a	?	?
	6 X	c	?	?
	5 XI	a	?	Ayamarca?
	4 XII	c	?	Raymi
1508	3 I	a	?	Camay
	1 II	c	?	Hatun Pucuy
	2 III	a	?	Pacha pucuy
	31 III	c	Paucarguara?	Arihuaquis
	29 IV	d	ayriguay (feast of aymoray)	Hatun Cuzqui, aymoray
	29 V	c	haocay cusque (feast of intiraymi)	Aucay Cuzqui, Intiraymi
	28 VI	a	cauay	Chahua huarquis
	27 VII	c	moronpassa tarpuiquilla	Yapaquis
	26 VIII	b	Coyaraymi (feast of citua)	Coya raymi (feast of citua)
	24 IX	d	omac rayma	Homa raymi puchaquis
	24 X	b	Ayarmaca-raymi	Ayamarca
	22 XI	d	Capac Raymi	Raymi
	22 XII	b	Camay Quilla	Camay
1509	20 I	d	Atun Pucuy	Hatuc Pucuy
	19 II	b	pacha pucuy	Pacha pucuy
	20 III	d	Paucarguara	Arihuaquiz
	18 IV	c	ayriguay (feast of aymoray)	Hatun Cuzqui aymoray
	18 V	c	haocay cusque (feast of intiraymi)	Aucay Cuzqui, Intiraymi
	17 VI	b	cauay	Chahua huarquis
	16 VII	d	moronpassa tarpuiquilla	Yapaquis
	15 VIII	b	Coyaraymi (feast of citua)	Coya raymi (feast of citua)
	13 IX	d	omac rayma	Homa Raymi puchayquis?

	13 X	b	Ayarmaca-raymi	Ayamarca?
	11 XI	d	Capac Raymi?	Raymi?
	11 XII	b	Camay Quilla	Camay?
1510	9 I	d	Atun Pucuy	?
	8 II	b	pacha pucuy	?
	10 III	a	Paucarguara	?
	8 IV	b	ayriguay (feast of aymoray)?	?
	7 V	d	XIII	?
	6 VI	b	haocay cusque (feast of intiraymi)	?
	5 VII	d	cauay	?
	4 VIII	b	moronpassa tarpuiquilla	
	2 IX	d	Coyaraymi (feast of citua)	Coya raymi? (feast of citua)
	2 X	b	omac rayma	Homa raymi puchayquis?
	1 XI	a	Ayarmaca-raymi	Ayamarca?
	30 XI	c	Capac Raymi	Raymi
	30 XII	a	Camay Quilla	Camay
1511	28 I	c	Atun pucuy	Hatun Pucuy
	27 II	a	pacha pucuy	Pacha pucuy
	28 III	c	Paucarguara	Arihuaquiz
	27 IV	b	ayriguay (feast of aymoray)	Hatun Cuzqui aymoray
	26 V	d	haocay cusque (feast of intiraymi)	Aucay Cuzqui, Intiraymi
	25 VI	a	cauay	Chahua huarquis
	24 VII	c	moronpassa tarpuiquilla	Yapaquis
	23 VIII	a	Coyaraymi (feast of citua)	Coya raymi (feast of citua)
	21 IX	c	omac rayma	Homa raymi puchayquis
	21 X	b	Ayarmaca-raymi	Ayamarca
	19 XI	d	Capac Raymi	Raymi
	19 XII	b	Camay Quilla	Camay
1512	17 I	d	Atun Pucuy	Hatun Pucuy
	16 II	b	pacha pucuy	Pacha pucuy
	16 III	d	Paucarguara	Arihuaquiz
	16 IV	a	ayriguay (feast of aymoray)	Hatun Cuzqui aymoray
	15 V	b	haocay cusque (feast of intiraymi)	Aucay Cuzqui, Intiraymi
	13 VI	c	cauay	Chahua huarquis
	13 VII	a	moronpassa tarpuiquilla	Yapaquis
	11 VIII	c	Coyaraymi (feast of citua)	Coya raymi (feast of citua)
	10 IX	b	omac rayma	?
	9 X	d	Ayarmaca-raymi?	?
	8 XI	b	Capac Raymi?	?
	7 XII	d	Camay Quilla?	Raymi
1513	6 I	b	Atun pucuy?	Camay
	4 II	d	pacha pucuy?	Hatun pucuy
	6 III	b	Paucarguara?	Pacha pucuy
	5 IV	c	ayriguay (feast of aymoray)?	Arihuaquis

	5 V	a	XIII	Hatun Cuzqui aymoray
	3 VI	b	haocay cusque (feast of intiraymi)	Aucay Cuzqui, Intiraymi
	2 VII	d	cauay	Chahua huarquis
	1 VIII	b	moronpass tarpuiquilla	Yapaquis
	30 VIII	d	Coyaraymi (feast of citua)	Coya Raymi (feast of citua)
	29 IX	c	omac rayma	Homa raymi puchayquis
	29 X	a	Ayarmaca-raymi	Ayamarca
	27 XI	c	Capac Raymi	Raymi
	27 XII	a	Camay Quilla	Camay
1514	25 I	c	Atun Pucuy	Hatun Pucuy
	24 II	a	pacha pucuy	Pacha pucuy
	25 III	c	Paucarguara	Arihuaquiz
	24 IV	c	ayriguay (feast of aymoray)	Hatun Cuzqui aymoray
	24 V	a	haocay cusque (feast of intiraymi)	Aucay Cuzqui, Intiraymi
	22 VI	b	cauay	Chahua huarquis
	21 VII	d	moronpassa tarpuiquilla	Yapaquis
	20 VIII	b	Coyaraymi (feast of citua)	Coya raymi (feast of citua)
	18 IX	d	omac rayma	Homa raymi puchayquis
	18 X	b	Ayarmaca-raymi	Ayamarca
	17 XI	a	Capac Raymi	Raymi
	16 XII	c	Camay Quilla	Camay
1515	15 I	a	Atun Pucut	Hatun Pucuy
	13 III	c	pacha pucuy	Pacha pucuy
	15 III	a	Paucarguara	Arihuaquiz
	14 IV	a	ayriguay (feast of aymoray)?	Hatun Cuzqui aymoray
	13 V	c	haocay cusque (feast of intiraymi)?	Aucay Cuzqui, Intiraymi
	11 VI	d	cauay?	Chahua huarquis?
	11 VII	c	moronpassa tarpuiquilla?	?
	10 VIII	a	Coyaraymi (feast of citua)?	?
	8 IX	c	omac rayma?	?
	8 X	a	Ayarmaca-raymi?	?
	6 XI	c	?	Ayamarca?
	6 XII	a	?	Raymi
1516	4 I	c	?	Camay
	3 II	a	?	Hatun Pucuy
	3 III	d	?	Pacha pucuy
	2 IV	a	?	Arihuaquiz
	1 V	c	¿XIII?	
	31 V	b	haocay cusque (feast of intiraymi)	Aucay Cuzqui, Intiraymi
	29 VI	d	cauay	Chahua huarquis
	29 VII	b	moronpassa tarpuiquilla	Yapaquis
	27 VIII	d	Coyaraymi (feast of citua)	Coya raymi (feast of citua)

	26 IX	b	omac rayma	Homa raymi puchayquis
	25 X	d	Ayarmaca-raymi	Ayamarca
	24 XI	b	Capac Raymi	Raymi
	24 XII	a	Camay Quilla	Camay
1517	22 I	c	Atun Pucuy	Hatun Pucuy
	21 II	a	pacha pucuy	Pacha pucuy
	22 III	c	Paucarguara	Arihuaquiz
	20 IV	c	ayriguay (feast of aymoray)	Hatun Cuzqui aymoray
	20 V	b	haocay cusque (feast of intiraymi)	Aucay Cuzqui, Intiraymi
	19 VI	a	cauay	Chahua huarquis
	18 VII	c	moronpassa tarpuiquilla	Yapaquis
	17 VIII	a	Coyaraymi (feast of citua)	Coya raymi (feast of citua)
	15 IX	c	omac rayma	Homa raymi puchayquis
	15 X	a	Ayarmaca-raymi	Ayamarca
	13 XI	c	Capac Raymi	Raymi
	13 XII	a	Camay Quilla	Camay
1518	11 I	c	Atun pucuy	Hatun Pucuy
	10 II	b	Pacua pucuy	Pacha pucuy
	11 III	d	paucarguara?	Arihuaquiz
	9 IV	d	ayriguay? (feast of aymoray)	Hatun Cuzqui aymoray?
	9 V	b	XIII?	Aucay Cuzqui, Intiraymi?
	8 VI	a	haocay cusque (feast of intiraymi)	?
	7 VII	c	cauay	?
	6 VIII	a	moronpassa tarpuiquilla	?
	4 IX	c	Coyaraymi (feast of citua)	?
	4 X	a	omac rayma	?
	2 XI	c	Ayarmaca-raymi	Ayamarca?
	2 XII	a	Capac Raymi	Raymi
	31 XII	d	Camay Quilla	
1519	30 I	b	Atun Pucuy	Hatun Pucuy
	28 II	d	pacha pucuy	Pacha pucuy
	30 III	b	Paucarguara	Arihuaquiz
	28 IV	d	ayriguay (feast of aymoray)	Hatun Cuzqui aymoray
	28 V	a	haocay cusque (feast of intiraymi)	Aucay Cuzqui, Intiraymi
	26 VI	d	cauay	Chahuarquis
	26 VII	b	moronpassa tarpuiquilla	Yapaquis
	24 VIII	d	Coyaraymi (feast of citua)	Coya Raymi (feast of citua)
	23 IX	b	omac rayma	Homa raymi puchayquis
	22 X	d	Ayarmaca-raymi	Ayamarca
	21 XI	b	Capac Raymi	Raymi
	20 XII	d	Camay Quilla	Camay
1520	19 I	b	Atun Pucuy	Hatun Pucuy
	18 II	a	pacha pucuy	Pacha pucuy

	18 III	c	Paucarguara	Arihuaquis
	17 IV	b	ayriguay (feast of aymoray)	Hatun Cuzqui aymoray
	16 V	c	haocay cusque (feast of intiraymi)	Aucay Cuzqui, Intiraymi
	15 VI	a	cauay	Chahua huarquis
	14 VII	c	moronpassa tarpuiquilla	Yapaquis
	13 VIII	a	Coyaraymi (feast of citua)	Coya Raymi (feast of citua)
	11 IX	d	omac rayma?	Homa raymi puchaiquis?
	11 X	a	Ayarmaca-raymi	?
	9 XI	c	Capac Raymi?	?
	9 XII	b	Camay Quilla?	?
1521	7 I	d	Atun Pucuy?	?
	6 II	b	pacha pucuy?	?
	7 III	d	Paucarguara?	?
	7 IV	a	ayriguay (feast of aymoray)?	?
	6 V	b	XIII	?
	4 VI	c	haocay cusque (feast of intiraymi)	?
	4 VII	a	cauay	Chahua huarquis?
	2 VIII	c	moronpassa tarpuiquilla	Yapaquis?
	1 IX	b	Coyaraymi (feast of citua)	Coya raymi (feast of citua)
	30 IX	d	omac rayma	Homa raymi puchayquis?
	30 X	b	Ayarmaca-raymi	Ayamarca?
	28 XI	d	Capac Raymi	Raymi
	28 XII	b	Camay Quilla	Camay
1522	26 I	d	Atun Pucuy	Hatun Pucuy
	25 II	b	pacha pucuy	Pacha pucuy
	26 III	d	Paucarguara	Arihuaquiz
	26 IV	a	ayriguay (feast of aymoray)	Hatun Cuzqui aymoray
	25 V	b	haocay cusque (feast of intiraymi)	Aucay Cuzqui Intiraymi
	23 VI	c	cauay	Chahua huarquis
	23 VII	a	moronpassa tarpuiquilla	Yapaquis
	21 VIII	c	Coyaraymi (feast of citua)	Coya raymi (feast of citua)
	20 IX	b	omac rayma	Homa raymi puchayquis
	19 X	d	Ayarmaca-raymi	Ayamarca
	18 XI	b	Capac Raymi	Raymi
	17 XII	d	Camay Quilla	Camay
1523	16 I	b	Atun Pucuy	Hatun Pucuy
	14 II	d	pacha pucuy	Pacha pucuy
	16 III	b	Paucarguara	Arihuaquiz
	15 IV	c	ayriguay (feast of aymoray)	Hatun Cuzqui aymoray
	15 V	a	haocay cusque (feast of intiraymi)?	Aucay Cuzqui Intiraymi
	13 VI	b	cauay?	Chahua huarquis?
	12 VII	d	moronpassa tarpuiquilla?	?

	11 VIII	b	Coyaraymi (feast of situa)?	?
	9 IX	d	omac rayma	?
	9 X	b	Ayarmaca-raymi?	?
	7 XI	d	Capac Raymi?	?
	7 XII	b	Camay Quilla?	Raymi?
1524	5 I	d	Atun Pucuy?	Camay
	4 II	c	pacha pucuy	Hatun pucuy
	5 III	a	Paucarguara?	Pacha pucuy
	3 IV	d	ayriguay (feast of aymoray)?	Arihuaquiz
	V	b	XIII	Hatun Cuzqui aymoray
	1 VI	d	haocay cusque (feast of intiraymi)	Aucay Cuzqui Intiraymi
	1 VII	b	cauay	Chahua huarquis
	30 VII	d	moronpassa tarpuiquilla	Yapaquis
	29 VIII	c	Coyaraymi (feast of citua)	Coya Raymi (feast of citua)
	28 IX	a	omac rayma	Homa raymi puchayquis
	27 X	c	Ayarmaca-raymi	Ayamarca
	26 XI	a	Capac Raymi	Raymi
	25 XII	c	Camay Quilla	Camay
1525	24 I	a	Atun Pucuy	Hatun Pucuy
	22 II	c	pacha pucuy	Pacha pucuy
	24 III	a	Paucarguara	Arihuaquiz
	22 IV	c	ayriguay (feast of aymoray)	Hatun Cuzqui aymoray
	22 V	a	haocay cusque (feast of intiraymi)	Aucay Cuzqui Intiraymi
	20 VI	c	cauay	Chahua huarquis
	20 VII	b	moronpassa tarpuiquilla	Yapaquis
	18 VIII	d	Coyaraymi (feast of citua)	Coya raymi (feast of citua)
	17 IX	b	omac rayma	Homa raymi puchayquis
	16 X	d	Ayarmac-raymi	Ayamarca
	15 XI	b	Capac Raymi	Raymi?
	14 XII	d	Camay Quilla	Camay
1526	13 I	b	Atun Pucuy	Hatun Pucuy?
	11 II	d	pacha pucuy	Pacha pucuy?
	13 III	b	Paucarguara	Arihuaquiz?
	11 IV	c	ayriguay (feast of aymoray)?	Hatun Cuzqui aymoray?
	11 V	a	XIII?	?
	9 VI	d	haocay cusque (feast of intiraymi)?	? ?
	9 VII	b	cauay?	?
	7 VIII	d	moronpassa tarpuiquilla?	?
	6 IX	b	Coyaraymi (feast of citua)?	?
	5 X	d	omac rayma?	?
	4 XI	c	Ayarmaca-raymi?	Ayarmarca?
	4 XII	a	Capac Raymi	Raymi

1527	2 I	c	Camay Quilla	Camay
	1 II	a	Atun Pucuy	Hatun Pucuy
	2 III	c	pacha pucuy	Pacha pucuy
	31 III	a	Paucarguara	Arihuaquiz
	30 IV	b	ayriguay (feast of aymoray)	Hatun Cuzqui aymoray
	29 V	d	haocay cusque (feast of intiraymi)	Aucay Cuzqui Intiraymi
	28 VI	b	cauay	Chahua huarquis
	27 VII	d	moronpassa tarpuiquilla	Yapaquis
	26 VIII	b	Coyaraymi (feast of citua)	Coya raymi (feast of citua)
	25 IX	a	omac rayma	Homa raymi puchayquis
	24 X	c	Ayarmaca-raymi	Ayamarca
	23 XI	a	Capac Raymi	Raymi
	22 XII	c	Camay Quilla	Camay
1528	21 I	a	Atun pucuy	Hatun Pucuy
	19 II	c	Pacha pucuy	Pacha pucuy
	20 III	a	Paucarguara	Arihuaquis
	18 IV	c	Ayriguay (feast of aymoray)	Hatun Cuzqui aymoray
	18 V	a	haocay cusque (feast of intiraymi)	Aucay Cuzqui Intiraymi
	16 VI	c	cauay	Chahua huarquis
	16 VII	a	moronpassa tarpuiquilla	Yapaquis
	14 VIII	c	Coyaraymi (feast of citua)	Coya raymi (feast of citua)
	13 IX	a	omac rayma	Homa raymi puchayquis
	12 X	d	Ayarmaca-raymi?	Ayamarca?
	11 XI	b	Capac Raymi?	Raymi?
	10 XII	d	Camay Quilla?	?
1529	9 I	b	Atun Pucuy?	?
	7 II	d	pacha pucuy?	?
	9 III	b	Paucarguara?	?
	8 IV	b	ayriguay (fiesta aymoray)?	?
	7 V	c	XIII	?
	6 VI	a	haocay cusque (feast of intiraymi)	?
	5 VII	c	cauay	?
	4 VIII	a	moronpassa tarpuiquilla	?
	2 IX	c	Coyaraymi (feast of citua)	?
	2 X	a	omac rayma	?
	31 X	c	Ayarmaca-raymi	Ayamarca?
	30 XI	a	Capac Raymi	Raymi
	29 XII	d	Camay Quilla	Camay
1530	28 I	b	Atun Pucuy	Hatun Pucuy
	26 II	d	pacha pucuy	Pahca pucuy
	28 III	b	Paucarguara	Arihuaquiz
	27 IV	b	ayriguay (feast of aymoray)	Hatun Cuzqui aymoray
	26 V	c	haocay cusque (feast of intiraymi)	Aucay Cuzqui, Intiraymi

	24 VI	d	cauay	Chahua huarquis
	24 VII	c	moronpassa tarpuiquilla	Yapaquis
	23 VIII	a	Coyaraymi	Coya raymi
				(feast of citua)
	21 IX	c	omac rayma	Homa raymi
				puchayquis
	21 X	a	Ayarmaca-raymi	Ayamarca
	19 XI	c	Capac Raymi	Raymi
	19 XII	a	Camay Quilla	Camay
1531	17 I	c	Atun Pucuy	Hatun Pucuy
	16 II	a	pacha pucuy	Pacha pucuy
	17 III	d	Paucarguara	Arihuaquiz
	17 IV	a	ayriguay	Hatun Cuzqui
			(feast of aymoray)	aymoray
	16 V	b	haocay cusque	Aucay Cuzqui,
			(feast of intiraymi)	Intiraymi
	14 VI	c	cauay	Chahua huarquis
	14 VII	a	moronpassa tarpuiquilla	Yapaquis
	12 VIII	c	Coyaraymi	Coya raymi
			(feast of citua)	(feast of citua)
	11 IX	b	omac rayma	Homa raymi
				puchayquis?
	10 X	d	Ayarmaca-raymi?	?
	9 XI	b	Capac Raymi?	?
	8 XII	d	Camay Quilla?	Raymi?
1532	7 I	b	Atun pucuy?	Camay?
	5 II	d	pacha pucuy?	Hatun Pucuy?
	6 III	b	Paucarguara?	Pacha pucuy?
	5 IV	c	ayriguay	Arihuaquiz?
			(feast of aymoray)?	
	5 V	d	XIII	Hatun Cuzqui
				aymoray
	3 VI	b	haocay cusque	Aucay Cuzqui,
			(feast of intiraymi)	Intiraymi
	2 VII	d	cauay	Chahua huarquis
	1 VIII	b	moronpassa tarpuiquilla	Yapaquis
	30 VIII	d	Coyaraymi	Coya raymi
			(feast of citua)	(feast of citua)
	29 IX	b	omac rayma	Homa raymi
				puchayquis
	29 X	a	Ayarmaca-raymi	Ayamarca
	27 XI	c	Capac Raymi	Raymi
	27 XII	a	Camay Quilla	Camay
1533	25 I	c	Atun Pucuy	Hatun pucuy
	24 II	a	pacha pucuy	Pacha pucuy
	25 III	c	Paucarguara	Arihuaquiz
	24 IV	b	ayriguay	Hatun Cuzqui
			(feast of aymoray)	aymoray
	23 V	d	haocay cusque	Aucay Cuzqui,
			(feast of intiraymi)	Intiraymi
	22 VI	b	cauay	Chahua huarquis
	21 VII	d	moronpassa tarpuiquilla	Yapaquis
	20 VIII	b	Coyaraymi	Coya raymi
			(feast of citua)	(feast of citua)
	18 IX	d	omac rayma	Homa raymi
				puchayquis

	18 X	b	Ayarmaca-raymi	Ayamarca
	16 XI	d	Capac Raymi	Raymi
	16 XII	b	Camay Quilla	Camay
1534	14 I	d	Atun pucuy	Hatun pucuy
	13 II	c	pacha pucuy	Pacha pucuy
	15 III	a	Paucarguara	Arihuaquiz
	13 IV	b	ayriguay (feast of aymoray)?	Hatun Cuzqui aymoray
	12 V	d	haocay cusque (feast of intiraymi)?	Aucay Cuzqui Intiraymi?
	11 VI	c	?	?
	11 VII	a	?	?
	9 VIII	c	?	?
	8 IX	a	?	?
	7 X	c	?	?
	6 XI	a	?	Ayamarca?
	5 XII	d		Raymi
1535	4 I	b		Camay
	2 II	d	?	Hatun Pucuy
	4 III	b	?	Pacha pucuy
	2 IV	b	?	Arihuaquis
	1 V	d	XIII?	Hatun Cuzqui aymoray
	31 V	c	haocay cusque (feast of intiraymi)	Aucay Cuzqui Intiraymi
	30 VI	a	cauay	Chahua huarquis
	29 VII	c	moronpassa tarpuiquilla	Yapaquis
	28 VIII	a	Coyaraymi (feast of citua)	Coya raymi (feast of citua)
	26 IX	d	omac rayma	Homa raymi puchayquis
	26 X	b	Ayamaca-raymi	Ayamarca
	24 XI	d	Capac Raymi	Raymi
	24 XII	b	Camay Quilla	Camay
1536	22 I	d	Atun Pucuy	Hatun Pucuy
	21 II	b	pacha pucuy	Pacha pucuy
	21 III	d	Paucarguara	Arihuaquiz
	20 IV	a	ayriguay (feast of aymoray)	Hatun Cuzqui aymoray
	19 V	c	haocay cusque (feast of intiraymi)	Aucay Cuzqui Intiraymi
	18 VI	b	cauay	Chahua huarquis
	17 VII	d	moronpassa tarpuiquilla	Yapaquis
	16 VIII	b	Coyaraymi (feast of citua)	Coya raymi (feast of citua)
	14 IX	d	omac rayma	Homa raymi puchayquis
	14 X	b	Ayarmaca-raymi	Ayamarca
	12 XI	d	Capac Raymi?	Raymi?
	12 XII	d	Camay Quilla?	Camay?
1537	11 I	a	Atun pucuy?	Hatun Pucuy?
	9 II	c	pacha pucuy?	Pacha pucuy?
	11 III	a	Paucarguara?	Arihuaquiz?
	9 IV	c	ayriguay (feast of citua)?	Hatun Cuzqui aymoray?
	9 V	a	XIII	?

	7 VI	c	haocay cusque (feast of intiraymy)	?
	7 VII	a	cauay	?
	5 VIII	c	moronpassa tarpuiquilla	?
	4 IX	a	Coyaraymi (feast of citua)	?
	4 X	a	omac raymi	?
	2 XI	d	Ayarmaca-raymi	?
	2 XII	b	Capac Raymi	Raymi
1538	1 I	a	Camay Quilla	Camay
	30 I	c	Atun pucuy	Hatun Pucuy
	28 II	d	pacha puco	pacha pucuy
	30 III	b	paucarguara	arihuaquiz
	28 IV	c	ayri guay	hatun cuzqui
	28 V	a	haocay cusque	aucay cuzqui
	26 VI	b	cauay	chahua huarquis
	25 VII	d	moronpassa tarpuiquilla	Yapaquis
	24 VIII	b	coyaraymi	coya raymi
	23 IX	a	omac rayma	homa raymi
	22 X	d	ayarmaca-raymi	ayamarca
	21 XI	c	capac raymi	raymi
	21 XII	b	camay quilla	camay
1539	20 I	a	atun pucuy	hatun pucuy
	18 II	d	pacha puco	pacha pucuy
	20 III	a	paucarguara	arihuaquiz
	18 IV	b	ayriguay	hatun cuzqui
	17 V	b	haocay cusque	aucay cuzqui
	15 VI	d	cauay	chahua huarquis
	15 VII	b	moronpassa tarpuiquilla	yapaquis
	13 VIII	c	coya raymi	coya raymi
	12 IX	a	omac rayma	homa raymi?
	11 X	d	ayarmaca-raymi?	?
	10 XI	c	capac raymi?	?
	10 XII	b	camay quilla?	?
1540	9 I	a	atun pucuy?	?
	7 II	d	pacha puco?	?
	8 III	c	paucarguara?	?
	7 IV	a	ayriguay?	?
	6 V	b	XIII	?
	4 VI	c	haocay cusque	?
	3 VII	d	cauay	?
	2 VIII	b	moronpassa tarpuiquilla	?
	31 VIII	c	coyaraymi	?
	30 IX	a	omac rayma	?
	29 X	c	ayarmaca-raymi	?
	28 XI	b	capac raymi	raymi
	28 XII	a	camay quilla	camay
1541	26 I	d	atun pucuy	Hatun Pucuy
	25 II	b	pacha pucuy	Pacha pucuy
	27 III	a	Paucarguara	Arihuaquiz
	25 IV	d	ayriguay (feast of aymoray)	Hatun Cuzqui aymoray
	25 V	b	haocay cusque (feast of intiraymi)	Aucay Cuzqui, Intiraymi
	23 VI	c	cauay	Chahua huarquis

	23 VII	a	moronpassa tarpuiquilla	Yapaquis
	21 VIII	c	Coyaraymi (feast of citua)	Coya raymi (feast of citua)
	20 IX	b	omac rayma	Homa raymi puchayquis
	19 X	d	ayarmaca	Ayamarca
	18 XI	b	capac raymi	Raymi
	17 XII	d	camay quilla	Camay
1542	16 I	b	atun pucuy	Hatun pucuy
	14 II	d	pacha pucuy	Pacha pucuy
	16 III	b	paucarguara	Arihuaquiz
	15 IV	a	ayriguay (feast of aymoray)	Hatun Cuzqui aymoray
	14 V	c	haocay cusque? (feast of intiraymi)	Aucay Cuzqui, Intiraymi
	13 VI	a	cauay?	Chahua huarquis
	12 VII	c	moronpassa tarpuiquilla?	Yapaquis
	11 VIII	b	coyaraymi (feast of citua)?	Coya raymi (feast of citua)
	9 IX	d	omac rayma?	?
	9 X	b	ayarmaca?	?
	7 XI	d	capac raymi?	?
	7 XII	b	camay quilla?	Raymi
1543	5 I	d	atun pucuy?	Camay
	4 II	b	pacha pucuy?	Hatun Pucuy
	5 III	d	¿paucarguara?	Pacha pucuy
	4 IV	a	¿ayriguay (feast of aymoray)?	Arihauquiz
	5 V	d	XIII	Hatun Cuzqui aymoray
	2 VI	b	haocay cusque (feast of intiraymi)	Aucay Cuzqui, Intiraymi
	1 VII	d	cauay	Chahua huarquis
	31 VII	b	moronpassa tarpuiquilla	Yapaquis
	30 VIII	a	coyaraymi (feast of citua)	Coya Raymi (feast of citua)
	28 IX	c	omac rayma	Homa raymi puchayquis
	28 X	a	ayarmaca	Ayamarca
	26 XI	c	capac raymi	Raymi
	26 XII	a	camay quilla	Camay
1544	24 I	c	atun pucuy	Hatun pucuy
	23 II	a	pacha pucuy	Pacha pucuy
	23 III	c	paucarguara	Arihuaquiz
	21 IV	d	ayriguay (feast of aymoray)	Hatun Cuzqui, aymoray
	21 V	b	haocay cusque (feast of intiraymi)	Aucay Cuzqui, Intiraymi
	20 VI	a	cauay	Chahua huarquis
	19 VII	c	moronpassa tarpuiquilla	Yapaquis
	18 VIII	a	coyaraymi (feast of citua)	Coya raymi (feast of citua)
	16 IX	c	omac rayma	Homa raymi puchayquis
	16 X	a	ayarmaca	Ayamarca
	14 XI	d	capac raymi	Raymi

	14 XII	b	camay quilla	Camay
1545	12 I	d	atun pucuy	Hatun pucuy
	11 II	b	pacha pucuy	Pacha pucuy
	12 III	d	paucarguara	Arihuaquiz
	11 IV	a	ayriguay (feast of aymoray)?	Hatun Cusqui aymoray
	10 V	c	XIII	
	9 VI	a	haocay cusque?	?
	8 VII	c	cauay?	?
	7 VIII	a	moronpassa tarpuiquilla?	?
	6 IX	c	coyaraymi (feast of citua)?	?
	5 X	b	omac rayma?	?
	4 XI	d	ayarmaca?	?
	3 XII	b	capac raymi	Raymi
1546	2 I	b	camay quilla	camay
	31 I	d	atun pucuy	hatun pucuy
	2 III	b	pacho puco	pacha pucuy
	31 III	c	paucarguara	arihuaquiz
	30 IV	a	ayriguay	hatun cuzqui
	29 V	b	haocay cusque	aucay cuzqui
	27 VI	d	cauay	chahua huarquis
	27 VII	b	moronpassa tarpuiquilla	yapaquis
	26 VIII	a	coyaraymi	coya raymi
	24 IX	d	omac rayma	homa raymi
	24 X	c	ayarmaca-raymi	ayamarca
	23 XI	b	capac raymi	raymi
	22 XII	d	camay quilla	camay
1547	21 I	d	atun pucuy	hatun pucuy
	19 II	d	pacha puco	pacha pucuy
	21 III	b	paucarguara	arihuaquiz
	19 IV	d	ayri guay	hatun cuzqui
	18 V	d	haocay cusque	aucay cuzqui
	17 VI	b	cauay	chahua huarquis
	16 VII	c	moronpassa tarpuiquilla	yapaquis
	15 VIII	a	coyaraymi	coya raymi
	13 IX	d	omac rayma	homa raymi
	13 X	c	ayarmaca-raymi	ayamarca
	12 XI	b	capac raymi?	raymi?
	12 XII	a	camay quilla?	camay?
1548	10 I	d	atun pucuy?	hatun pucuy?
	9 II	b	pacha puco?	pacha pucuy?
	9 III	d	paucarguara?	arihuaquiz?
	8 IV	b	ayri guay?	hatun cuzqui?
	7 V	c	XIII	?
	6 VI	a	haocay cusque	?
	5 VII	b	cauay	?
	3 VIII	c	moronpassa tarpuiquilla	?
	2 IX	d	coyaraymi (feast of citua)	?
	2 X	b	omac rayma	?
	31 X	d	ayarmaca	Ayamarca?
	30 XI	b	capac raymi	Raymi
	29 XII	d	camay quilla	Camay
1549	28 I	b	atun pucuy	Hatun pucuy
	27 II	a	pacha pucuy	Pacha pucuy

	28 III	c	paucarguara	Arihuaquiz
	27 IV	b	ayriguay	Hatun Cuzqui
			(feast of aymoray)	aymoray
	26 V	c	haocay cusque	Aucay Cuzqui
			(feast of intiraymi)	Intiraymi
	24 VI	d	cauay	Chahua huarquis
	24 VII	c	moronpassa tarpuiquilla	Yapaquis
	23 VIII	a	coyaraymi	Coya raymi
			(feast of citua)	(feast of citua)
	21 IX	c	omac rayma	Homa raymi
				puchayquis
	21 X	a	ayarmaca	Ayamarca
	19 XI	c	capac raymi	Raymi
	19 XII	a	camay quilla	Camay
1550	17 I	c	atun pucuy	Hatun pucuy
	16 II	a	pacha pucuy	Pahca pucuy
	17 III	d	paucarguara	Arihuaquiz
	16 IV.	d	ayriguay	Hatun Cuzqui
			(feast of aymoray)	aymoray
	16 V	c	haocay cusque?	Aucay Cuzqui
			(feast of intiraymi)	Intiraymi
	14 VI	c	cauay	Chahua huarquis
	14 VII	a	moronpassa tarpuiquilla	Yapaquis
	12 VIII	c	coyaraymi	Coya raymi
			(feast of citua)	(feast of citua)
	11 IX	b	omac raymi	?
	10 X	d	ayamaca?	?
	9 XI	b	capac raymi?	?
	8 XII	d	camay quilla?	Raymi?
1551	7 I	b	atun pucuy?	Camay
	5 II	d	pacha pucuy?	Hatun pucuy
	7 III	b	paucarguara?	Pacha pucuy
	5 IV	d	ayriguay	Arihuaquiz
			(feast of aymoray)?	
	5 V	c	XIII	Hatun Cuzqui
				aymoray
	4 IV	a	haocay cusque	Aucay Cuzqui
				Intiraymi
	3 VII	c	cauay	Chahua huarquis
	2 VIII	a	moronpassa tarpuiquilla	Yapaquis
	31 VIII	c	coyaraymi	Coya raymi
			(feast of citua)	(feast of citua)
	30 IX	a	omac rayma	Homa raymi
				puchayquis
	29 X	d	ayarmaca	Ayamarca
	28 XI	b	capac raymi	Raymi
	27 XII	d	camay quilla	Camay
1552	26 I	b	atun pucuy	Hatun pucuy
	24 II	d	pacha pucuy	Pacha pucuy
	25 III	b	paucarguara	Arihuaquiz
	23 IV	c	ayriguay	Hatun Cuzqui
			(feast of aymoray)	aymoray
	23 V	b	haocay cusque	Aucay Cuzqui,
			(feast of intiraymi)	Intiraymi
	21 VI	d	cauay	Chahua huarquis
	21 VII	b	moronpassa tarpuiquilla	Yapaquis

	19 VIII	d	coyaraymi (feast of citua)	Coya raymi (feast of citua)
	18 IX	b	omac rayma	Homa raymi puchayquis
	17 X	d	ayarmaca	Ayamarca
	16 XI	c	capac raymi	Raymi
	16 XII	a	camay quilla	Camay
1553	14 I	c	atun pucuy	Hatun pucuy
	13 II	a	pacha pucuy	Pacha pucuy
	14 III	c	paucarguara	Arihuaquiz
	12 IV	c	ayriguay (feast of aymoray)?	Hatun Cuzqui aymoray
	12 V	b	?	Aucay Cuzqui Intiraymi?
	10 VI	d	?	Chahua huarquis?
	10 VII	b	?	Yapaquis?
	8 VIII	d	?	?
	7 IX	c	?	?
	7 X	a	?	?
	5 XI	c	?	Ayamarca?
	5 XII	a	?	Raymi
1554	3 I	c	?	Camay
	2 II	a	?	Hatun pucuy
	3 III	c	?	Pacha pucuy
	2 IV	a	?	Arihuaquiz
	1 V	b	ayriguay (feast of aymoray)?	Hatun Cuzqui aymoray
	31 V	a	haocay cusque (feast of intiraymi)	Aucay Cuzqui, Intiraymi
	29 VI	c	cauay	Chahua huarquis
	29 VII	a	moronpassa tarpuiquilla	Yapaquis
	27 VIII	c	coyaraymi (feast of citua)	Coya raymi (feast of citua)
	26 IX	a	omac rayma	Homa raymi puchayquis
	25 X	c	ayarmaca	Ayamarca
	24 XI	a	capac raymi	Raymi
	23 XII	d	camay quilla	Camay
1555	22 I	b	atun pucuy	Hatun pucuy
	20 II	d	pacha pucuy	Pacha pucuy
	22 III	b	paucarguara	Arihuaquiz
	20 IV	d	ayriguay (feast of aymoray)	Hatun Cuzqui aymoray
	20 V	b	haocay cusque (feast of intiraymi)	Aucay Cuzqui, Intiraymi
	18 VI	d	cauay	Chahua huarquis
	18 VII	b	moronpassa tarpuiquilla	Yapaquis
	16 VIII	d	coyaraymi (feast of citua)	Coya raymi (feast of citua)
	15 IX	b	omac rayma	Homa raymi puchayquis
	14 X	d	ayarmaca	Ayamarca
	13 XI	b	capac arymi?	Raymi?
	12 XII	d	camay quilla?	Camay?
1556	11 I	c	atun pucuy?	Hatun pucuy?
	10 II	a	pacha pucuy?	Pacha pucuy?

	10 III	c	paucarguara?	Arihuaquiz?
	9 IV	c	ayriguay (feast of aymoray)?	Hatun Cuzqui aymoray?
	8 V	d	XIII	Aucay Cuzqui, Intiraymi?
	7 VI	b	haocay cusque	?
	6 VII	d	cauay	?
	5 VIII	b	moronpassa tarpuiquilla	?
	3 IX	d	coyaraymi (feast of citua)	?
	3 X	b	omac rayma	?
	1 XI	d	ayarmaca	Ayamarca?
	1 XII	b	capac raymi	Raymi
	31 XII	a	camay quilla	Camay
1557	29 I	c	atun pucuy	Hatun pucuy
	28 II	a	pacua pucuy	Pacha pucuy
	29 III	c	paucarguara	Arihuaquis
	28 IV	c	ayriguay (feast of aymoray)	Hatun Cuzqui aymoray
	28 V	a	haocay cusque (feast of intiraymi)	Aucay Cuzqui, Intiraymi
	26 VI	b	cauay	Chahua huarquis
	25 VII	d	moronpassa tarpuiquilla	Yapaquis
	24 VIII	b	coyaraymi (feast of citua)	Coya raymi (feast of citua)
	22 IX	d	omac rayma	Homa raymi puchayquis
	22 X	b	ayarmacaq	Ayamarca
	20 XI	d	capac raymi	Raymi
	20 XII	b	camay quilla	Camay
1558	19 I	a	atun pucuy	Hatun pucuy
	17 II	c	pacha pucuy	Pacha pucuy
	19 III	a	paucarguara	Arihuaquiz
	18 IV	b	ayriguay (feast of aymoray)	Hatun Cuzqui aymoray
	17 V	c	haocay cusque (feast of intiraymi)	Aucay Cuzqui Intiraymi
	16 VI	a	cauay	Chahua huarquis
	15 VII	c	moronpassa tarpuiquilla	Yapaquis
	14 VIII	a	coyaraymi (feast of citua)	Coya raymi (feast of citua)
	12 IX	c	omac rayma	¿Homa raymi puchayquis?
	12 X	a	ayarmaca	?
	10 XI	c	capac raymi?	?
	10 XII	a	camay quilla?	?
1559	8 I	c	atun pucuy?	?
	7 II	b	pacha pucuy?	?
	8 III	d	paucarguara?	?
	7 IV	c	ayriguay (feast of aymoray)?	?
	7 V	a	XIII	?
	5 VI	c	haocay cusque	?
	5 VII	a	cauay	?
	3 VIII	c	moronpassa tarpuiquilla	?

	2 IX	a	coyaraymi (feast of citua)	?
	1 X	d	omac rayma	?
	31 X	b	ayarmaca	Aymarca?
	29 XI	d	capac raymi	Raymi
	29 XII	b	camay quilla	Camay
1560	27 I	d	atun pucuy	Hatun pucuy
	26 II	b	pacha pucuy	Pacha pucuy
	26 III	d	paucarguara	Arihuaquiz
	25 IV	b	ayriguay (feast of aymoray)	Hatun Cuzqui, aymoray
	24 V	d	haocay cusque (feast of intiraymi)	Aucay Cuzqui Intiraymi
	23 VI	b	cauay	Chahua huarquis
	23 VII	a	moronpassa tarpuiquilla	Yapaquis
	21 VIII	c	coyarami (feast of citua)	Coya raymi (feast of citua)
	20 IX	a	omac rayma	Homa raymi puchayquis
	19 X	c	ayarmaca	Ayamarca
	18 XI	a	capac raymi	Raymi
	17 XII	c	camay quilla	Camay
1561	16 I	a	atun pucuy	Hatun pucuy
	14 II	c	pacha pucuy	Pacha pucuy
	16 III	b	paucarguara	Arihuaquis
	14 IV	b	ayriguay	Hatun Cuzqui aymoray
	14 V	a	haocay cusque (feast of intiraymi)?	Aucay Cuzqui Intiraymi
	12 VI	c	cauay?	Chahua huarquis?
	12 VII	a	?	Yapaquis?
	10 VIII	d	?	Coya raymi?
	9 IX	b	?	?
	8 X	d	?	?
	7 XI	b	?	Ayamarca?
	6 XII	d	?	Raymi
1562	5 I	b	?	Camay
	3 II	d	?	Hatun pucuy
	5 III	b	?	Pacha pucuy
	3 IV	c	?	Arihuaquis
	3 V	a	ayriguay (feast of aymoray)?	Hatun Cuzqui aymoray
	1 VI	c	haocay cusque (feast of intiraymi)	Aucay Cuzqui Intiraymi
	1 VII	b	cauay	Chahua huarquis
	30 VII	d	moronpassa tarpuiquilla	Yapaquis
	29 VIII	b	coyaraymi (feast of citua)	Coya raymi (feast of citua)
	27 IX	d	omac rayma	Homa raymi puchayquis
	27 X	b	ayarmaca	Ayamarca
	25 XI	d	capac raymi	Raymi
	25 XII	b	camay quilla	Camay
1563	23 I	d	atun pucuy	Hatun pucuy
	22 II	c	pacha pucuy	Pacha pucuy
	24 III	a	paucarguara	Arihuaquiz

	22 IV	b	ayriguay	Hatun Cuzqui
			(feast of aymoray)	aymoray
	21 V	d	haocay cusque	Aucay Cuzqui,
			(feast of intiraymi)	Intiraymi
	20 VI	b	cauay	Chahua huarquis
	19 VII	d	moronpassa tarpuiquilla	Yapaquis
	18 VIII	c	coyaraymi	Coya raymi
			(feast of citua)	(feast of citua)
	17 IX	a	omac rayma	Homa raymi
				puchayquis
	16 X	c	ayarmaca	Ayamarca
	15 XI	a	capac raymi	Raymi?
	14 XII	c	camay quilla	Camay?
1564	13 I	a	atun pucuy	Hatun pucuy?
	11 II	c	pacha pucuy	Pacha pucuy?
	12 III	a	paucarguara	Arihuaquiz?
	10 IV	d	ayriguay	Hatun Cuzqui
			(feast of aymoray)?	aymoray?
	10 V	b	XIII?	?
	8 VI	c	haocay cusque	?
			(feast of intiraymi)	
	8 VII	b	cauay	?
	6 VIII	d	moronpassa tarpuiquilla	?
	5 IX	b	coyaraymi	?
			(feast of citua)	
	4 X	d	omac rayma	?
	3 XI	b	ayarmaca	Ayamarca?
	2 XII	d	capac raymi	Raymi
1565	1 I	b	camay quilla	Camay
	30 I	d	atun pucuy	Hatun pucuy
	1 III	b	pacha pucuy	Pacha pucuy
	31 III	a	paucarguara	Arihuaquiz
	29 IV	d	ayriguay	Hatun Cuzqui
			(feast of aymoray)	aymoray
	29 V	b	haocay cusque	Aucay Cuzqui
			(feast of intiraymi)	Intiraymi
	27 VI	c	cauay	Chahua huarquis
	27 VII	a	moronpassa tarpuiquilla	Yapaquis
	25 VIII	c	coyaraymi	Coya raymi
			(feast of citua)	(feast of citua)
	24 IX	a	omac rayma	Homa raymi
				puchayquis
	23 X	d	ayarmaca	Ayamarca
	22 XI	b	capac raymi	Raymi
	21 XII	d	camay quilla	Camay
1566	20 I	b	atun pucuy	Hatun pucuy
	18 II	d	pacha pucuy	Pacha pucuy
	20 III	b	paucarguara	Arihuaquiz
	19 IV	c	ayriguay	Hatun Cuzqui
			(feast of aymoray)	aymoray
	19 V	a	haocay cusque	Aucay Cuzqui
			(feast of intiraymi)	Intiraymi
	17 VI	b	cauay	Chahua huarquis
	16 VII	d	moronpassa tarpuiquilla	Yapaquis
	15 VIII	b	coyaraymi	Coya raymi
			(feast of citua)	(feast of citua)

	13 IX	d	omac rayma	Homa raymi
				puchayquis
	13 X	b	ayarmaca	Ayamarca?
	11 XI	d	capac raymi?	Raymi?
	11 XII	b	camay quilla?	?
1567	10 I	a	atun pucuy?	?
	8 II	c	pacha pucuy?	?
	10 III	a	paucarguara?	?
	8 IV	d	ayriguay	?
			(feast of aymoray)?	
	8 V	c	XIII	?
	7 VI	a	haocay cusque	?
			(feast of intiraymi)	
	6 VII	c	cauay	?
	5 VIII	a	moronpassa tarpuiquilla	?
	3 IX	c	coyaraymi	?
			(feast of citua)	
	3 X	a	omac rayma	?
	1 XI	c	ayarmaca	Ayamarca?
	1 XII	a	capac raymi	Raymi
	30 XII	c	camay quilla	Camay
1568	29 I	b	atun pucuy	Hatun pucuy
	27 II	b	pacha pucuy	Pacha pucuy
	28 III	b	paucarguara	Arhuaquis
	27 IV	a	ayriguay	Hatun Cuzqui
			(feast of aymoray)	aymoray
	26 V	c	haocay cusque	Aucay Cuzqui
			(feast of intiraymi)	Intiraymi
	24 VI	d	cauay	Chahua huarquis
	24 VII	c	moronpassa tarpuiquilla	Yapaquis
	23 VIII	a	coyaraymi	Coya raymi
			(feast of citua)	(feast of citua)
	21 IX	c	omac rayma	Homa raymi
				puchayquis
	21 X	a	ayarmaca	Ayamarca
	19 XI	c	capac raymi	Raymi
	19 XII	a	camay quilla	Camay
1569	17 I	c	atun pucuy	Hatun pucuy
	16 II	a	pacha pucuy	Pacha pucuy
	17 III	c	paucarguara	Arihuaquiz
	16 IV	a	ayriguay	Hatun Cuzqui
			(feast of aymoray)	aymoray
	15 V	d	haocay cusque	Aucay Cuzqui
			(feast of intiraymi)	Intiraymi
	14 VI	b	cauay	Chahua huarquis
	13 VII	d	moronpassa tarpuiquilla	Yapaquis
	12 VIII	b	coyaraymi	Coya raymi
			(feast of citua)	(feast of citua)
	10 IX	d	omac rayma	Homa raymi
				puchayquis?
	10 X	c	ayarmaca?	?
	9 XI	a	capac raymi?	?
	8 XII	c	camay quilla?	Raymi?
1570	7 I	a	atun pucuy?	Camay?
	5 II	c	pacha pucuy?	Hatun pucuy
	7 III	a	paucarguara?	Pacha pucuy

	5 IV	a	ayriguay (feast of aymoray)?	Arihuaquiz
	4 V	d	XIII	Hatun Cuzqui aymoray
	3 VI	c	haocay cusque (feast of intiraymi)	Aucay Cuzqui Intiraymi
	3 VII	a	cauay	Chahua huarquis
	1 VIII	c	moronpassa tarpuiquilla	Yapaquis
	31 VIII	a	coyaraymi (feast of citua)	Coya raymi (feast of citua)
	29 IX	c	omac rayma	Homa raymi puchayquis
	29 X	a	ayarmaca	Ayamarca
	27 XI	c	capac raymi	Raymi
	27 XII	b	camay quilla	Camay
1571	25 I	d	atun pucuy	Hatun pucuy
	24 II	b	pacha pucuy	Pahca pucuy
	25 III	d	paucarguara	Arihuaquiz
	23 IV	d	ayriguay (feast of aymoray)	Hatun Cuzqui aymoray
	23 V	c	haocay cusque (feast of intiraymi)	Aucay Cuzqui Intiraymi
	22 VI	a	cauay	Chahua huarquis
	21 VII	c	moronpassa tarpuiquilla	Yapaquis
	20 VIII	b	coyaraymi (feast of citua)	Coya raymi (feast of citua)
	18 IX	d	omac rayma	Homa raymi puchayquis
	18 X	b	ayarmaca	Ayamarca
	16 XI	d	capac raymi	Raymi
	16 XII	b	camay quilla	Camay
1572	14 I	d	atun pucuy	Hatun pucuy
	13 II	b	pacha pucuy	Pacha pucuy
	13 III	d	paucarguara	Arihuaquiz
	12 IV	b	ayriguay (feast of aymoray)?	Hatun Cuzqui aymoray
	11 V	d	?	Aucay Cuzqui Intiraymi?
	10 VI	b	?	Chahua huarquis?
	9 VII	d	?	Yapaquis?
	8 VIII	b	?	Coya raymi (feast of citua)?
	6 IX	d	?	?
	6 X	b	?	?
	4 XI	d	?	Ayamarca?
	4 XII	b	?	Raymi

Appendix

KNOTS AND ODDITIES

THE QUIPU-CALENDAR OR SUPPOSED CUZCO LUNI-SIDEREAL CALENDAR

Mariusz S. Ziółkowski

I would like to discuss here one of the most complicated problems of the Andean systems of time-reckoning, i.e. an interpretation of 41 Cuzco ceques as a gigantic "Quipu-calendar".

That interesting hypothesis was formulated by R.T. Zuidema but his primary concept had been already changed many times. Therefore I will present here only the main points of its ultimate version or at least of the latest version known to me (Zuidema 1982a). I will follow as closely as possible the argument of my eminent colleague though often this is rather difficult because of the complexity of the problem itself as well as, I admit, my inability to understand some obscure points, especially those referring to reading out the numerical data.

Zuidema's achievements in investigating the ceque systems are known too well to be rehearsed again here. It may be worthwhile, though, to remark that he began his work with interpretation the ceque system as the description of the real social situation in Cuzco, and only in the following works did he consider its other possible functions. Zuidema has sucessfully identified all the ceques in the vicinity of today's Cuzco and has localized most of the huacas. He also set forth a theory that some of the huacas, or even ceque lines, could have been used for astronomical observations. But it is still one aspect of this problem only because

> "...my analysis of Inca astronomy and calendar is based on the clear and unambiguous separation that must be made of the two functions of the ceque system: one as a system of geographic description, stressing its spatial function, and the other of it as a _quipu_, detached and independent from location, used as a mathematical device for counting, like a rosary, stressing its function for time, counting days or nights. Although I am quite aware that the Incas have a single concept of time-space called _pacha_, we, as outsiders to their culture, can become aware of their use of space-time only after separating the two first and integrating them afterwards..." (Zuidema 1982a, p. 71).

Therefore, according to that "other function", every huaca in the ceque system should represent the day or night respectively, and further, all of the wakas should correspond to the cycle of 328 nights.

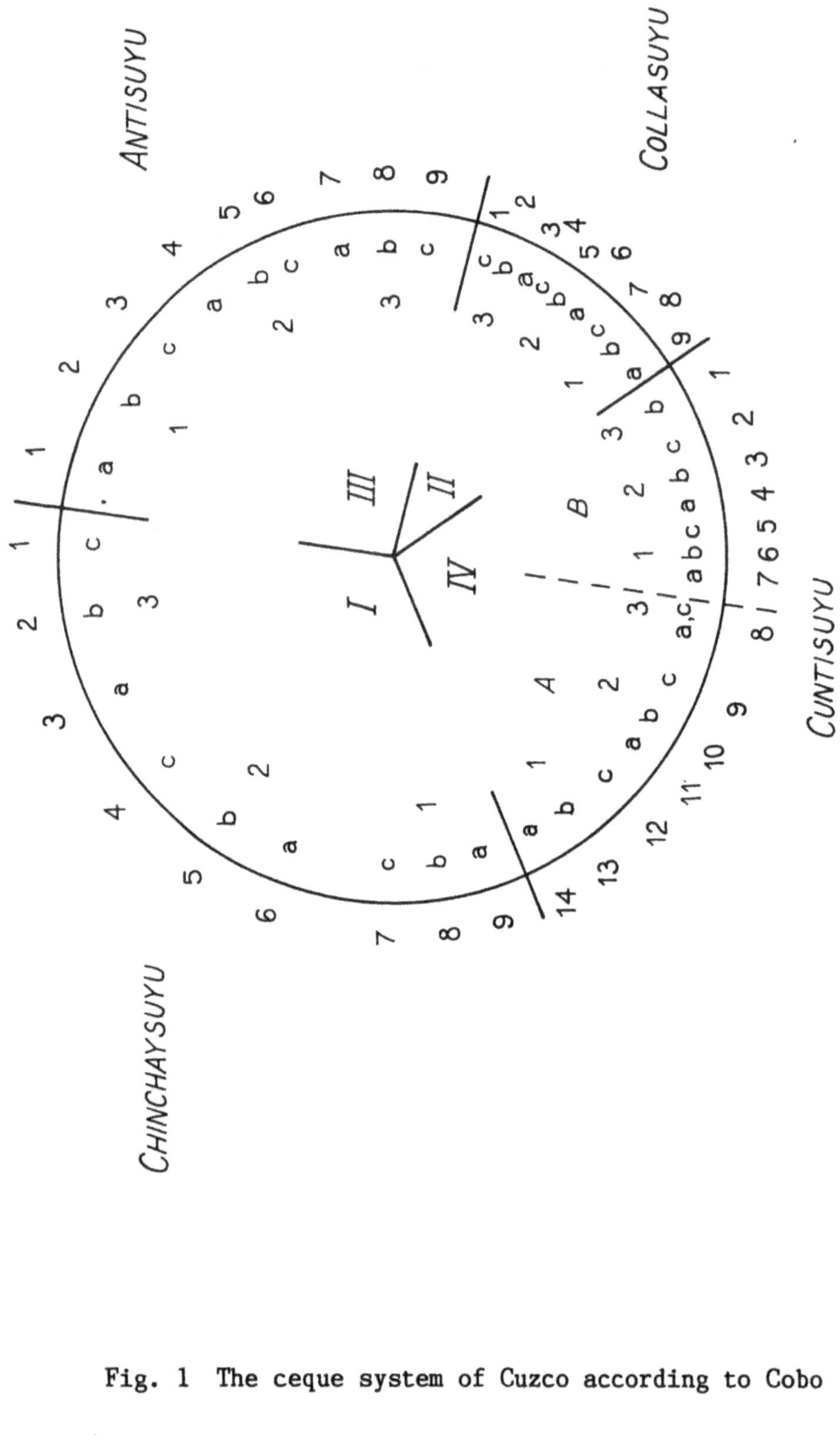

Fig. 1 The ceque system of Cuzco according to Cobo

The astronomical phenomena the Incas were mainly interested in are:

- solar: solstices, zenith and antizenith (nadir) passages, and perhaps also equinoxes;

- lunar: New and Full Moon as well as zenith and antizenith passages;

- sidereal: heliacal and cosmic settings and risings, upper and lower culminations of certain constellations (mainly the Pleiades in opposition to the Southern Cross and α and β Centauri, called Llamac ñawin i.e. Eyes of the Lama), etc.

The most important occupation of the Inca astronomers were the attempts to correlate the cycles of those three types of celestial bodies.

> "...They measured key events of these three cycles (with the help of quipus) ... in terms of a sidereal lunar year of 328 nights (12 x 27 1/3 = 328) with a fixed position in the solar year." (ibid., p. 60).

These 328 nights are supposed to represent generally:

1. an equivalent of the 12 sidereal months, 27 1/3 days each,

2. an approximate length of the 11 synodical months, with a difference of 3 1/2 days (11 x 29 1/2 = 324 1/2),

3. an approximate duration of visibility period for Pleiades, while the leftover of 37 days (nights), being the difference between 328-nights cycle and the solar year, is meant to correspond to the period of invisibility of the same constellation.[1]

To fix a position of 328-nights cycle within the 365-days solar year in the way most adequate to their presumed purposes, the Incas first established a correlation of the synodic lunar cycle to the solar year. The year was counted as beginning from the lunation containing the June solstice, and such a lunation could start only after May 26 (Gregorian, or May 15 in Julian calendar). Taking into account the importance of the date for defining the starting point of the synodic year the solar temple Qurikancha was oriented to the sunrise on May 26; moreover, the Pleiades rose only 1° aside from that direction in 1500 A.D. (ibid. : 66).

The other important element of that model was the supposed "fixed sidereal lunar year", or idealized model of lunation in connection with the yearly movement of the Sun. Basing their calculations on the mean duration of one lunation (defined as the span of time needed for the Sun to travel between the pillars of the sukanka of Cerro Picchu), the Incas had observed that the time between Zenith (Z) and Antizenith (A) passages might be expressed in terms of lunations in the following way:

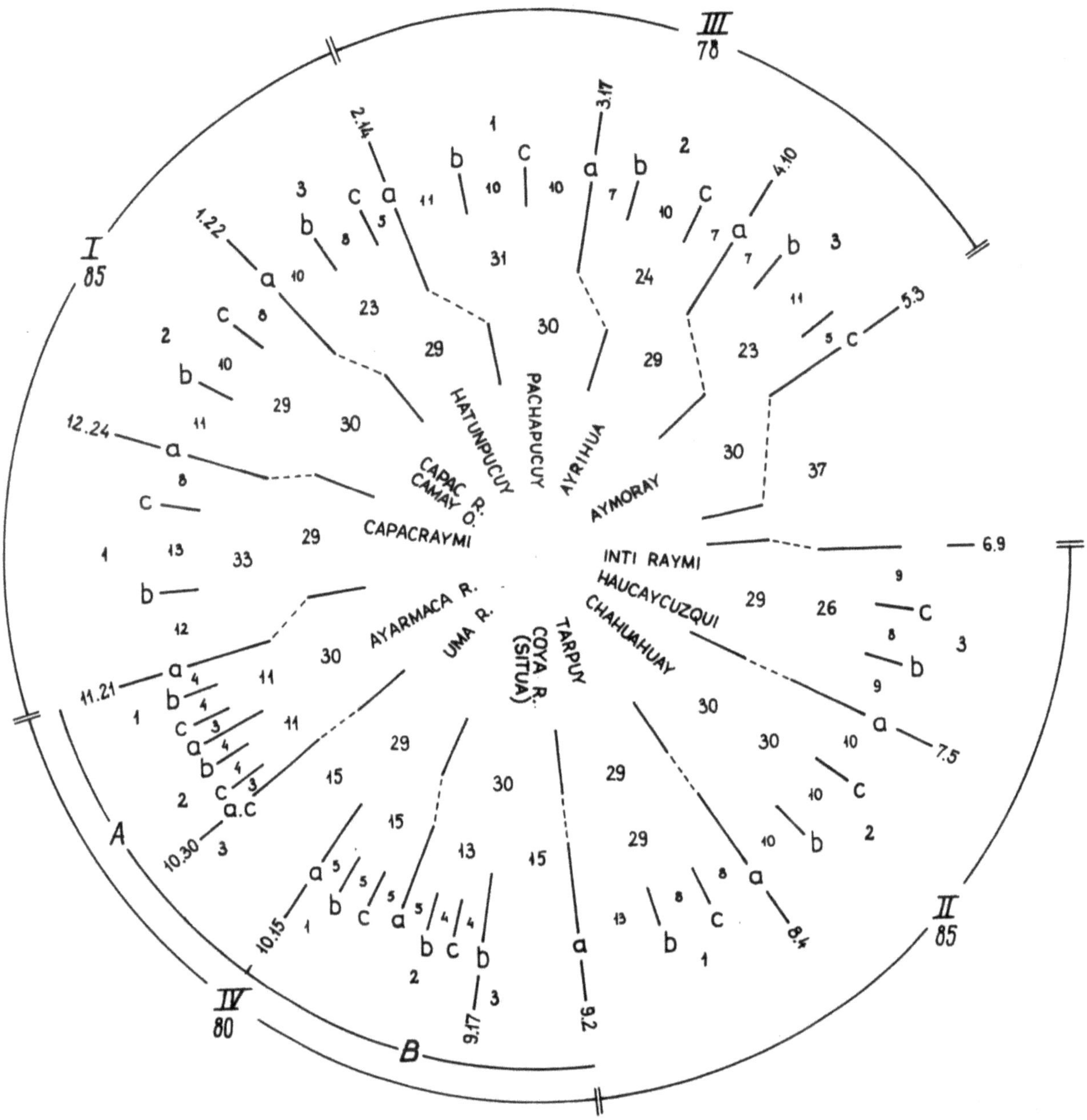

Fig. 2 The Cuzcean quipu-calendar (from Zuidema 1982a)

Passage by	Gregorian date	Distance in days	Distance in lunation
AZ	18.VIII		
		74	2,5
Z	30.X		
		106	±3,5
Z	13.II.		
		71	±2,5
AZ	26.IV.		

Therefore, if the Full Moon has occurred on August 18 (A), the zenithal passage (October 30) coincided with the New Moon, the day of February 10 (three days before zenithal passage in Cuzco) corresponded to the Full Moon again, and finally, some time around April 26 the next New Moon occurred. Together with above mentioned relation of June solstice to the New Moon preceding it immediately, it formed a basis for the ideal synodic lunar cycle which should begin with "ideal" New Moon on June 6 (May 26 in Julian calendar). One of the main purposes of such a model was to enable calculation of the difference between "ideal" lunations and phases of the Moon and the real one for the given year.

Having such elements it was possible to fix a position of the lunar sidereal cycle:

> "The count of the sidereal lunar year of 328 nights started on the night of June 8-9 and ended on that of May 3-4. The starting date was chosen in relation to the first heliacal rise of the Pleiades around June 5-8, to the first full moon after and to the June solstice." (ibid. : 61).

It is supposed that in such a way the lunar cycle was correlated to the Sun and to the Pleiades. The other coincidences were simply logical consequences of the internal structure of that model. According to Zuidema that structure consisted of dividing the sidereal lunar year into even smaller time units:

1. two equal periods
2. four nearly equal periods
3. twelve periods of rather unequal length
4. 41 very unequal periods.

The length of each period was determined by separate record in the quipu-calendar, i.e. number of wakas, treated as the knots (representing the nights) on the strings represented in nature by 41 ceques; further on, the ceques were grouped into 12 sets of type 3 etc. The calculation started from the ceque II.3 and then, going clockwise, proceeded successively through the ceques of Collasuyu (II), Cuntisuyu (IV), Chinchaysuyu (I), and finally Antisuyu (III) - see Fig. 2.

Summing up the periods, calculated as above, one was able to establish the dates of other important astronomical events. The veracity of such a reconstruction and interpretation of the supposed function of the ceques system is proved, according to Zuidema, not only by the astronomical correlations discussed here, but first of all by the possibility of turning back to the first function of the ceque system - the division and description of the social and geographical environment of Cuzco. As we know, the ceques and the associated wakas were:

- alloted to certain social groups of the Cuzco citizens, and particularly to the 10 royal panakas,
- connected with the myths explaining the origins of certain wakas and the rituals performed there,
- and lastly some of the wakas, and even the ceques, were used for astronomical observations.

These three statements are built upon a large store of ethno-historical information, in which Zuidema looks for arguments to support his decoding of the supposed quipu-calendar in the form of the system of ceques. His main evidence is as follows:

- The ceremonies connected with the feast of the June solstice (Intip Raymi feast). This solstice falls in the first month of the supposed quipu-calendar, namely in the month defined by the ceque of group II.3, which consists of 26 wakas or 26 nights. More precisely, the solstice itself should correspond to the ceque belonging to the section II.3.b, consisting of 8 wakas/nights, which, following Zuidema, represents the period betwen June 18 and 26; it may be related to the apparent standstill of the solar rising point on the horizon. But for Zuidema the most decisive argument in support of his thesis is the statement of Molina "El Cuzqueño" who says that during the month of Intip Raymi the priests carried out a pilgrimage to the temple of Vilcanota, stopping every day for offerings at different wakas. Molina mentions 21 such stations, but Zuidema holds, on the basis of his topographical study, that five of them were visited twice - once on the way from Cuzco to Vilcanota, and again on the way back. If one agrees with such an interpretation, then the duration of the pilgrimage (26 days) appears to be equal to the length of the first month in the supposed quipu-calendar.

- The ceremonies connected with the feast of the December solstice (Qhapaq Raymi). The period around the December solstice was the main religious feast of the Incas. It was considered the "Great feast of the Sun" and therefore its rituals and ceremonies lasted for two months in the Incaic calendar - Qhapaq Raymi, which according to Zuidema preceded immediately the December solstice, and immediately after it the other month, Qhapaq Raymi Camay quilla - while the so called "lesser feast of the Sun" (that of the June solstice) had ascribed to it only one month. These two months were supposedly represented in the quipu-calendar by sections I.1 and I.2. In Molina's chronicle there is a detailed description of all the rituals which took place during these months. The author carefully describes the ceremonies from the 1st to the 23rd day and then says:

> "A los veinte y tres días del dicho mes lleuauan la estatua del sol llamada Huayna Punchao, a las casas del sol llamados Puquin (...)" (Molina 1916 : 77).

Zuidema sees it as evidence that on that day the rise of the solstitial sun had been observed.

> "(...) en el qual el primer día de la luna, los que se auían armado caualleros, (...) salían a la plaza con vnas hondas en las manos, llamadas huaracas, y los de Anancuzco contra los de Hurincuzco se tirauan hondaços..." (ibid. : 78).

From that relation Zuidema draws the following conclusions - the month of Qhapaq Raymi was calculated on the basis of a fixed lunar sidereal cycle only, and corresponded to the sections I.1.b (13 days) and I.1.c (8 days) of the quipu-calendar. Section I.1.a of 12 days should then correspond to the difference between a half of the lunar sidereal cycle (164 days) and the approximate duration of the six synodic months. But because I.1.b and I.1.c together have 21 days only, Zuidema holds that the ceremonies of the 22nd and 23rd days belonged in fact to the next month.

In that scheme the month of Qhapaq Raymi Camay quilla should belong to the non-fixed, synodic lunar cycle because its main feasts (between the 15th and 20th day) were closely connected with the full moon while its beginning or final days were not at all important ritually. Zuidema says that such an arrangement worked as a kind of proof that the ceremonies of the lunar month Qhapaq Raymi Camay quilla will not interfere with those of the fixed month Qhapaq Raymi, as might happen if the main rituals of the movable month were put at its beginning.

The other coincidences in support of the Zuidema's hypothesis arise from his analysis of the position of sector I.1 of its relation to the social order. In terms of time-reckoning this section has been the initial period of the second part of luni-sidereal cycle, while in the geographical sense it was the first section of Hanan Cuzco, being also the most numerous of all, for it consisted of 33 wakas (= days). It may be explained by that that it belonged to the social group of the highest rank in Cuzco, i.e. Qhapaq ayllu (according to Zuidema it was panaka of the ruling king). Moreover, the section I.1.c, containing the December solstice, consisted of 8 wakas as section II.3.b which, following Zuidema, was associated with the June solstice. All these elements reflect very well the symbolism of the feast of Qhapaq Raymi, the most important feast of the Incas.

Section III.1 consists of 31 days, and therefore it is the second longest among all 12 parts of the luni-sidereal cycle. Its position may be explained also by the social references, for it belonged to the Sucsu panaka of Wirakocha Inka which was the home panaka of the highest priests of the sun.

For further arguments Zuidema looks at the ceques of Cuntisuyu, the IVth part of the Cuzco ceque system. He finds there many relations between the first and the second function of the ceque system. These complementary pieces of information enable him to explain an apparent inconsistency in sequence of the ceques of this suyu (and wakas). According to Zuidema, while the previous ceque No. 2 (Collasuyu) was used for correlation the movements of the Sun and the Moon, the Cuntisuyu was used basically to correlate the Moon with the sidereal cycles, and especially the movements of two groups of stars considered as being in oppositon to each other, i.e. the Pleiades on one side and on the other the Southern Cross with α and β Centauri.

For such purposes the most important should have been ceques IV_B3b and IV_A3a/c because, as Zuidema holds, they determine the same periods spatially as well as temporally. They are directed to the heliacal rising and setting points of the quasi-circumpolar constellations of the Cross and α and β Centauri and therefore are connected with the period between September 7 and November 2, and also, as the sectors of the supposed quipu-calendar, they should mark the period from September 3 to November 2. This period contains two months very important in the Cuzco ritual - the month of Coya Raymi mostly dedicated to the Moon, women, and the queen (Coya) and the month of Uma raymi when the first rains, and the zenithal passage of the Sun Cuzco were celebrated and when the ceremonies of initiation of the so-called "Incas by privilege" from the village of Uma (now San Geronimo south of Cuzco) were held. In Zuidema's opinion the symbolic meaning of the month Uma raymi as well as of the settlement of Uma itself may be found in the Cuzcean myth of Cusi Huanachiri. It is, according to Zuidema, a reference point for all the further investigations on the Andean beliefs generally, and in particular on the Incaic mythology.

In conclusion Zuidema expresses his hope that

> "...eventually perhaps we will be able to account for the whole calendar in terms of these dynastic and political myths..." (ibid. : 99)

because, as he is convicted, the structure of this calendar contains all the cycles important in the ritual as well as in the socio-economical activity of the Incas. Therefore such cycles might have been used as a main control tool in the internal policy of the Incaic state.

Here ends R.T. Zuidema's argument, or rather my summary of his hypothesis, made as well as my understanding allowed and therefore far from perfect (although, I hope, I have not made any grave mistakes). Bearing in mind that limitation, I would like to present below a few remarks on the functioning of the supposed "quipu-calendar".

- First of all it is worth pointing out that R.T. Zuidema's model is based upon his own reconstruction of the ceque system; however, this reconstruction seems to be rather controversial, and especially as regards the number of huacas which are to be included to that system.

- Zuidema holds further that the ceque system formed a gigantic "quipu-calendar", from which the numerical data concerning the most important astronomical cycles observed by the Incas could be read out. It it were true then the records on the "ropes" (ceques) and their sequence should have been equivalent to the astronomical records made by the Incaic specialists on the ordinary quipus (Zuidema 1982a : 71/72), but such a procedure is nothing more than explaining the unknown by the unknown. Although there is evidence that the Incas used their quipus both for astronomical and calendric purposes, no quipu indubitably of such a kind has ever been found or read out and therefore we have no tangible evidence of what and how the Incaic astronomers recorded on the quipus. On the other hand we know what the other kinds, for example the administrative quipus, looked like and how were they read. That is why we may state that Zuidema's key to read our the "quipu-calendar" do not correspond with the general rule of recording information on the quipus, which is emphasized by almost all early as well as current authors. According to that rule the quipus were organized <u>hierarchically</u>, i.e. the most important information was placed on the first rope and then the others in order of decreasing importance while Zuidema begins to read from the ceques of Collasuyu, lower in hierarchy, inconcistently with the sources he is referring to.

- Let us now discuss briefly the basic assumption of R.T. Zuidema's model, namely the integration of the temporal and spatial aspects of the ceque system. Zuidema repeats many times that he treats both aspects separately only for sake of those who are not acquainted with the logic of "Andean thought", i.e. who are not aware that the Incas possessed an integrated concept of space-time, called "Pacha". Therefore he values most highly such evidence in support of his hypothesis as confirms the basic unity of the ceques in their spatial and temporal relations.

Now in the spatial or "<u>territorial</u>" sense the ceque system describes <u>all</u> the area around Cuzco and its constituent huacas "control" and divide <u>all</u> that space at various levels (social, economic, topographical, hydrological, etc.). In other words, the division is absolute, for there is nothing like "no man's land" or an area outside the system. But at the same time, as Zuidema asserts, the ceque system and its 328 (?) huacas played the role of "quipu-calendar" in which "every huaca was counted as a one day", resulting in a cycle of 328 days or nights (Zuidema 1982a : 141). It would be quite acceptable if the cycles were continuous, i.e. if one followed the other with no interruption, as do the Mesoamerican tonalpohualli (tzolkin).[2] In such a case, however, the 328-days cycle would shift in relation to the solar year and therefore would not be suitable for the previously described solar-lunar-stellar correlations. That is why Zuidema puts this cycle in the fixed position within the solar year, between June 9 and April 26. And now the question arises: if the spatial and temporal descriptions of the ceque system should result in complete and complementary divisions, then what is the <u>territorial</u> analogue of the leftover of 37 days of the solar year, staying off the cycle? We have already said above that there is no "no man's land". Zuidema tries to escape from this trap ascribing these days to the period of invisibility of the Pleiades. Because of it, he says,

> "it was the period of death separated from the rest of the year" (Zuidema 1982a : 75).

and also in calendric terms it was a time of chaos, reorganization and recalculation to achieve a new correlation between the Pleiades, the Moon and the Sun for the moment of their reappearance. In support of his thesis Zuidema calls up his two articles in which he analyzed the funeral rituals celebrated in April, and mentioned the concept of the "death of the Earth" just after the harvest and the "death of the Sun" before the June solstice etc. It remains, of course, still disputable in such a case why for example the month of ayamarca was not treated in the same way, being assigned par excellence for the dead, but there is also a much more important objection to that reasoning. Let us recall here that in the Andean cultures (and in the Inca culture as well, of course) the notion of death has its well-defined counterpart not only in temporal, but also in spatial form as is confirmed by the existence of the so-called "regions of the deads" - Wañumarca - identified, for example, as certain mountains (Urton 1981 : 49-51). Therefore there is no reason why the period of 37 days, even treated as a time of death, should not have its own counterpart in the ceque system and have huacas ascribed to it. Perhaps it is also worth reminding ourselves that 8 of 328 huacas mentioned by Zuidema, viz. Ch 5:8, Ch 9:5, Co 4:2, Cu 8:2, Cu 8:3, Cu 8:10, Cu 12:2, and Cu 12:3, were connected with death in a most direct way, for they were simply tombs. The relation on one of them tells us:

> " [Co 4:2] The second guaca was named Taucaray. It was a tomb which was in the chacara of Diego Maldonado, where they believed that at a certain time all the dead assembled." (Rowe 1979 : 45).

Moreover in some other huacas, as for example An 6:6 or Co 6:3, mummies were stored. Now it is evident that the way in which Zuidema tried to avoid the internal inconcistency in his model unexpectedly supplied his opponents with arguments against his own hypothesis.

- Using the Zuidema's method of reading, i.e. interpreting in parallel the temporal and spatial aspects of each group of the ceques and its constituent huacas one may expect that:

1. - the huacas of one group should have something in common with the rituals relevant to the period marked by the group in the "calendric" reading;

2. - the same should happen with the social groups connected with that section of the ceque system;

3. - and also that the astronomical ceques (whose directions were important from the astronomical point of view), for example such carefully analysed ceques IV_A a/c and IV_B 3 b, will mark more or less the same date and/or period in both aspects i.e. the astronomical phenomenon pointed out by the ceque should occur in the period marked by the ceque as a part of the calendar.

Indeed, R.T. Zuidema has found many interesting coincidences of that kind (cf. above), which he himself considers to be firm arguments in support of his hypothesis. Unfortunately, he passes in silence over the most explicit inconsistencies resulting from his method of reading the ceque system. Let us consider in greater detail, the problem of the orientation of the Qorikancha temple, so important for the calendar. Its axis points to the sunrise on May 26 (Gregorian date; May 15 in Julian calendar), and also, with an accuracy of about 1°, to the heliacal rising of the Pleiades on June 5-8. In the same direction points also approximately the ceque III 2b, the importance of which, and especially its huaca Susurpuquio, for the ritual celebration of the June solstice was emphasized by Zuidema elsewhere. Therefore, in the astronomical sense this ceque is connected with the period from May 26 up to the beginning of June, and perhaps also up to the June solstice (Gregorian). Now it seems a little odd that according to the code of the "quipu-calendar" that very ceque marks the period between March 25 and April 3 (?), and the date of heliacal rising of the Pleiades is marked by the ceque III 3c, which has nothing to do with this constellation either in the astronomical or symbolic sense. For such an argument Zuidema would have replied probably that "a ceque direction by itself was not programmed to define specifically a star rising or setting", so in order to find out the relation between ceque (or huaca) and certain celestial object the orientation is not sufficient, for one sould analyse also the ethnohistorical data on symbolism, rituals or myths connected with that place. But as we have already seen, Zuidema himself openly emphasized the correspondence between the orientation of the ceque III 2b (parallel to that of Qorikancha temple) and the mytho-religious symbolism of its huacas, and therefore it is quite inexplicable why the "spatial-mythological" and "calendric" decodings are completely inconsistent. In such a situation also the ceques IV_A 3a/c and IV_B 3b lose much of their value as the crucial proofs in support of the hypothesis of the "quipu-calendar".

- Such inconsistencies are to be found in many other places. Let us consider for example the problem of the so called "beginning of the agricultural year" in August. R.T. Zuidema in several works has emphasized the importance of the rituals being celebrated in August and their close connection with beginning of fieldwork (sowing), the concept of the "rebirth of the Earth" etc. (cf. for example Zuidema 1981 : pass.), as is well confirmed by the ethnohistorical data. Is it not strange then that on the ceques marking the month of August, viz. ceques II 1a, b, c = Co 9, 8, 7, there are no huacas relevant to agricultural works and rituals? For example such important huaca as chacra Sausero (ceque II 3b = Co 2), where the special ceremonies were held at the time of sowing (August) as well as during the harvest (April-May)[3], in Zuidema's "quipu-calendar" is attributed to the period between June 18 and 26 when no important fieldwork is executed. Moreover, on the same ceque there are also two other huacas, connected directly to harvest rituals (Co 2:1 and 2).

- My last remarks are connected with another basic assumption of the "quipu-calendar" model consisting in regard to the supposed equivalence of 1 huaca to 1 night (and consequently 328 huacas = 328 nights, for example). Such an assumption needs the "calendric" decoding to be made successively, one ceque (= a rope of the quipu) after another, and that leads to a conclusion that the huacas belonging to the group of ceques marking certain period should have something to do with the rituals and ceremonies held at that time. In other words, huacas relevant to a certain feast should cluster in one section, or at least neighbouring sections of the ceque system in order to maintain, what is so important for Zuidema, the rule of correspondence and equivalence of both ways of decoding. Considering from this point of view the feast of Qhapaq Raymi (this being for Zuidema a rich source of arguments in support of his hypothesis) one may observe that among all the huacas there are a few connected exclusively with that feast (after the "Relación de las guacas ...", Rowe 1979), and these are placed as follows: 4 in Chinchaysuyu (Ch 3:8, Ch 4:5, Ch 9:6, Ch 9:3), 1 in Collasuyu (Co 6:7), 2 in Cuntisuyu (Cu 2:4, Cu 12:1), and 1 in Antisuyu (An 5:1). As it results, the huacas are scattered over all 4 suyus; moreover, it seems evident (for it is confirmed by the description of the ceremonies), that offerings were made on the same day to many different huacas, so it is really hard to tell at which moment of his analysis Zuidema could come to his basic equation 1 huaca = 1 night ...[4]

We now bring this short discussion to a close with the following conclusions:

If, according to the Zuidema's hypothesis, the ceque system was, apart from its other functions, a kind of "quipu-calendar", then there should exist some precise and logical rules for its "reading" or decoding, consistent with the rules of reading the records on the real quipus. The rules suggested by R.T. Zuidema apparently do not fulfil this condition, for their strict application leads to results contradictory to the assumptions. In particular there is no reason to accept the concept of "parallel", i.e. spatial and temporal, ways of reading the ceque system, as has been proved above on several examples.

All that has been said here should by no means be understood as a suggestion that we should reject all the results of that eminent scholar. His works on the relations between the social function of the certain groups and the symbolism (mythological and ceremonial) of the huacas and ceques ascribed to it are really very interesting and valuable. Also I praise highly R.T. Zuidema's investigation of the astronomical, calendric, and ritual functions of individual huacas around Cuzco and often quote them (cf. for example Ziółkowski, in this volume). Nevertheless, his model of "quipu-calendar" seems to be quite artificial and unconvincing as well as the suggested 328-days calendric cycle, supposed to unite all the stellar-lunar-solar correlations, simply because there is no immediate ethnohistorical data on it.

Although I appreciate the necessity of building up the descriptive models to explain the investigated reality, I also try to keep in mind an old, yet still very useful rule: "Entiam non sunt multiplicanda praeter necessitam".

A FEW REMARKS ON THE ASTRONOMY OF R.T. ZUIDEMA'S "QUIPU-CALENDAR"

Robert M. Sadowski

At first glance the astronomical basis of R.T. Zuidema's "quipu-calender" seems to be impeccable - the author is well aware of the numerical values of different cycles and realizes that some of the striking coincidences are the result of the geographical situation of Cuzco - but closer examination reveals some cracks in that apparently firm construcion.

First of all it is worth noting the problem of the sidereal month. Zuidema is convinced that the Incas were well acquainted with that phenomenon but his proofs are limited to his own conjectures on the ceque system. As far as we know the Incas were not particularly interested in the starry background of the lunar path in the sky (excluding the Pleiades) and without such frame of reference it is practically impossible to recognize the sidereal movement of the moon with sufficient precision. It is not enough, as Zuidema wrote elsewhere (Zuidema 1982b), to compare the moon's position against two opposite constellations, and therefore every nation who worked out the idea of such a month have used also some kind of "sidereal zodiac" - 27 or 28 lunar "stations" or "mansions" (in India, for example, called "nakshatras"). So far no similar structure has been reported from the Andean highlands. Also Zuidema's favourite example "of an Indonesian calendar - of Acheh in Sumatra" about which he writes himself: "each of the twelve synodic months, that were counted from a given date in the solar year, was paired to one of the twelve sidereal months of 27 or 28 days ..." (Zuidema 1982a : 104 and earlier works), gives him no support. Such an orderly system, most probably borrowed from India (for one should remember that Acheh had for a long time been strongly under the influence first of India, and then of the Arabs, both nations using the system of lunar mansions), in fact has nothing common with the "quipu-calendar", firstly because it does not introduce any additional cycle, interfering with the previous ones.

With this we come to the next problem, viz. that of the cycle of 328 days. Zuidema claims it to be the key concept of his model, yet as is mentioned above (Ziólkowski in this volume) its numerical base, i.e. the number of huacas, is still rather doubtful. Also from the astronomical point of view its equation with the period of visibility of the Pleiades may seem too idealized, but it is not so improbable. The real trouble begins, though, when Zuidema tries to divide that period into smaller units. He says that "although the period of 328 nights divides into 12 sidereal months (...) the Incas did not follow this regular sequence, but divided the sidereal lunar calendar (...) into (...) 3. twelve periods of rather unequal lengths, 4. 41 very unequal periods" (Zuidema 1982a : 61). To explain this unusual system from point (3), the author suggests that the Incas exchanged freely the notions of synodic and sidereal months, treating them as equivalent. This seems very improbable, for if the Incas were aware of the sidereal month (which is not certain) they should have also known that both these phenomena, although referring to the same celestial body, are qualitatively different and so would not have mixed them. Such a system should moreover have been very inconvenient to use and Zuidema feels this too, for he describes in detail (on seven pages) the synodic half of the year while for its sidereal counterpart he allowed a little over half a page, avoiding any positive statements. It seems that Zuidema knows that there is something wrong with his model but he does not seen what exactly it is. Here we have come to the point where it is possible to state it openly and therefore to come back where we started. Let us remark that Zuidema's model works well until it is limited to the luni-solar year with a synodic month correlated to the date of the heliacal rise of the Pleiades (the author calls it "the fixed synodic year"). The turning point, from which all the construction begins to fall into chaos, is the introduction of the sidereal month. The problem is that one needless addition ruins all. The trouble begins probably at the moment of the indentification of the number of huacas with the duration of visibility of the Pleiades, and the attempt to treat it as an analogue of the year, but it needs further reconsiderations.

In the course of this discussion we have left aside the problem of point (4), viz. "41 very unequal parts". Indeed, it looks rather strange in comparison with the previous statement that they are meant to represent 8 days (8 x 41 = 328), Andean weeks, but Zuidema does not mention them any more, and rightly, for they are simply by-products of the more important mistake.

It would be well to conclude these remarks with a citation in which Zidema says that he is "... aware of the necessity of asking the question how the sidereal lunar connection was observed" (Zuidema 1982a : 101). Well, it seems to be an overstatement - the investigation should begin rather with a similar question in which the word "how" has been replaced by "if".

NOTES

1. In fact the period of invisibility of the Pleiades is some 45 days long, being moreover variable because of the local topography at the place of observation and weather conditions. Zuidema is aware of that variability, yet he neglects it in his model of the "quipu-calendar".

2. We speak then about a kind of "Rueda Calendarica" (Calendar Round); cf. resp. Caso 1967, Thompson 1971, and others.

3. On that field, being considered the "property of the Sun", the corn was cultivated which served for the preparation of a kind of chicha praised above all others and drunk exclusively at the sun-feasts. That field was worshipped twice in the year at least, once at the sowing, and then at harvest time (Cobo II, Lib. XIII, Cap. XXVII : 214-215; Rowe 1979 : 42), which gives another argument against the equation 1 waka = 1 night, lying at the base of Zuidema's model of "quipu-calendar".

4. From my own point of view, the trap in which Zuidema falls in all his attempts at interpretation of the ceque system is the number of the wakakuna. He is convinced that there were 328 such cult-centres in total, and therefore he supposes:

   - the calendric importance of the cycle of 328 days (or nights) in the sense of the equivalency 1 waka = 1 day (night);

   - the existence of a "week" of 8 days (328 : 41 = 8), important for ritual etc.

   But in fact the exact number of wakakuna is still disputable and cannot be regarded as a firmly established and safe basis for further conjectures. For that reason one may treat as precise only the numerical data on the number of ceques and their distribution among the four suyukuna. They are distributed oddly enough, for the three suyukuna consist of 27 ceques (9 for each one) while the fourth suyu contains 14 (or 15) ceques though logically there should be only 9 of them, too. It is such a difference that leads R.T. Zuidema to the intricate, and even obscure (for me at least), explanations. That is why I would like to present here another model, theoretically plausible as well as significantly different from Zuidema's proposition, and also at least equally <u>probable</u>. For reasons of clarity, I shall present my argument in the form of the following points:

   1. If we accept the idea that the ceque system was used for calendric purposes we realize that the main evidence in support of this supposition is that the ceques were alloted to the 12 (?) parts of the Cuzco society (i.e. 10 royal panacas and 2 ayllu of the "Incas de privilegio"); to each one of these groups (?) one month was later attributed:

"(El Ynga) hordenó yrrepartió en doze parcialidades de los Yngas que cada parcialidad tuuiese quenta con su mes, tomando en sí el apellido y nombre de talmes lunar, y en lo que se auían de exercitar aquel mes; y estaua obligado el día que entraua su mes, de salir a la plaça publicando su mes, tocando bozinas y dando alaridos y boces, para que fuese manifiesto a todos. Con esta horden yvan todos los meses del año muy concertados ..."

(Anónimo 1906 : 150).

2. In different sources it is pointed out that these months were "iguales en días" (Cobo II, Lib. XII, cap. XXVII : 142); also Betanzos assures that:

"(...) cada mes destos tenía treienta días, y que año tenía trescientos y sesenta, (...)"

(Betanzos 1968 : 56).

3. There is some evidence allowing us to postulate the division of these months into three "weeks" of 10 days each. Apart from very well known information of Guaman Poma it is worthwhile to mention numerous terms to be found in the Quechua dictionaries, and especially one interesting example of the division of lunation into parts of 10 day's length recorded in L. Bertonio's Aymara dictionary. Murúa closely relates the 10-day period with the "orejones" (as the Inca nobility of Cuzco have been called), reporting that during the war of Quito, Wayna Qhapaq distributed gifts and supplies for the Cuzco troops "de diez en diez días" (Murúa 1962 I, cap. 34 : 90).

4. Summing up points 1-3, one may conclude that the most logical should have been the equation 1 ceque = 10 days, and consequently 3 ceques (a sector attributed to one specified social group) = 30 days, what corresponds precisely to the month being in charge of that group.

5. Such an equation could work in the 3 suyus of 9 ceques each only, while Cuntisuyu consisted of the unusual number 14 (or 15 ceques). The solution seems to be rather simple: let us assume that 9 of them also represented 10 days each, adding up together with other 27 to the period of 360 days (cf. Betanzos: "... el año tenía trescientos y sesenta (días)"!). The excess of 5 or 6 ceques should correspond to the one day each, giving in the result the total of 365 or 366 days of the solar year. Perhaps to this supplementary period refers an enigmatic term in the Holguin's dictionary: "Días interpolados - allca allca punchaucuna" (Gonçalez Holguín : 487).

To my mind this model is potentially probable, yet I would not try to defend it on the basis of the data available.

BIBLIOGRAPHY

Anónimo (1906). Discurso de la sucesión y gobierno de los Yngas. In V. Maúrtua, Juicio de Limites entre el Perú y Bolivia, vol. 8. Chunchos, Lima.

Betanzos, J. (1968). Suma y Narración de los Incas (1551). Biblioteca de Autores Españoles. Crónicas de Interés Indigena. Madrid.

Cobo, B. (1956 (1653)). Historia del Nuevo Mundo. Biblioteca de Autores Españoles. Madrid.

Holguín, G.D. (1952). Vocabulario de la lengua de todo el Perú llamada Lengua Qquichua o del Inca. Ed. facs. Lima.

Murúa, M. (1962 (1611-1688)). Historia General del Perú. Orígen y Descendencia de los Incas ... Prol. Duque de Wellington, Intr. M. Ballesteros-Gaibrois. Collecion Joyas Bibliográficas, Bibliotheca American Vetus I. Madrid.

Rowe, J.H. (1979). An Account of the Shrines of Ancient Cuzco. In Nawpa Pacha 17, 1-80. Institute of Andean Studies, Berkeley.

Urton, G. (1981). At the Crossroads of the Earth and the Sky. An Andean Cosmology. University of Texas Press, Austin.

Zuidema, R.T. (1981). The Inca Observations of the Solar and Lunar Passages through Zenith and Anti-zenith at Cuzco. In Archaeoastronomy in the Americas. Ed. R.A. Williamson. Ballena Press, Los Altos.

Zuidema, R.T. (1982a). The Sidereal Lunar Calendar of the Incas. In Archaeoastronomy in the New World. Ed. A.F. Aveni. Cambridge University Press, Cambridge.

Zuidema, R.T. (1982b). Catachillay: The Role of the Pleiades and of the Southern Cross and α and β Centauri in the Calendar of the Incas. In Ethnoastronomy and Archaeoastronomy in the American Tropics. New York Academy of Sciences Annals vol. 385. New York.

www.ingramcontent.com/pod-product-compliance
Lightning Source LLC
LaVergne TN
LVHW071207210926
848482LV00015B/741